湖南省常德市天气预报手册

湖南省常德市气象局　编著

气象出版社
China Meteorological Press

内 容 简 介

本书是常德市气象局自成立以来资料收集较全、整理比较系统的预报员技术手册。全书共分为 12 章,内容涵盖了常德市的地理概况;天气气候特点;主要天气过程和高影响天气的主要气候特点、本地预报经验和预报着眼点;数值预报产品的释用与检验;气象卫星、多普勒雷达等先进技术在天气预报中的应用;山洪和地质灾害气象等级预报;天气预报业务系统及流域防洪经验介绍等。

本书既可供常德及其周边地市从事天气气候分析、预报和预测的气象、水文、航空、环境等工作者使用,也可供农业、林业、水利等相关部门的广大科研人员和大、中专院校师生参考。

图书在版编目(CIP)数据

湖南省常德市天气预报手册 / 湖南省常德市气象局
编著. —北京:气象出版社,2016.11
ISBN 978-7-5029-6455-9

Ⅰ. ①湖… Ⅱ. ①湖… Ⅲ. ①天气预报-常德-手册
Ⅳ. ①P45-62

中国版本图书馆 CIP 数据核字(2016)第 264394 号

湖南省常德市天气预报手册
湖南省常德市气象局 编著

出版发行:气象出版社

地 址:北京市海淀区中关村南大街 46 号	邮政编码:100081	
电 话:010-68407112(总编室)	010-68409198(发行部)	
网 址:http://www.qxcbs.com	**E-mail**: qxcbs@cma.gov.cn	
责任编辑:刘瑞婷 吴晓鹏	终 审:邵俊年	
责任校对:王丽梅	责任技编:赵相宁	
封面设计:博雅思企划		
印 刷:北京建宏印刷有限公司		
开 本:787 mm×1092 mm 1/16	印 张:14.875	
字 数:405 千字		
版 次:2016 年 11 月第 1 版	印 次:2016 年 11 月第 1 次印刷	
定 价:69.00 元		

本书如存在文字不清、漏印以及缺页、倒页、脱页等,请与本社发行部联系调换

《湖南省常德市天气预报手册》编写组

主　编：戴科良
副主编：文　强　　郭蓉芳　　胡振菊　　何炳文
成　员：佘高杰　　田泽芸　　谢新权　　贾岸斌

宽敞明亮的天气预报会商室

前　言

　　自建站以来，常德气象人在提高天气预报的准确率和精细化水平上做了大量建设性工作，倾注了几代预报业务人员的心血。他们的追求与探索为我们较好地总结常德天气的演变规律提供了宝贵的基础资料和丰富的实践经验。为使常德预报业务人员系统地了解和掌握本市的地理环境、天气气候特点、灾害性天气出现的规律及其影响系统，进一步提高天气预报准确率，更好地为地方社会和经济建设以及防灾减灾服务，常德市气象局组织编写了《湖南省常德市天气预报手册》。

　　本书实用性强，突出本地特色，在系统地整理了常德及所辖各县气象局自建站以来的气象资料、分析总结本市的天气气候特点和预报经验的基础上，结合历史天气个例的技术总结、撰写的论文和科研成果编写而成。

　　本书由常德市气象局戴科良局长担任主编，文强副局长和郭蓉芳、胡振菊、何炳文三名高工任副主编。第1章和第7章由佘高杰主笔，第2章由郭蓉芳主笔，第3章由田泽芸主笔，第4章、第5章和第8章由胡振菊主笔，第6章和第9章由何炳文主笔，第10章由贾岸斌主笔，第11章由何炳文和谢新权主笔，第12章由谢新权和胡振菊主笔。资料整理由郭蓉芳、佘高杰、高伟和贾岸斌完成，编审由郭蓉芳、胡振菊、何炳文完成。

　　纲要及初稿完成后，有幸得到了湖南省气象局潘志祥副局长的细致审阅，并提出了许多宝贵意见。编写人员在收集和查找历史资料的过程中得到了常德市水利局、市农业局、市林业局、市民政局和市统计局等兄弟单位及下属各县气象局的大力支持；编写初期得到了熊德信高工和胡泽忠同志的热情指导；在编写出版过程中得到了常德市气象局领导、业务管理科在人力和财力上的大力帮助；在此一并致谢。

由于我们的编写水平有限，特别是在资料收集整理和分析过程中难免有错误，敬请读者批评指正。

编　者
2015 年 5 月

目　　录

第1章

常德的地理概况

1.1 常德的地形地貌

1.1.1 常德的地形特征

常德的地形特征:南北高,中间低,自西向东倾斜。西部山区,群峰起伏,层峦叠嶂,山体多呈东西走向。由西北至西南平行排列一系列 1000 m 以上的山峰,最高峰石门壶瓶山海拔 2098.7 m,为湖南省群峰之首。中部丘岗交错,河谷平原穿行其间,一般海拔 $100\sim300$ m。东部为低平开阔的洞庭湖平原,河网密布,沟渠纵横,多为湖积围垦平原,海拔均在 50 m 以下。

常德地形主要受武陵、雪峰两大山系影响,分别由西北、西南山地向东部平原呈阶梯状递变。两大山系在境内以沅水为界:沅水以北属武陵山系,以南属雪峰山系。由西北部山地至东部平原可明显地划分为三级阶梯:石门县太平镇、所街乡、九伙坪乡一线以西为第一级阶梯,此阶梯内,山体高大,海拔多在 1000 m 左右,以中山和山原为主;第二级阶梯在此线以东至澧县洞市乡、马头铺镇—石门县新关镇—桃源县热市镇一线以西,此阶梯内低山丘岗连绵、盆谷镶嵌,多断块山、丘岗面积大,海拔一般在 $400\sim800$ m 之间,以中低山为主,低山次之;第三级阶梯在第二级阶梯线以东至澧县双龙乡—临澧县官亭、杉板乡—鼎城区瓦屋垱、肖伍铺乡—桃源县畲田乡一线以西,海拔多在 $100\sim300$ m 之间,以红色岗地、丘陵为主。

沅水以南的雪峰山系,由西南山地至东北平原可分为二级阶梯:第一级阶梯在桃源县兴隆街、杨溪桥乡—鼎城区花岩溪一线以西,海拔一般在 $300\sim800$ m,以低山、丘陵为主。该线以东至桃源县桃花源镇—鼎城区丁家港、赵家桥乡—汉寿县朱家铺、龙潭桥乡一线的西南为第二级阶梯,海拔多在 $80\sim250$ m 之间,以岗地、丘陵为主。详见图 1.1 所示。

1.1.2 常德的地貌形态

常德地貌类型丰富,主要以平原为主,山、丘、岗、湖兼有,形成"三分丘岗,两分半山,四分半平原和水面"的结构。山地面积 451.7 千公顷,占全市土地总面积的 24.9%,平原面积 651.7 千公顷,占总面积的 35.8%,水面 146.8 千公顷,占总面积的 8.1%,丘陵岗地 567.6 千公顷,占总面积的 31.2%。全市有海拔 800 m 以上的山峰 515 座(澧县 1 座、石门县 469 座、桃源县 45 座),其中海拔 1000 m 以上的山峰 43 座。

常德西北部属武陵山系,多为中低山区;中部多见红岩丘陵区,其间也出现断块隆起山(如

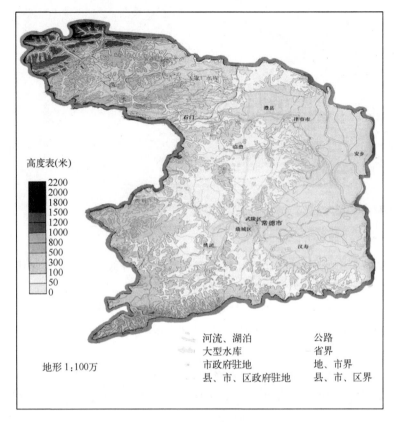

图 1.1　常德地形分布图

市城郊太阳山)和蚀余岛状弧形山(如临澧太浮山);东部为沅、澧水下游及洞庭湖平原区;西南部为雪峰山余脉,组成中山区。全市基本可分为六大地貌:西北部山原区、中北部山地区、中部丘岗地区、东部平原区、西南部山地或丘陵区、南部岗地平原区。按地貌组成物质可分为沉积岩、岩浆岩、变质岩、第四纪松散堆积物四种。按地貌成因来分,主要以流水侵蚀地貌为主,占 70% 以上,其次为岩溶地貌和湖积堆积地貌等。

1.2　常德的自然资源

1.2.1　土地资源

常德全市土地总面积 1817.8 千公顷,约占湖南省版图的 8.6%。

耕地总面积 500.9 千公顷,占土地总面积的 27.6%。园地总面积 60.4 千公顷,占土地总面积的 3.3%。林地总面积 726.0 千公顷,占土地总面积的 39.9%。草地总面积 30.8 千公顷,占土地总面积的 1.7%。城镇村及工矿用地 140.5 千公顷,占土地总面积的 7.7%。交通运输用地 29.5 千公顷,占土地总面积的 1.6%。水域及水利设施 280.9 千公顷,占土地总面积的 15.5%。其他土地面积 48.8 千公顷,占土地总面积的 2.7%(如图 1.2)。

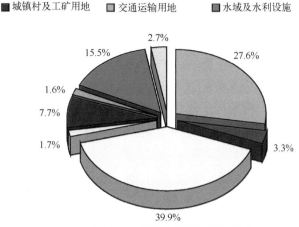

图 1.2　常德土地利用现状分布

1.2.2　气候资源

常德属中亚热带向北亚热带过渡的湿润季风气候区,地跨两个纬度,大气环流虽无显著差异,但山、丘、平、湖地势高低不一,光、热、水分配不均,非地带性因素引起的气候差异比较明显,形成地方气候的多样性。

(1)热量资源丰富

全市年平均气温 16.4(临澧)～16.9℃(常德),其中春秋两季气温多在 16～18℃,且秋温略高于春温;夏季酷热,7月平均气温在 28℃以上;冬季平均气温多在 4.0℃以上,无霜期 260～280 d。热量资源分布也较为明显:① 西北、西部山地低温。如石门县东山峰年均气温仅 9.2℃,≥10℃活动积温少于 2646.8℃;② 澧县中部和临澧南部及桃源大部年平均气温 16.4℃左右,≥10℃活动积温 5150～5250℃;③ 鼎城区、武陵区和汉寿县境内的沅江两岸及澧水流域的河谷盆地为高温地带,年平均气温 16.7～16.9℃,≥10℃活动积温大于 5250℃。

(2)光能资源东多西少

东部滨湖堤垸和丘平区,年日照时数多在 1600 h 以上,其中以安乡最多,达 1846.1 h。西北部高山区、澧水河谷盆地和桃源撮箕状地貌区日照较少,年日照时间只有 1500 h 左右。全年太阳总辐射量 102.1～113.1 kW/cm²,太阳总辐射量的月际变化与温度变化基本一致。全市主要粮油作物产量光能利用率均未达到 2%,农作物利用光能增产的潜力很大。

(3)水资源丰沛,水光热同步

全市年平均总降水量 1260.0(临澧)～1433.1 mm(桃源)。降水时空分布不均,年际变化大,各地年降水量的降水变率约在 11%～23%,一年之中春夏季降水变率较小,秋冬季变率大。全市雨水呈明显的"二多一少"分布:即西北、西南角多,东北部少。

雨水多集中在主要作物生长季节的 4—9 月,期间降水量占全年雨量的 70% 左右,4—6 月降水尤为集中,占年雨量的 40% 以上。年内降水分布与光热基本同步。4—10 月的降水量占全年总降水量的 74%～80%,在此期间的光照总辐射占全年的 71%,≥10℃活动积温也占全年的 81%～87%。

1.2.3　矿产资源

常德矿产资源比较丰富,矿种比较齐全,迄今已发现黄金、金刚石、雄黄、磷、石膏、岩盐、芒硝、海泡石、硼润土、煤、石煤及铜、锌、钨、钒、铁等 45 种,占全省已知矿种的 41%,探明储量的有 24 种。其中雄黄矿储量亚洲第一,金刚石砂矿、石煤矿、芒硝矿蕴藏量居全国之冠,磷矿、石膏矿、石英砂矿、硼润土蕴藏量居全省第一。

由于常德在大地构造位置上跨越杨子地台,与华南褶皱带接壤部位,境内矿产资源的产出与分布受大地构造部位的制约,北部杨子地台矿产资源以能源、非金属矿产为主,南部华南褶皱带以贵金属和有色金属为主。

1.2.4　水资源

常德河流密布,沅、澧两水贯通全市,另有荆江南岸分流注入洞庭湖区的松滋、虎渡、藕池三口河系,河长 5 km 以上、流域面积 10 km² 以上的各级支流 440 条,地下水分布广泛,水资源量极为丰富。

据统计,多年平均水能蕴藏量 131.95 万千瓦,占湖南省总量的 8.55%,其中可开发利用的有 65.15 万千瓦,占全省可开发量的 6%。地下水资源丰富,地下水分布面积达 17568 km²。地下水动储量为 16.8 亿～20.28 亿立方米,静储量为 20.8 亿～25.56 亿立方米。

全市已建成水库 1182 座(其中大型 2 座,中型 34 座,大型水轮泵站 1 座),蓄引提水总量46.45 亿立方米,农田有效灌溉面积 423.06 千公顷,旱涝保收面积 331.13 千公顷,占耕地总面积的 66.76%,建成水电站 254 座(其中大型水电站 2 座)。

1.2.5　旅游资源

常德境内山区、丘陵、平原、湖区地貌具备,生态环境优良,湖光山色秀丽,名胜古迹繁多。国家 4A 级风景名胜区桃花源、千年佛教圣地夹山寺、湖南屋脊壶瓶山、常德市柳叶湖、省级风景名胜区嘉山、载入吉尼斯世界纪录的"中国常德诗墙"等景区景点享誉中外。常德还与世界著名风景区张家界国家森林公园紧邻。已跻身于中国优秀旅游城市之列的常德,拥有国家级重点文物保护单位 4 项、省重点文物保护单位 40 项、国家级自然保护区 2 处、省级风景(旅游度假)区 3 个。

1.3　常德的主要河流、水系

常德河流密布,有沅水、澧水以及荆江南岸分流注入洞庭湖区的松滋、虎渡、藕池三口河系,并有长度 5 km 以上、流域面积 10 km² 以上的各级支流 440 条。主要湖泊有目平湖、珊瑚湖、七里湖、柳叶湖等。

1.3.1　沅水

沅水为湖南省第二大河,也是长江七大支流之一,发源于贵州省东南部,有南北二源。南源为主干,源自贵州省都匀市云雾山鸡冠岭龙头山,又称马尾河,北源重安江出自贵州省麻江、平越间大山,又称诸梁江。两源在贵州省炉山县汉河口汇合称清水江。江水东流至芷江县金紫进入湖南省境内,经黔城镇舞水后,始称沅水。东流经芷江、会同、黔阳、怀化、溆浦、辰溪、泸溪、沅陵,在麻衣洑进入桃源县境,全长 1003 km,流域面积 89163 km²,其中流入常德境内

104 km,流域面积 5601 km²。

清水江以上河段称沅水上游,两岸多幽深峡谷,河道平均坡降 1.07‰;黔城至沅陵为沅水中游,两岸多丘陵,杂以长短不一的峡谷,河道平均坡降 0.28‰;沅陵以下称沅水下游,两岸山丘较低,其中北溶至麻衣洑为 75 km 的峡谷区,桃源以下,北岸为冲积平原,南岸丘陵起伏,河道平均坡降 0.19‰。

沅水流域支流众多,沿途有 5 km 以上的河流 1491 条,其中一级支流 152 条。上中游的主要支流,右岸入沅的有渠水、巫水、溆水;左岸入沅的有舞水、辰水、武水、酉水。常德境内注入沅水的一级支流共 25 条,以左岸为最多,白洋河流域面积最大;沅水尾闾的南北两岸尚有一级入湖支流各 15 条。一级支流有大栗溪、小栗溪、夷望溪、仙人溪、杨溪、澄溪(又名麦家河)、水溪、延溪(又名燕溪)、白洋河、陬溪、渐水、枉水(又称枉渚)。

1.3.2 澧水

澧水为湖南省"四水"中最小的河流,其发源于湖南省桑植县南岔以上,有北、中、南三源。北源为主干,源出桑植县杉木界;中源出湘鄂边界的八大公山东麓,名绿河;南源出自湖南省永顺县万祜山,名上洞河。三源在龙江口汇合,流经桑植、永顺、永定、慈利,在石门进入常德境内。经临澧、澧县至津市小渡口注入七里湖,全长 388 km,流域面积 18496 km²,其中流经常德市境内(不含尾闾部分)180 km,流域面积 8146 km²,占总流域面积的 44%。

自河源至桑植一段称澧水上游,水道长 96 km,处于高山峻岭之中,两岸山峰海拔 1000~1200 m,河道平均坡降 2.67‰。桑植至石门为中游,水道长 266 km,两岸多丘陵,夹以高山峡谷,两岸山峰海拔大都在 500 m 以上,河道平均坡降 0.75‰。石门至津市小渡口为下游,河道长 66 km,两岸为冲积平原,地势开阔平坦,海拔约 35~65 m,均筑有堤防约束澧水,河道平均坡降 0.21‰。澧水的流域面积在湘、资、沅、澧四水中最小,但年产水量达 85 万立方米每平方千米,径流模数居四水之首,因而汛期洪水涨落迅速,峰高势猛,澧水干流河床均有卵石裸露。小渡口以下至柳林嘴称澧水尾闾。澧水注入七里湖后,经濠口有松滋河西支汇入,并有五里河与松滋中支沟通,合流后经石龟山流出七里湖,在芦林铺与松滋河、虎渡河汇合,一部分注入目平湖,主流经武口,至南嘴分别注入东、南洞庭湖。尾闾段从小渡口至南嘴,长 91.4 km,河面宽 1200~5000 m,洪水流速平缓。

澧水又称九澧,流域内共有一级支流 74 条,上游的主要支流有南岔河、郁水、茅溪等。常德境内注入澧水的一级支流有 38 条,主要有狮头溪、九渡溪(又名九都溪)、娄水(又名后江)、零溪河、溇水、道水、澹水、涔水。

1.3.3 西洞庭湖

洞庭湖为我国的第二大淡水湖,位于荆江南岸,界湘、鄂两省之间,承纳湘、资、沅、澧四水及荆江南岸松滋、虎渡、藕池三口分泄的长江水量,经洞庭湖调蓄,从岳阳城陵矶注入长江,多年平均过境水量 3161 亿立方米,现有湖泊面积 2651 km²。环湖四周的洞庭湖平原,总面积 18780 km²,其中湖北境内 3580 km²,湖南境内 15200 km²。

西洞庭湖位于赤山以西,有澧水流经西北,沅水流经西南,松滋、虎渡及藕池西支诸水自北注入,现有通外江湖的河湖面积约 520 km²,能与东、南洞庭湖通流的湖泊,仅剩余目平湖、七里湖。环湖的汉寿县、安乡县、鼎城区、澧县、津市市、桃源县、临澧县、武陵区的平原区称为西洞庭湖区,有吴淞高程 51 m 以下的平原河湖面积 6285 km²。

1.3.4 目平湖

目平湖位于沅、澧水及松虎洪道尾闾,东抵赤山,南连汉寿、沅江山丘,北临安乡,西至西湖大堤,总面积 350 km²。沅水、澧水、松滋河、虎渡河洪水自西北注入,经南嘴、小河嘴泄入南洞庭湖。因诸水交汇,大量泥沙沉积入湖,目平湖淤积严重,其中尤以北部为甚,高程在 32.5 m 以上的湖洲,总面积已超过 200 km²,且近年来淤积速度呈加快趋势,其调蓄容量已大大缩小。

1.3.5 珊瑚湖

珊瑚湖南靠省道 1804 线,西连澧水,距安乡县城 8 km,属半封闭型调蓄湖泊。面积约 17 km²,现有水面 14.9 km²,是湖南省第二大湖泊。湖面水域宽阔,水质清新,风景秀丽,且水位稳定,光照充足,水质硬度、碱度适宜,底层有机物质丰富,有利于氧化还原和物质循环,有利于水中资源生长,宜养、宜捕,为我国人工养殖高产天然湖泊之一。盛产青、草、鳊、鲫、鲢、鲤、鳜等优质鱼类和鳖、龟、鳝、珍珠等特种水产。

1.3.6 七里湖

七里湖是澧水尾闾洪道中的主要调蓄湖泊,北起小渡口,南抵石龟山,东临澧县九垸、安乡安保垸等,西接津市新洲、李家铺等乡镇丘岗,总面积 94 km²,系废弃大京保赋等垸形成的湖泊。澧水自小渡口注入七里湖后,由于水面扩散,水流变缓,水中泥沙沉淀,特别是松滋西支来水含沙量大,每年都有大量泥沙淤积在七里湖。1952 年实测湖底平均高程 27.7 m,现湖底一般高程为 35 m 左右,近 50 年间平均淤高超过 7 m,最多淤高达 12 m,调蓄容量已由建国初期的 10 亿立方米锐减到不足 3 亿立方米。

1.4 主要水利设施

1.4.1 大中型水库

(1)五强溪水库

五强溪水库位于沅水下游的湖南省沅陵县境内,其坝址位于麻衣洑镇的杨五庙,上距沅陵县城 73 km,下距常德市城区 130 km。水库控制集雨面积 83800 km²,占沅水总流域面积的 93%。水库设计总库容 42 亿立方米,正常蓄水位 108 m,主汛期控制水位 98 m,设计防洪库容 13.6 亿立方米,为季调节水库,是一座以发电为主,兼有防洪、航运、养殖等综合效益的大型水库。

五强溪水库于 1995 年建成,在抗御 1995、1996、1998、1999 年特大洪水中发挥了巨大作用。1996 年汛期,水库最大入库流量 40000 m³/s,最大下泄流量 26400 m³/s,最高水位达 113.26 m(7 月 19 日)。

(2)黄石水库

黄石水库位于沅水一级支流白洋河上,距桃源县黄石镇 2 km,距常德市城区 55 km,建成于 1968 年,是一座以发电为主,兼有防洪、灌溉、水产养殖和航运等综合效益的大型水库。

水库控制集雨面积 552 km²,总库容 6.02 亿立方米,正常水位 90 m,相应库容 4.58 亿立方米,有效库容 3.38 亿立方米,库容系数 0.6,属多年调节水库。水库主坝最大坝高 40.4 m,坝顶高程 94.4 m,坝顶长 219 m,设计灌溉面积 25 千公顷,实际灌溉面积 20.67 千公顷,总装机容量 7300 kW,年发电量 1800 万千瓦·时。

（3）皂市水库

皂市水库位于石门县境内,拦截澧水一级支流渫水,坝址位于皂市镇石家坪村,坝址距湖南省石门县城 19 km,距皂市镇 2 km,2004 年初开建,2008 年完工,是一座以防洪为主,兼有发电、灌溉、航运等综合效益的大型水库。

水库控制流域面积 3000 km²,占渫水流域面积的 93.7%。水库坝高 88 m,正常蓄水位 140 m,防汛高水位和设计洪水位为 143.56 m,校核洪水位 144.5 m,防汛限制水位 125 m,死水位 112m,总库容 14.4 亿立方米,防洪库容 7.83 亿立方米,为年调节水库。

（4）王家厂水库

王家厂水库位于澧县王家厂镇的澧水一级支流涔水上,距津市 45 km,距澧县 33 km,建成于 1964 年,水库以防洪、灌溉、航运为主,兼有发电、水产养殖等功能。

水库集雨面积 484 km²,占涔水流域面积的 41%,水库总库容 2.78 亿立方米,正常蓄水位 82.6 m,相应库容 2.0 亿立方米。水库坝顶高程 88 m,最大坝高 35.3 m,坝顶长 450 m。防洪限制水位 80 m,防洪库容 0.51 亿立方米。历年最高库水位 83.62 m（1996 年 7 月）。

（5）竹园水库

竹园水库位于沅水一级支流夷望溪中游桃源兴隆乡竹园村境内,于 1978 年动工建设,1983 年 1、2 号机组竣工发电,1989 年完成 3、4 号机组安装,1990 年全部完工。水库控制流域面积 701.5 km²,库区正常水位 102.5 m,相应库容 1.01 亿立方米,是以发电为主,兼顾通航、防洪的综合利用工程。水库大坝长 190 m,高 53.5 m,安装 3200 kW 发电机组 5 台,总容量 16000 kW。

1.4.2 主要堤垸

常德市防洪大堤总长为 2870.733 km,其中一线大堤 1121.08 km（湖堤 313.57 km,河堤 807.51 km）,二线大堤 327.596 km,隔堤 42.317 km,溃堤 1279.293 km,间堤 100.447 km。保护人口 303.64 万人,其中农业人口 220.26 万人,保护土地总面积达 433.31 千公顷,其中耕地面积 223.01 千公顷,内湖面积 36.99 千公顷（常德市湖区堤垸基本情况见表 1.1）。

1.4.3 一线防洪大堤及其三防水位

常德市一线防洪大堤控制站及其三防水位具体情况见表 1.2,其中主要水文控制站点,也是天气预报服务中需密切关注的水文站点及其三防水位（防汛、警戒、危险,单位:m）简述如下:沅水:桃源站（即漳江垸县城站）:(41.50,42.50,43.50);常德站（即武陵护丹垸南碈外站）:(38.00,39.00,39.50)。澧水:石门站（即石门县城站）:(58.50,59.00,60.00);津市站（即阳由垸津市站）:(40.00,41.00,42.00);石龟山站（即津市西湖垸石龟山站）:(37.50,38.50,39.50)。

表 1.1　常德市湖区堤垸基本情况汇总表

县别	堤长（km）						人口（万人）		总面积（千公顷）		
	小计	一线堤	二线堤	隔堤	溃堤	间堤	小计	农业	小计	耕地	内湖
全市合计	2870.733	1121.08	327.596	42.317	1279.293	100.447	303.64	220.26	433.31	223.01	36.99
武陵	140.3	46.75	5.20	19.3	69.05		30.24	5.72	10.21	3.92	1.64
护丹垸	110.1	32.15	5.20	19.3	53.45		26.82	2.8	5.75	1.61	1.64
芦山	30.2	14.60			15.60		15.60	2.92	4.46	2.31	
鼎城	542.481	92.78	157.721		238.6	53.38	50.28	41.86	89.14	45.23	5.75
护丹	35.831	17.841			17.99		8.31	7.11	11.73	7.05	
八官	100.15	17.19	45.76		37.2		8.24	8.10	20.57	9.42	0.87
民阳	132.0	33.12	11.5		34.0	53.38	12.74	11.74	23.79	12.33	2.68
善卷	31.17	31.17					9.50	4.04	8.73	4.53	0.05
三合	27.86	11.30			16.56		3.10	2.94	6.60	2.38	0.59
冲柳	215.47		82.62		132.85		8.39	7.93	17.72	9.51	1.56
安乡	614.35	395.89			195.494	22.966	56.2	45.55	88.07	43.48	7.16
安保	175.48	99.98			75.5		18.19	15.97	35.31	17.79	4.94
安造	150.67	81.87			61.8	7.0	18.72	12.40	20.45	10.27	0.99
安澧	108.96	68.60			32.86	7.5	7.34	6.49	12.95	5.97	0.49
安昌	118.05	84.25			25.334	8.466	6.67	6.25	11.51	5.07	0.45
安化	61.19	61.19					5.28	4.44	7.85	4.38	0.29
汉寿	790.59	130.59	53.15	8.45	586.6	11.8	49.23	39.83	92.89	45.95	10.40
西湖	421.85	60.14	2.70		359.01		21.43	19.68	37.15	17.60	6.08
沅南	344.80	51.51	50.45	8.45	222.59	11.8	24.63	16.84	49.71	25.23	3.67
围堤湖	20.63	15.63			5.00		1.22	1.16	3.73	2.27	
六角山	2.90	2.90					0.54	1.50	1.46	0.57	0.37
烟包山	0.41	0.41					0.68	0.65	0.84	0.29	0.28

（续表）

县别	堤长（km）						人口（万人）		总面积（千公顷）		
	小计	一线堤	二线堤	隔堤	溃堤	间堤	小计	农业	小计	耕地	内湖
澧县	414.188	211.30	87.28	14.567	90.749	10.301	48.62	40.67	68.62	34.83	4.25
澧松	123.946	38.90	60.446	2.30	22.419	2.301	12.55	10.94	20.02	10.95	1.82
澧阳	110.422	30.90	26.825	12.267	37.93	2.50	20.87	15.70	22.42	11.43	1.76
西官	84.60	59.00			20.60	5.00	3.40	3.39	7.25	3.35	0.29
九垸	25.00	25.00					2.41	2.37	5.48	2.44	0.11
澧南	24.70	24.20					2.83	2.41	3.45	1.65	0.20
七里湖	17.30	17.30					0.43	0.43	1.23	0.60	
涔上							3.22	2.81	1.85	1.20	
涔下	12.22				9.80		2.33	2.06	6.25	2.69	
彭坪	5.50	5.50					0.33	0.31	0.37	0.30	0.04
廖坪	2.50	2.50					0.07	0.07	0.08	0.07	0.01
英溪	4.00	4.00					0.12	0.12	0.14	0.11	0.01
白马	2.00	2.00					0.03	0.03	0.03	0.02	
毛坪	2.00	2.00					0.03	0.03	0.04	0.03	
临澧	69.1	60.1			9.00		14.27	10.41	13.19	10.21	1.12
新合	21.19	12.19			9.00		8.29	7.43	9.17	7.51	1.12
烽火	14.39	14.39					0.61	0.56	1.01	0.77	
安福	12.53	12.53					3.74	0.97	1.38	0.94	
洞坪	10.23	10.23					0.71	0.65	0.54	0.37	
青山	3.30	3.30					0.36	0.31	0.60	0.25	
山洲	5.04	5.04					0.40	0.34	0.34	0.26	
关山	2.42	2.42					0.16	0.15	0.15	0.11	
津市	81.494	34.82	9.504		35.17	2.00	15.86	8.62	20.11	11.63	5.53

（续表）

县别	堤长（km）						人口（万人）		总面积（千公顷）		
	小计	一线堤	二线堤	隔堤	溃堤	同堤	小计	农业	小计	耕地	内湖
护市	15.10	4.45	3.65		5.00	2.00	6.08	0.42	0.72	0.47	0.03
西湖	46.524	10.50	5.854		30.17		6.30	5.60	16.20	9.20	5.00
新下	9.45	9.45					1.08	1.04	1.07	0.75	0.17
新上	3.82	3.82					1.10	0.76	1.17	0.58	0.25
阳由	6.60	6.60					1.30	0.80	0.95	0.64	0.08
桃源	114.94	111.97			2.97		18.64	13.48	17.55	12.07	0.33
漳江	18.72	17.93			0.79		5.13	1.62	1.46	0.85	0.05
陬溪	28.60	28.60					6.07	4.57	7.07	5.01	0.19
车湖	22.58	21.80			0.78		3.13	3.11	3.91	2.68	0.07
木塘	18.70	17.30			1.40		2.38	2.35	2.45	1.85	0.01
桃花	13.89	13.89					1.02	0.97	1.80	1.03	0.02
浔阳	6.40	6.40					0.72	0.68	0.60	0.45	
麦市	6.05	6.05					0.19	0.18	0.27	0.18	
石门	32.72	32.72					6.19	5.07	4.73	2.88	
易市	17.02	17.02					3.75	2.72	2.50	1.46	
二都	15.70	15.70					2.44	2.35	2.23	1.42	
西湖区	38.50				38.50		4.20	3.20	7.00	3.85	0.80
德山四合垸	10.17	4.16			6.01		5.12	3.10	4.10	0.67	0.01
农场	21.90		14.75		7.15		4.79	2.75	17.70	8.27	
西洞庭							3.30	2.00	10.97	5.64	
涔澹	21.90		14.75		7.15		0.43	0.75	3.37	1.57	
贺家山							1.06	0.75	3.36	1.07	

（注:大堤分类术语。一线防洪大堤:指直接防御外河洪水的大堤。二线防洪大堤:指防御内河洪水的大堤。在常德市主要是指藕池河堤。隔堤:指位于两侧围堤院内的、平时不挡水的堤防,但其两侧围堤院内的堤防,且其两侧水的堤防的重要性、等级一样;同堤:指防御内湖、溃堤:指防溃水的堤防(哑河溃湖、哑河溃水的堤防)。

表 1.2　常德市堤垸主要控制站三防水位（单位：m）

水系	区县市别	垸名	控制站名	控制点堤顶高程	三防水位				建国后最高水位	
					防汛	警戒	危险	保证	发生日期	水位
安乡河	安乡县	安造	县城	42.00	36.50	37.50	38.50	39.38	98.7.24	40.46
藕池河		安化	三岔河	40.20	35.50	36.50	37.50	37.85	99.7.21	38.53
		安化	官垱	41.20	36.50	37.50	38.50	38.84	98.8.15	39.67
虎渡河		安造	安生大杨树	42.00	37.00	38.00	39.00	39.48	98.7.24	40.65
		安昌	安全董家垱	41.90	37.00	38.00	39.00	39.36	98.7.24	40.47
		安昌	黄市嘴	41.60	37.00	38.00	39.00	39.37	98.7.24	40.64
陆家渡河		安尤	安尤陆家渡	41.20	36.00	37.00	38.00	38.91	98.7.24	39.98
		安昌	安荟唐家铺	39.90	36.00	37.00	38.00	38.68	98.7.24	39.51
松滋东支		安澧	安全王守寺	43.50	38.00	39.50	40.50	41.33	98.7.24	42.53
		安造	安全潭子口	42.60	37.50	38.50	39.50	40.74	98.7.24	41.87
		安造	安造大湖口	42.20	37.00	38.00	39.00	40.43	98.7.24	41.35
			安障泥剅口	41.90	36.50	37.50	38.50	39.61	98.7.24	40.70
安乡河		安保	刮家洲	41.10	36.00	37.00	38.50	38.54	98.7.24	39.51
		安澧	安德芦林铺	40.30	35.00	36.00	37.00	37.16	98.7.24	38.74
松滋中支		安澧	安凝自治局	42.10	37.50	38.50	39.50	40.33	98.7.24	41.38
			安丰黄沙湾	42.40	37.50	38.50	39.50	40.20	98.7.24	41.35
澧水		安保	安丰豆港	43.50	38.00	39.00	40.00	41.36	98.7.24	42.68
			安裕赵家湖	43.00	37.50	38.50	39.50	40.59	98.7.24	41.85
			安康虾叭脑	42.60	37.00	38.00	39.00	39.53	98.7.24	40.98
			陈家嘴	41.60	36.50	37.50	38.00	38.52	98.7.24	39.57
	石门	新合	石门	自然	58.50	59.00	60.00	62.00	98.7.23	62.68
	临澧		向阴闸	53.45	47.00	48.00	49.00	50.10	98.7.23	51.26

（续表）

水系	区县市别	垸名	控制站名	控制点提顶高程	三防水位				建国后最高水位	
					防汛	警戒	危险	保证	发生日期	水位
澧水	澧县	澧阳	张公庙	50.20	45.00	46.00	47.00	47.87	98.7.23	49.18
		澧阳	兰江闸	48.56	43.00	44.00	45.00	46.10	98.7.23	47.14
	津市	澧南	刘家河	47.18	42.00	43.00	44.00	46.07	98.7.23	46.88
		阳由	津市	46.80	40.00	41.00	42.00	43.32	98.7.24	45.01
	澧县	澧松	小渡口（外）	46.30	40.00	41.00	42.50	43.93	98.7.24	44.77
			小渡口（内）	43.00	39.00	40.00	41.00	41.78	98.7.25	41.14
		新洲上	甘家湾	45.40	39.00	40.00	40.50	42.50	98.7.24	43.65
	津市	新洲下	新洲闸	45.00	39.00	40.00	41.00	42.64	98.7.24	44.10
		七里湖	朱家嘴	44.00	38.50	39.50	40.50	42.53	98.7.24	43.46
	澧县		彭家港	43.00	38.50	39.50	40.00	41.50	98.7.24	43.00
	津市	西湖	石龟山	44.00	37.50	38.50	39.50	40.52	98.7.24	41.91
内湖		八宝湖	新民闸（外）	38.00	34.50	35.50	36.50	36.97	83.7.17	36.97
			新民闸（内）	38.00	33.50	34.00	34.50	34.72	98.9.4	34.88
道水	澧县	磨子坪	陈家河	45.80	41.00	42.00	43.00	44.00	98.7.23	46.80
松滋中支		澧松	大圳口	44.60	40.00	40.50	41.00	41.90	98.7.24	43.03
		西官	青龙窖	44.00	39.00	40.00	41.00	41.78	98.7.24	42.80
		澧松	三汊脑	43.08	38.50	39.50	40.00	41.04	98.7.24	41.99
松滋西支			珠矶湖	42.00	38.00	39.00	40.00	40.58	98.7.24	41.58
		澧松	毛家岔	43.70	39.00	40.00	40.50	41.79	98.7.24	42.88
		西官	官垸码头	43.00	38.50	39.50	40.50	41.70	98.7.24	42.78
涔澹水		澧阳	中渡口（外）	43.50	38.50	39.50	40.50	41.56	91.7.10	41.56
			中渡口（内）	43.50	39.00	39.50	40.50	41.56	91.7.10	41.56

（续表）

水系	区县市别	垸名	控制站名		控制点堤顶高程	三防水位				建国后最高水位	
						防汛	警戒	危险	保证	发生日期	水位
澧水	澧县	涔下	袁家港		42.90	38.50	39.50	40.50	41.77	91.7.9	41.77
		北明湖	狮子桩	外	42.50	38.50	39.50	40.50	41.77	91.7.9	41.77
				内	42.50	38.00	39.00	40.00	41.00	91.7.12	39.88
沅水	桃源	漳江	县城		48.90	41.50	42.50	43.50	45.40	96.7.19	46.90
		车湖	延泉		47.00	41.00	42.00	43.00	44.30	96.7.19	45.55
		陬溪	连鱼口		46.50	40.00	41.00	42.00	43.14	96.7.19	45.00
		木塘	马安闸		45.80	40.00	41.00	42.00	42.85	96.7.19	44.50
	武陵	护丹	河洑闸	外	47.00	39.50	41.00	42.00	42.56	96.7.19	44.65
				内	45.65	40.50	41.00	41.50	42.08	96.7.1	42.19
		南碻	南碻	外	44.30	38.00	39.00	39.50	40.68	96.7.19	42.49
				内	45.20	33.50	34.00	34.50	35.36	83.7.17	35.36
	鼎城	善卷	建设碻		44.55	37.50	38.50	39.50	40.67	96.7.19	42.17
		三合	邱家碻		42.64	37.00	38.00	39.00	39.36	96.7.19	41.41
内湖		冲柳	冲柳闸	外	38.00	35.00	35.50	36.00	36.86	83.7.9	36.86
				内	36.20	33.50	34.00	34.50	35.34	83.7.11	35.36
澧水		民阳	沙河口		41.60	36.00	37.00	38.00	38.30	98.7.24	39.46
沅水	汉寿	沅南	蒋家嘴	外	38.56	34.50	35.50	36.50	36.50	96.7.21	37.85
				内	37.50	33.50	34.50	35.00	35.65	98.7.30	36.22
		西湖	岩汪湖		39.32	34.50	35.50	36.50	36.79	96.7.20	38.38
目平湖			赵家河	外	40.00	34.50	35.50	36.00	36.46	96.7.21	37.95
				内	34.00	31.50	32.00	32.50	32.86	77.7	32.86
澧水			三角堤		40.00	34.50	35.50	36.50	36.73	96.7.21	68.61

参考文献

应国斌,2002.常德市志[M].长沙:湖南人民出版社.

周栋民,2001.常德市湖区水利基本资料汇编[M].常德市水利水电局.

刘小明,唐子钧,覃正元,等,2010.2010 常德统计年鉴[M].常德市统计局.

第 2 章

常德的天气气候特点

2.1 常德的气候概况和气候规律

常德市位于湖南省北部,属中亚热带向北亚热带过渡的湿润季风气候,大陆性和季风性气候特点明显。冬季受西伯利亚偏北大陆季风控制,气候比较寒冷干燥,春夏之交为南北冷暖气流交替的过渡时期,阴湿多雨,天气多变,雨季一般在 7 月上旬或中旬结束,雨季结束后会出现≥35℃的高温天气。夏季受海洋季风的影响,在副热带高压的控制下,形成干旱少雨天气。一年之中,一般 1 月最冷,7 月最热,气温年较差在 23.2～24.0℃之间。常德具有"气候温暖,四季分明;热量充足,雨水集中;春温多变,夏秋多旱;严寒期短,暑热期长"的特点。

2.1.1 气候温暖,四季分明

常德各气象站资料统计表明,各地年平均气温一般为 15.8～18.3℃,冬季最冷月 1 月平均气温大多在 4℃以上,日平均气温在 0℃以下的天数平均每年不到 5d。春季平均气温在 14.5～19.3℃之间,秋季平均气温在 15.6～20.2℃之间,秋温略高于春温。夏季平均气温在 25.4～29.2℃之间。

气候学通常以候(一般 5 d 为一候)平均气温低于 10℃为冬季,10～22℃为春、秋季,高于 22℃为夏季,据此常德可划分出明显的四季,且各季之间气候差异较大。常德春季开始日期一般在 3 月中旬,个别年份在 2 月下旬已经入春,春季可维持 65～75 d,入春后气温逐渐回升,但常有阴雨连绵、低温寡照天气;5 月中旬起自南至北先后入夏,夏季一般 4 个月左右,夏季是四季中最长的季节,温高暑热,常连晴数日,骄阳似火,蒸发强盛;出现降雨时,时间集中、强度大,易发生洪涝灾害;9 月下旬进入秋季,秋季最短,一般只有 2 个月左右;冬季一般自 11 月下旬或 12 月初开始,最迟在 12 月下旬才进入冬季,通常达 3 个多月,比较湿冷,有时会发生雨淞冰冻天气。

2.1.2 热量充足,雨水集中

全市年平均日照 1607.6 h,日照充足;大部分地区日平均气温稳定通过 0℃以上的活动积温为 5156.7～6741.5℃;10℃以上的活动积温为 4588.4～6310.1℃,可持续 188～296 d;15℃以上的活动积温为 4032.0～5656.1℃,可持续 145～234 d;无霜期 249～297 d。

雨水丰沛,年平均降雨量在 1200～1500 mm 之间,但时空分布很不均匀。降水主要集中在 4 月上旬到 7 月上旬,由于夏季风转换时间不固定,导致雨季提早或推迟、延长或缩短,形成洪涝和干旱。

2.1.3　春温多变,夏秋多旱

由于冷空气活动频繁,常德春季乍寒乍暖,天气变化剧烈,有时受强冷空气影响气温骤降,出现寒潮天气,并伴有大风、冰雹、雷暴、暴雨等强对流天气发生,冷空气过境后,雨过天晴,气温迅速回升。

夏秋少雨,干旱几乎年年都有。常年 7 月上旬末到中旬初常德大部分地方雨季结束,雨日和降雨量都显著减少。7—9 月各地总降雨量多为 300 mm 左右,不足雨季降雨量的一半,加之南风高温,蒸发量大,常常发生干旱。

2.1.4　严寒期短,暑热期长

每年各县日平均气温≤0℃的天数在 4 d 左右。各县大多数年份没有严寒期,少数年份多出现在 1 月中下旬即"三九"期间,有严寒期但持续时间短,最多为 18 d 出现在常德站的 1954年 12 月 26 日至 1955 年 1 月 12 日。若以候平均气温≤5℃作为冬冷期,则各县 12 月至次年 3月都有冬冷期,最早的冬冷期在 11 月第 5 候、第 6 候,最迟的在 3 月第 5 候,时间平均为 30～40 d。有些年隆冬期间虽有几天或十几天可见冰雪雨凇,但一般年份降雪只有 2 d 左右即会消失。降雪日数一般 10 d 左右。地表水面发生结冰的日数有 20～25 d。因此冬季严寒期很短,但冬季较长,且阴湿多雨(雪)。

夏季时间长,暑热时间也长。候平均气温≥28℃的暑热期,大部分县一般自 6 月底或 7 月初开始,至 7 月底或 8 月上中旬结束,个别年份延至 9 月初,暑热期可达 1.5～2 个月。沅水流域的汉寿、常德、桃源一带最热,日平均气温≥30℃的酷热天气常德、汉寿每年平均有 23 d,桃源有 21 d。日最高气温≥35℃的年平均日数为 15～23 d。极端高温≥35.0℃的时段多出现在 7 月中下旬到 8 月中旬。

2.2　境内大地形对气候的影响

常德市西北部属武陵山系,西部多中低山区;中部多丘陵;东部为沅水、澧水下游及洞庭湖平原区,地势平坦;西南部为雪峰山余脉,中部有近南北向的太浮山和太阳山对峙,构成向北敞口的"撮箕形"盆地,致使临澧、石门、桃源一带冬季易受冷空气袭击。每当东路冷空气入侵湖南时,湖区平原首当其冲,造成剧烈降温。1 月平均气温一般在 4℃左右,临澧 4.1℃,为全市最低值;极端最低气温−15.8℃,1977 年 1 月 30 日出现在桃源;极端最高气温达 40.9℃,1972年 8 月 27 日出现在石门;气温年较差全市最大是安乡和桃源达 24.0℃;多年最高气温与最低气温差最大出现在石门为 27.3℃;多年平均气温日较差一般在 7～8℃之间,常德、安乡最小;年平均风速常德、汉寿、桃源均小于其他县。究其原因,当西路冷空气侵入湖南后,其前锋往往很快到达石门,所以石门境内气温起伏大,而处于洞庭湖区和澧水下游的安乡易为冷高压控制,多晴朗天气,加上地势平坦,成云致雨的机会也少些。总的来说,安乡年日照时数最多(为1846 h)、高温日数最少(为 11 d 左右)、极端高温最低、极大风速最大(为 23.0 m/s),桃源年日照时数最少(为 1411 h)、年雨量最多(为 1433 mm 左右)、极端低温最低,临澧年雨量最少(为1260 mm 左右),都与各县所处的地理位置有关。

另外,洞庭湖水体热效应对滨湖地区气候的影响也十分明显,例如,沅水流域≥35℃的年平均高温日数最多,安乡最少,且安乡极端最高气温仅 39.1℃也是全市最低。分析其原因,除安乡气象站建在安乡防洪大堤附近不在城市中心外,与安乡处澧水下游和洞庭湖平原也有直接关系。

盛夏受副热带高压控制,常德市上空晴空少云,日平均气温高,在 7 月 20 日前后达到 30℃左右,日照强烈,此时正值常德市高温干旱时段。

2.3　主要气象要素

分析资料采用 1971—2000 年 30 年常德 7 个气象站的资料。

2.3.1　极端最高、最低气温

图 2.1a 为极端最高气温分布图,其分布特点是:西部高于东部、常德北部和南部高,中部低,高值中心在石门,最高气温为 40.9℃。

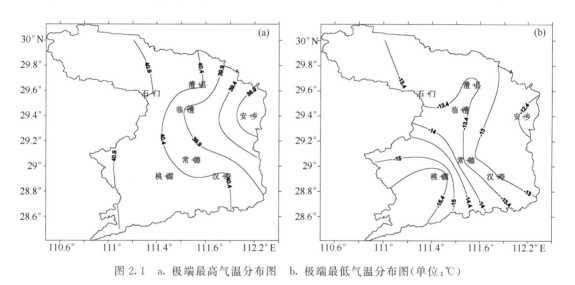

图 2.1　a. 极端最高气温分布图　b. 极端最低气温分布图(单位:℃)

图 2.1b 为极端最低气温分布图,其分布特点是:由西南向东北气温逐渐升高,极端最低气温出现在桃源为−15.8℃。

2.3.2　平均气温

图 2.2 为全市年平均气温分布图,其空间分布特点是有一个高值中心和一个低值中心:大体上呈现出由北向南逐渐升高的趋势,平均气温高值中心在常德站,最高值为 16.9℃,平均气温低值中心在临澧,为 16.4℃。

2.3.3　平均本站气压

图 2.3 为年平均气压分布图,其分布特点是与常德的地形图相似,地势越高气压越低,气压自西向东增加,湖区地区对应气压高值区,山区对应气压低值区,其中低值中心在石门为 1002.0 hPa,高值中心出现在汉寿和常德,为 1012.4 hPa。

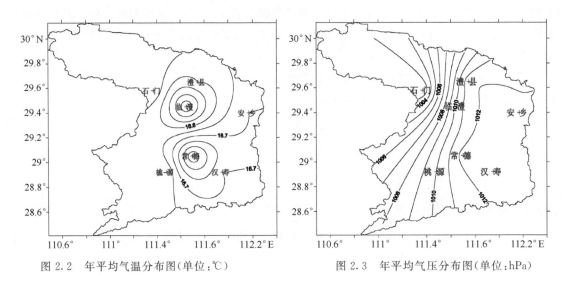

图 2.2　年平均气温分布图(单位:℃)　　　　　图 2.3　年平均气压分布图(单位:hPa)

2.3.4　年平均蒸发量

图 2.4 为年均蒸发量分布图,总体上沅水流域蒸发量小于澧水流域蒸发量,蒸发量最大值出现在石门为 1361.0 mm,最小值出现在桃源为 1122.2 mm。

2.3.5　年平均日照时数

图 2.5 为年均日照时数分布图,呈西低东高分布,平均日照时数的最低值出现在桃源为 1410.9 h,最高值出现在安乡为 1846.0 h,也是湖南的高值中心。

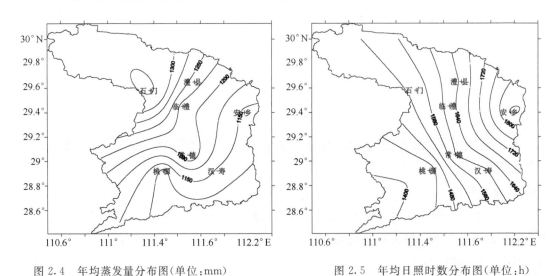

图 2.4　年均蒸发量分布图(单位:mm)　　　　图 2.5　年均日照时数分布图(单位:h)

2.3.6　最大风速

图 2.6 为最大风速分布图,其分布特点是自西南向东北方向增大,最大风速值的高值中心在安乡,为 23.0 m/s。

2.3.7　年平均降水量

图 2.7 为年平均降水量分布图,其分布特点是西南部多于东北部,多值中心在桃源为 1433.1 mm。

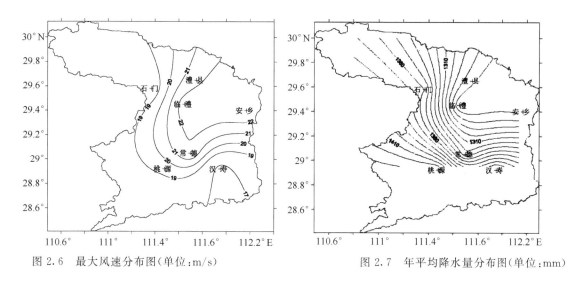

图 2.6　最大风速分布图(单位:m/s)　　　图 2.7　年平均降水量分布图(单位:mm)

2.3.8　最大日降水量

图 2.8 为最大日降水量分布图,其分布特点是低值中心和高值中心呈相间分布,低值中心在东部和南部,高值中心分别在常德和石门、澧县一线,最大日降水量出现在常德站,为 251.1 mm。

2.3.9　年平均降水日数

图 2.9 为年平均降水日数分布图,临澧是常德市降水日数较少的地方为 138 d,桃源是降水日数较多的地方为 155 d。

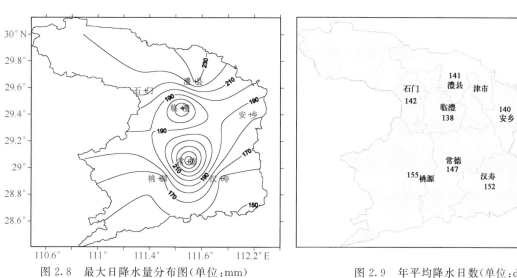

图 2.8　最大日降水量分布图(单位:mm)　　　图 2.9　年平均降水日数(单位:d)

2.4 主要气象灾害

2.4.1 暴雨洪涝

(1)总体特点

常德具有"四季分明,雨水集中"的季风湿润气候特点,全市年平均降水量在1260.0(临澧)~1433.1 mm(桃源)之间。但时间分配不均,有明显雨季特点,雨季一般出现在3—7月,雨季一般在7月上旬或中旬结束,雨季集中了全年降水量的50%~60%。在季节分配上,夏、秋季降水量占年降水量的70%左右,冬季降水量很少,且由东南向西北减少。

根据1960—2010年全市4—9月平均雨量绘制了雨量分布图2.10(由于仅常德站是1951年建站的,为了便于统一比较,所有资料自1960起,下同)。图2.10中表明4—9月多年平均雨量自西南向东北减少,少雨中心在安乡,澧水流域的石门和沅水流域为多雨地方,这些县4—9月多年平均雨量都在900 mm以上。

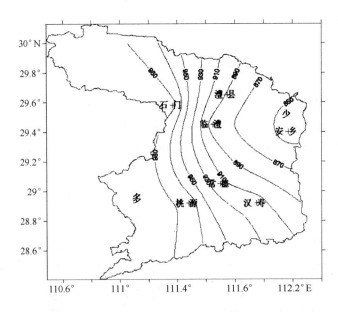

图2.10 常德1960—2010年4—9月多年平均雨量分布图(单位:mm)

降水分布不均还体现在有时出现时间短、强度大、雨量多的强降水上,常以暴雨(1d降水量≥50 mm)和连续性暴雨、大暴雨(1d降水量≥100 mm)或特大暴雨(1d降水量≥250 mm)形式出现,暴雨是直接造成洪涝的原因。常德西北部山区和桃源与安化交界的山区受强降水影响容易造成山体滑坡、泥石流等灾害,湖区及平原则多渍涝灾害。

暴雨是湖南的主要灾害性天气,也是常德的主要灾害天气,四季都可产生,但主要集中在春末—夏初,而盛夏—初秋次之。最早出现在1月份,最迟在11月份,全年中仅12月没有出现过暴雨。

(2)暴雨分布规律

选取全市7个气象站的各月暴雨日数资料进行分析,统计其各级降水概率,6月中旬至下旬前、7月中旬至下旬初容易出现暴雨天气过程,7月上旬初和上旬后期出现暴雨的概率也较大。

3—5月暴雨日数占全年暴雨日的20.6%～27.8%,6—8月占全年的61.3%～68.8%,1983年6月有22站次暴雨,较1998年7月20站次暴雨还要多;9—11月暴雨日占全年的8%～12.9%,4—8月暴雨日占全年的84.1%～89.4%。大暴雨日指日降水量≥100 mm的日数,据统计,6—7月大暴雨日占全年大暴雨日的53.3%～78.8%。

常德市年平均大暴雨日为0.6 d,年代际分布无明显变化;特大暴雨全市仅常德1999年4月出现过1次。统计发现,全市共5站次连续2 d的大暴雨过程,其出现时间分别为1998年6月23—24日(常德、澧县)、2002年7月22—23日(石门)、2003年7月8—9日(澧县)、1964年6月24—25日(临澧),5站次中有4站次出现在2000年前后,这是否说明气候变暖后出现连续大暴雨的概率在增加,这点值得探讨。

日降水量50 mm以上降水日的月际分布情况是6月最多、7月次之,即从春到夏暴雨日数渐多,从夏到秋冬暴雨日数渐少。

以1960—2010年各月出现暴雨日数的概率作图2.11。

从图2.11中可见在12月没有暴雨,1月出现暴雨的概率只有0.07%,2月仅0.29%,3月和11月均为1.82%,4月开始增加到8.75%,6月达最大值26.77%,5—8月暴雨出现频繁,概率都在15%以上。

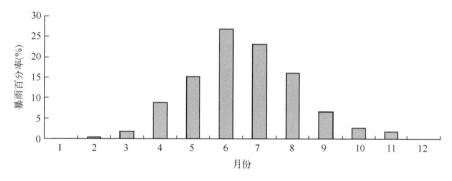

图2.11　1961—2010年常德7个测站各月出现暴雨日数的概率

另外,从逐年情况看,1967、1969、1973、1980、1983、1998、1999、2002、2004年等9年,代表站在这些年中的5—8月出现暴雨次数都在35站次以上,最多是1980年达53站次,其次是1998年和2004年,分别为48和43站次,这9年都是全市性洪涝年。1970年常德、1973年石门、1980年澧县和石门、1998年汉寿、2002年石门和安乡都出现了10次暴雨。

对于某个测站(1960—2010年)51年中的6、7月,出现5个以上暴雨日的有常德、石门、安乡站,分别发生在1964、1969、1995年。总之,从以上数据说明,从12月—次年2月,只有极少年份有暴雨发生,概率为0.00%～0.29%,到3月暴雨开始增多,进入4月绝大多数年份都会出现暴雨,概率比3月增多,到6月达最大值,多数年的6月是暴雨或大暴雨多发时段,也是洪涝灾害易发时期,7月逐渐减少,直到9月陡然降低。

(3)洪涝分布规律

大范围暴雨或大暴雨、连续性暴雨可引起溪河水位陡涨,河水泛滥,导致冲毁和淹没田园成为洪涝。在汛期,江河、湖泊、水库等水体水位较高,通常暴雨都会致灾。湖区的暴雨一般造成的灾害表现为内涝、溃堤、农作物被淹、损坏或倒塌房屋等,山区的暴雨还可能导致山洪暴发、泥石流等次生灾害。在山区暴雨过程一般容易成灾,常常造成损失上千万元,甚至过亿。在非汛期,一般水体的水位较低,降水不太集中,偶尔出现一场暴雨造成的灾害一般不严重,反而因暴雨带来的降水对缓解干旱有利。

根据湖南省地方标准《气象灾害术语和等级》:

① 任意 10d 内降水量≥200 mm;

② 4—9 月降水总量比常年多 2 成以上;

③ 4—6 月降水总量比常年多 3 成以上。达到其中一条就认为发生了洪涝过程。

按照上述标准统计全市 7 个气象观测站 1960—2010 年的雨量资料,以各年按不同洪涝标准出现洪涝的站数作统计表。见表 2.1。

据统计,51 年中任意 10 d 雨量超过 500 mm 的站仅有石门(1991 年 7 月 1—10 日),为 578.7 mm。

表 2.1　1960—2010 年洪涝站数

年号	序列 1	序列 2	序列 3	年号	序列 1	序列 2	序列 3
(公元)	(站数)	(站数)	(站数)	(公元)	(站数)	(站数)	(站数)
1960	0	0	2	1986	1	0	4
1961	0	0	0	1987	0	0	0
1962	1	0	2	1988	3	0	6
1963	0	0	1	1989	1	0	1
1964	0	7	7	1990	0	0	1
1965	1	0	3	1991	0	0	6
1966	0	0	0	1992	0	0	0
1967	7	4	5	1993	1	0	5
1968	0	0	0	1994	0	0	0
1969	6	0	6	1995	3	6	4
1970	4	1	4	1996	1	0	4
1971	0	0	0	1997	0	0	1
1972	0	0	0	1998	7	5	7
1973	7	5	7	1999	5	6	7
1974	0	0	1	2000	0	0	0
1975	0	0	1	2001	0	0	0
1976	0	0	1	2002	7	7	7
1977	4	5	5	2003	2	1	2
1978	0	0	1	2004	1	0	7

年号	序列 1	序列 2	序列 3	年号	序列 1	序列 2	序列 3
（公元）	（站数）	（站数）	（站数）	（公元）	（站数）	（站数）	（站数）
1979	0	1	1	2005	0	0	1
1980	7	4	7	2006	0	0	2
1981	0	0	0	2007	0	0	1
1982	0	0	2	2008	0	0	0
1983	5	3	6	2009	0	0	0
1984	0	0	0	2010	3	0	4
1985	0	0	0				

说明：表 2.1 中序列 1 是 7 个站 4—9 月总雨量达洪涝灾害天气气候标准的站数，序列 2 是 7 个站 4—6 月总雨量达洪涝灾害天气气候标准的站数，序列 3 是 7 个站之内任意 10d 雨量≥200 mm 的站数。

从表 2.1 数据中可看出：1969、1973、1980、1998、1999 和 2002 年是参与统计的站点中绝大多数发生了洪涝，这些年是全市性洪涝年；1964、1977、1995 年的 4—6 月降水量达到中度到重度洪涝标准；1970、1977、1983、1991、1993、1996、2004、2010 年大部分或部分县发生了洪涝。

定义全市任意 10 d 雨量≥200 mm 的站数达 4 个站或以上即为一个洪涝年，51 年中有 19 个洪涝年，平均 2～3 年出现一次洪涝。1990 年以来出现了 9 次，这说明洪涝愈来愈频繁。综合以上两种统计结果表明，暴雨多发时段对应洪涝多发期，即大暴雨、特大暴雨、连续性暴雨是导致洪涝的根本原因。

表 2.1 中，1973、1998、1999 和 2002 年出现了重度洪涝，其中 1973 年有石门站 5—9 月出现过 5 次任意 10d 雨量达洪涝灾害天气气候标准；1988 年各站洪涝出现时间比较集中，各站点出现在 8 月底到 9 月上旬，暴雨洪涝造成了我市秋汛。

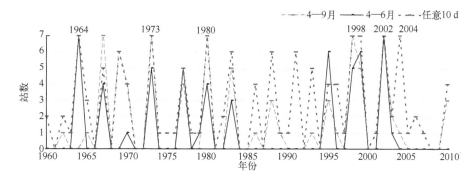

图 2.12　4—9 月和 4—6 月雨量达洪涝灾害天气标准的站数与任意 10d 雨量≥200 mm 的站数曲线

将表 2.1 中的序列 1、序列 2 和序列 3 的数据绘制成图 2.12，则更加直观详细地说明了以上观点。根据图 2.12 明显看出：三条曲线走势基本一致，差别在于出现站点多少。图中蓝线（任意 10 d 雨量≥200 mm）变化表明，以相隔 1～2 年出现一个峰值为多数，也有相隔 3～5 年出现峰值的。图中表明，1964、1973、1980、1998、1999、2002 和 2004 年出现了峰值，同时也发现 2005 年后出现 4—9 月或 4—6 月降水量达到洪涝标准的站数少，但任意 10 d 降水量达到标准的还是有。

2.4.2　干旱

干旱是因长期无雨或少雨,造成空气干燥、土壤缺水的气候现象。常德降水量的年际变率大,降水的季节和地域分配不均匀,常年 6 月下旬以后,受西太平洋副热带高压控制,全市雨季结束后进入盛夏晴热少雨季节,容易发生干旱灾害。干旱严重时溪河断流,塘坝、水库干涸,对航运、水电产生严重影响,甚至人畜饮水也会发生困难。尤其农业生产多在露天条件下进行,受干旱制约很大,夏秋季节正是常德农作物繁茂生长时期,气温高、天气热、降水少、蒸发大,农田水量不足,如遇久晴不雨,农作物体内水分大量亏缺,导致农作物生长发育不良而减产,甚至作物被干死绝收。因此旱灾是常德最为严重的农业气象灾害。如 1972 年全市出现夏秋干旱,5—9 月降水量全市平均仅 362.3 mm,特别是 6—9 月少雨,平均降水量仅 225.4 mm,历史上称其为"百日大旱",部分乡镇缺饮水,干旱面积 60360 hm²;其中桃源夏秋连旱,早稻失收 1983.2 hm²,中稻失收 66.7 hm²,晚稻失收 3350 hm²,棉花旱 9045 hm²,旱粮 7035 hm²。从常德历史资料分析,旱灾几乎年年有,即使是大水年也同样会出现季节性干旱。

(1)干旱标准

干旱是由多种因素综合影响形成的,它不仅与降水、气温、蒸发等气候因子有关,而且与地质结构、土壤性质、森林植被、水利设施、耕作制度以及人类活动等因素密切相关。干旱四季皆可发生。按出现季节可分为:春旱、夏旱、秋旱、冬旱以及夏秋连旱、秋冬连旱、冬春连旱等。气象部门评估干旱多用降水量或无雨日数来判定干旱有无和等级。

《湖南省地方标准》规定干旱的气象标准是:春旱时段:3 月上旬至 4 月中旬。春旱标准:3 月上旬至 4 月中旬降水总量比常年偏少 4 成或以上。冬旱时段:12 月至次年 2 月。冬旱标准:12 月至次年 2 月降水总量比常年偏少 3 成或以上。

夏旱时段:雨季结束至"立秋"前。秋旱时段:"立秋"后至 10 月。夏秋连旱时段:雨季结束至 10 月。夏、秋干旱及夏秋连旱标准:干旱年——出现一次连旱 40~60 d;出现两次连旱总天数 60~75 d。以上二条,达到其中任意一条。大旱年——出现一次连旱 61~75 d;出现两次连旱总天数 76~90 d。以上二条,达到其中任意一条。特大旱年——出现一次连旱 76 d 以上;出现两次连旱总天数 91 d 以上。以上二条,达到其中任意一条。

(2)干旱特征

常德干旱特征呈现以下特点:干旱频繁,旱情较重,常出现冬、春、夏连旱,夏秋干旱重于春旱,山区重于湖区。1960、1964、1966、1972、1974、1990、1997 和 2004 年全市大部分站出现了 60 d 以上的干旱。临澧 1991 年 7 月 11 日至 12 月 23 日出现了 165 d 的特大干旱。

(3)干旱的成因

常德干旱的成因主要有:大气环流的影响,降雨量与农业阶段需水量极不平衡,气温高、蒸发大、降水和蒸发不平衡,地形地貌的差异,社会因素的影响等。

2.4.3　倒春寒

统计分析结果表明,常德"倒春寒"出现的总次数为 21~24 次,1960—2010 年有 40% 以上的年份出现过"倒春寒",澧水流域受"倒春寒"影响的机会多于沅水流域(见图 2.13)。

分析各旬出现"倒春寒"的情况发现,全市从 3 月中旬到 4 月下旬每旬都可能出现"倒春寒",但各地出现"倒春寒"的集中期有所不同。有 35.4% 的"倒春寒"出现在 4 月下旬,位居第一,其次有 26.3% 和 23.4% 的"倒春寒"分别出现在 3 月下旬和 4 月中旬,位列第二和第三,4 月上旬出现的次数最少。一年出现两次"倒春寒"的情况也时有发生,如 1980 年 3 月中旬出现了"倒春寒",4 月下旬再次出现"倒春寒";1991 年 3 月下旬出现了"倒春寒",到 4 月中旬全市又出现了一次"倒春寒"。同一地区一年出现两次"倒春寒"对作物的影响尤为严重。

图 2.13　"倒春寒"出现次数分布图(单位:次)

连续多年出现"倒春寒"的现象也常常发生,1967—1970、1980—1983、1986—1989、1995—1996、1998—1999(常德、安乡)和 2001—2002 年均连续两个或以上站点出现了"倒春寒",其中 1967—1970、1986—1989 年全市各站连续 4 年出现"倒春寒"。

从"倒春寒"出现的年代际变化趋势来看,从 20 世纪 60 年代到 80 年代,站平均次数逐步减少,到 90 年代大幅度增加,1991—2000 年与从 20 世纪 80 年代持平,2001 年后又减少。统计 1960—2010 年常德历次"倒春寒"强度后制作表 2.2。1972、2002 年全市出现了重度倒春寒,1980 年石门和桃源出现了重度倒春寒。

表 2.2　1960—2010 年各站"倒春寒"出现情况

站名	总次数	轻度次数	中度次数	重度次数
常德	23	11	10	2
澧县	24	10	12	2
石门	22	7	12	3
临澧	23	8	12	2
安乡	24	12	10	2
汉寿	21	8	11	2
桃源	22	11	8	3

表 2.2 表明:倒春寒总次数澧水流域略多于沅水流域,轻度"倒春寒"沅水流域略多于澧水流域,中度和重度次数澧水流域多于沅水流域,因此说明澧水流域受"倒春寒"影响较为严重。

2.4.4 寒露风

"寒露风"是指 9 月日平均气温≤20℃连续 3 d 或以上。全市各县都有一些年份出现"寒露风",其出现概率最高的是桃源,最低的是石门,有中部和西北部少、北部和南部高的特征(见图 2.14)。

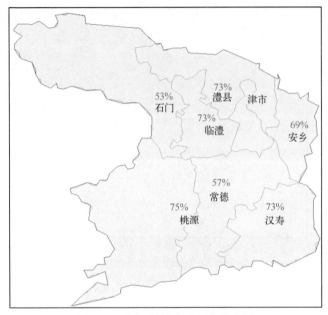

图 2.14 "寒露风"出现概率分布图

分析其出现时间是,9 月上、中、下三旬均会出现"寒露风",有些年份会出现 2 次或以上,出现 3 次的年份少,仅在 1971 年汉寿和桃源和 1997 年澧县和安乡出现过 3 次。寒露风初日汉寿最早出现在 2000 年 9 月 6 日,石门最早出现在 9 月 7 日,其他站最早出现在 9 月 10 日前后。就全市范围来看,出现在各旬的比例分别是上旬 1%,中旬 42%,下旬 57%。但是,从对作物影响程度来看,出现时段越靠前影响越严重。

根据定义,一次"寒露风"的连续时间至少为 3 d,但实际情况往往多于 3 d,"寒露风"连续天数越长对作物的影响也越严重。统计了历次"寒露风"过程的最长连续时间,结果表明,临澧、汉寿、桃源站"寒露风"过程的最长连续时间均为 11 d。

连续多年出现"寒露风"的情况也常有发生。常德站 1967—1974 年连续 8 年出现"寒露风",桃源 1984—1989 年连续 6 年出现"寒露风"。连续 3~4 年出现寒露风的情况各县均有出现。

评估寒露风强度可综合考虑寒露风出现的时段、过程连续日数和过程平均气温三因素确定,用寒露风强度指数 H 来表示,并建立下式来计算某次寒露风过程的强度:$H = X \cdot D/T$。

式中 X 为"寒露风"出现时段代码,"寒露风"出现时段越靠前对作物的影响越大,因而设定当某次"寒露风"出现在 9 月上旬、中旬或下旬时,其 X 值分别为 1.5、1 或 0.5;D 为某次"寒露风"过程的连续日数,连续日数越多对作物的影响越大;T 为某次"寒露风"过程的平均气温,

T 越小对作物的影响程度越深。H 值越大,寒露风就越强。若一年内出现多次"寒露风",应分别计算各次"寒露风"的强度指数,然后相加,以其和作为当年"寒露风"的强度指数。当 $H>0.4$ 时为严重"寒露风",$0.16 \leqslant H \leqslant 0.4$ 时为中度"寒露风",$H<0.16$ 时为轻度"寒露风"。

计算并统计 1960—2010 年历次"寒露风"的 H 值,分析后发现:各县严重"寒露风"出现的次数为 2~3 次,最重的 1997 年出现在汉寿,过程 H 值为 0.603,历时 11 d;中等次数澧县最多为 11~19 次,常德最少为 11 次;轻度次数为 15~22 次,石门最少为 15 次。见表 2.3。

表 2.3 1960—2010 年各站"寒露风"出现情况

	严重次数	中等次数	轻度次数
常德	2	11	20
澧县	2	19	20
石门	3	15	15
临澧	3	17	19
安乡	3	13	20
汉寿	2	17	22
桃源	3	16	22

2.4.5 冰冻

常德轻度冰冻几乎年年都有,中等强度以上的冰冻约为 4 年一遇,严重冰冻约 6~7 年出现一次。

常德冰冻的发生期一般从 12 月中旬至次年 3 月上旬,前后将近 3 个月。在 1960—2010 年 51 年的年平均出现次数变化图中,1964、1969 年出现次数最多,其次是 2008 年,见图 2.15(a)。出现最早的记录是 11 月 23 日(1970 年,安乡),最迟的记录是 3 月 5 日(2003 年,常德、汉寿、桃源、安乡)。从全市来看,澧水流域均在 11 月就出现过冰冻,沅水流域最早出现在 12 月 2 日,所以澧水流域比沅水流域出现时间早,终止时间两流域相差不大,在 3 月 5 日前后。见表 2.4。

表 2.4 各站出现冰冻最早和最迟时间

	最早出现时间		最迟出现时间	
	日期	年份	日期	年份
常德	12 月 3 日	1998 年	3 月 5 日	2003 年
澧县	11 月 28 日	1987 年	3 月 4 日	1992 年
石门	11 月 28 日	1987 年	3 月 3 日	1992 年
临澧	11 月 28 日	1987 年	3 月 4 日	1992 年
安乡	11 月 23 日	1970 年	3 月 5 日	2003 年
汉寿	12 月 2 日	1998 年	3 月 5 日	2003 年
桃源	12 月 3 日	1998 年	3 月 5 日	2003 年

冰冻发生的年频数(或日数)总的分布趋势是北少南多,其中临澧最少,汉寿最多,常德、澧县、桃源次多(见图 2.15(b))。这些统计规律充分显示了地形对冰冻形成的影响。

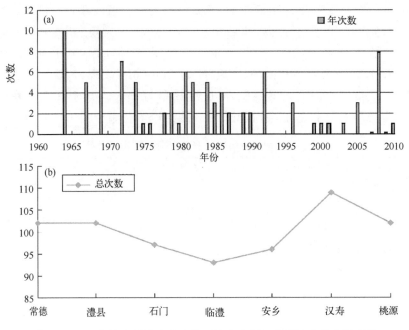

图 2.15　(a)各站出现冰冻的次数；(b)全市每年出现冰冻的次数变化

2.4.6　大风

　　冷锋后偏北大风是指由于寒潮或强冷空气的侵入，导致气压梯度骤然加大而形成的偏北大风。此类大风通常影响范围较广、持续时间较长，常可造成舟船翻沉、树倒屋损、禾苗倒伏等严重灾害，给工农业生产与交通运输以及人民生命财产带来严重损失。常德的冷锋后偏北大风主要发生在冬春季。根据常德 1960—2010 年气象资料统计，常德年平均大风日数大多不足5 d，以澧水流域的澧县为最多，临澧次之，沅水流域的桃源最少。有些年份大风日数多，如1974 年安乡达 30 次大风，有些年份无大风，如 1996 年的临澧、安乡、汉寿、桃源。年平均大风日数分布见图 2.16，常德市大风日数呈自南向北增多态势。

图 2.16　常德大风日数分布图(单位：天/年)

　　大风全年都可出现,但以春、夏居多,秋、冬较少。春季最多,约占全年的 49%;夏季次之,占全年的 20%,冬季次之,占全年的 14%,秋季大风日数占 17%。全市 7 个测站统计可知 4 月大风最多,达 108 站次,其次是 3 月较多,9 月至次年 2 月(冬半年)大风较少(见图 2.17)。

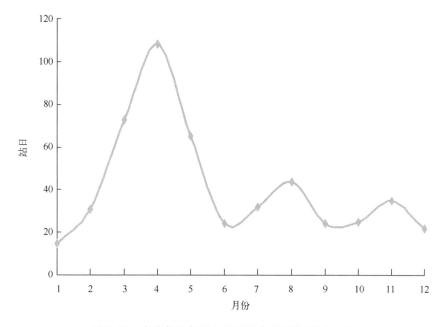

图 2.17　常德各站各月大风出现合计日数(单位:次)

　　大风在一天中的任何时候均可能出现,但不同季节出现情况也略有不同:春、夏季白天比晚上多,秋季晚上出现较多,白天出现较少。从图 2.18 上可以看出,4、5、6、7、8 月白天比晚上多,3、9、10 月晚上比白天多,1、2、11、12 月白天和晚上出现次数持平。

　　一次大风过程持续时间不等,短的仅几分钟,也有持续一、两天的。一般而言,冬春及秋末,伴随寒潮而来的大风持续时间较长;而在夏季,多系局地性热力影响发生的雷雨大风,持续时间较短,如由积雨云单体产生的雷雨大风,持续时间一般为几分钟。

　　常德各站年极大风速多在 16 m/s 以上,最大可达 23 m/s,其风向多为偏北大风,最大风速以东北风向居多,仅汉寿最大风速为西北风向。

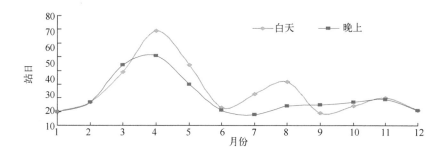

图 2.18　全市各站白天和晚上大风出现次数(单位:次)

2.4.7 冰雹

根据常德 1960—2010 年气象资料统计,各县年平均冰雹日数在 0.4～1.5 d 之间,常德、石门和桃源在 1.0 d 以上,其中常德年平均雹日最多为 1.5 d,其中最多年份可达 4 d(1979、1982 年)。从图 2.19 看出,由西往东,随着地势逐渐降低,雹日显著减少,临澧是少雹地方,其年平均雹日仅 0.4 d。

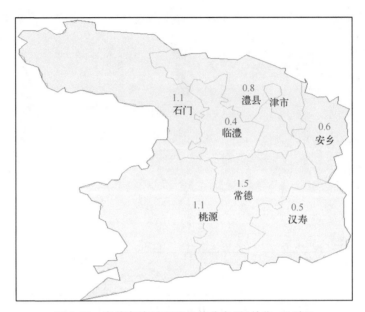

图 2.19 常德市冰雹出现日数分布图(单位:天/年)

常德降雹季节性明显,冰雹大多出现于春季。一年中以 2—3 月冰雹出现最多,占总冰雹次数的 86%,5—12 月冰雹出现最少,建国后很少出现。这种明显的季节性差异,主要是因为降雹与副热带急流、极锋急流及其锋系位置的季节变化有密切的关系。春季这些系统位于长江流域附近,造成常德春季多冰雹,甚至整个长江流域都属于春雹区。根据全市 7个气象站资料统计,季节分布上,常德各县春雹占全年冰雹总数的 62%,冬季占 30%,夏季和秋季出现少。

统计分析 1960—2010 年冰雹月际分布,2 月冰雹出现频率占年总数的 34%,3 月冰雹增多也是一年中最多,出现频率占年总数的 44.8%,5—8 月,雹日已大幅度减少,分别只占年总数的 1%～2%,全年仅 11 月没有出现过冰雹,见图 2.20(a)。空间分布上,常德、桃源、石门占全市年总数的 19%～28%,汉寿和临澧出现频率则较低。

统计分析 1960—2010 年冰雹年代际分布,20 世纪 60 年代最多,90 年代逐渐减少,2001年后最少,见图 2.20(b)。各站在同一天出现冰雹的时间多,特别是在 1970 年 3 月 12 日除石门外其余各站都出现了冰雹。

冰雹的日变化也十分明显,多在午后至傍晚出现。持续时间上分析,有时时间非常短仅2 min,有时持续时间长达 45 mim 左右,如常德 1994 年 2 月 13 日 2 时 37 分—3 时 19 分都有冰雹出现。

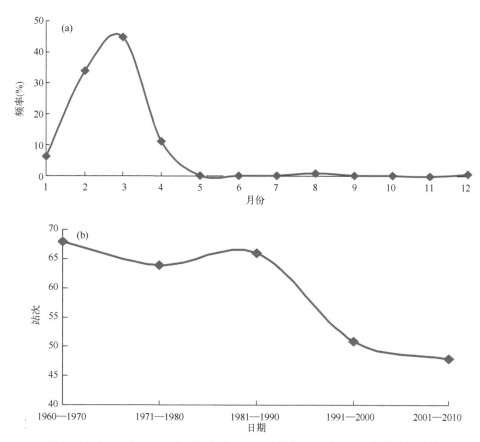

图 2.20　（a）常德市冰雹出现频率月变化；（b）常德市冰雹日的年代际变化曲线

参考文献

程庚福,曾申江,张伯熙,等,1987.湖南天气及其预报[M].北京:气象出版社.

熊德信,郭庆,1988.常德市气象灾害分析与预测[M].常德市气象局.

第3章

常德的天气过程及影响系统

3.1 寒潮天气过程

寒潮主要造成急剧降温、低温和大风,有时还形成冰冻、冰雹、霜雪、低温连阴雨或暴雪等灾害。

3.1.1 寒潮定义

2006 年我国寒潮标准:使某地的日最低气温 24 h 内降温幅度≥8℃,或 48 h 内降温幅度≥10℃,或 72 h 降温幅度≥12℃,而且使该地日最低气温下降到 4℃ 或以下的冷空气(48 h、72 h 内的日最低气温必须是连续下降的)。

3.1.2 寒潮入侵路径

冷高压主力从河西走廊沿青藏高原经川东影响常德,称西路冷空气(如图 3.1);西路冷空气很少造成寒潮过程,大风持续时间和阴雨天气也短,一般只有 1d,有时冷锋过后不久就转晴,且晴天维持的时间较长,降温幅度较小,不会有冰冻和连阴雨发生。

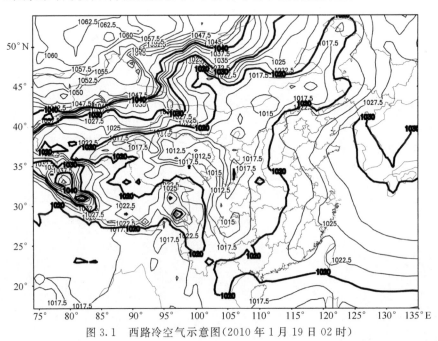

图 3.1 西路冷空气示意图(2010 年 1 月 19 日 02 时)

冷高压主力从河套地区南下影响常德,称北路冷空气(如图 3.2);北路冷空气造成的寒潮过程,其降温幅度最明显,风也更大。阴雨天气约持续 2～3 d。冬季可发生冰冻。

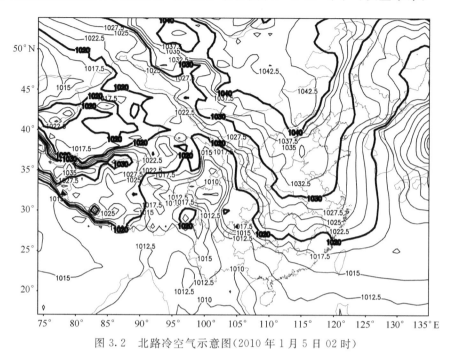

图 3.2　北路冷空气示意图(2010 年 1 月 5 日 02 时)

冷高压主力从河套以东经江淮地区影响常德,称东路冷空气(如图 3.3);东路冷空气造成的寒潮过程,降温累计量大,大风持续时间长,雨雪天气一般有 3～4 d,常形成冰冻天气,如在春季常有持续 5 d 以上的低温连阴雨天气发生,危害比较严重。

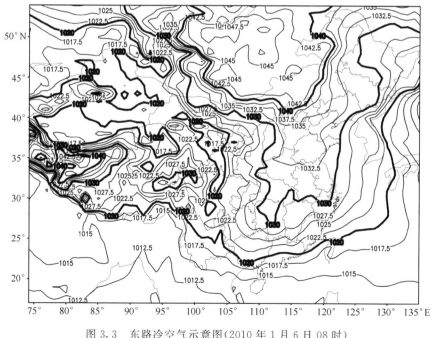

图 3.3　东路冷空气示意图(2010 年 1 月 6 日 08 时)

3.1.3　寒潮过程的预报

（1）冷空气活动预报

如果存在有利于冷空气堆积的形势,冷空气的强度就会不断加强,从而有利于形成寒潮过程。

（2）冷空气爆发的预报

冷空气爆发是指堆积在西伯利亚和蒙古一带的冷空气主体南移。有了冷空气堆积以后,冷空气何时爆发南下就成了寒潮预报的关键问题。

强冷空气向南爆发的过程,通常就是500 hPa低槽东移发展或横槽转竖在东亚沿海建立大槽的过程。经统计,冷空气从关键区(43°～65°N、70°～90°E)到达常德,约需3～4 d,当冷锋超过40°N后,一般只需要24 h左右就能影响。

（3）冷空气强度的判断

蒙古附近的地面冷高压:冷高压中心数值越高,范围越大,等压线越密集,冷空气也越强。

地面冷高压前沿的冷锋:冷锋的温度水平梯度越大,锋后降温幅度愈大,24 h正变压中心和3 h正变压中心愈强,锋面附近气象要素的梯度愈大,天气现象愈剧烈,冷空气往往也愈强。

西伯利亚中西部上空的冷中心或冷槽:冷空气数值的高低、范围的大小,能反映冷空气的强弱。冷中心的数值越低、范围越大,冷空气也越强。

冷空气的强弱,还可以根据各层等压面的锋区强度、冷平流强度和负变温强度等来判断。锋区强、冷平流强、24 h负变温大,冷空气也愈强。

3.1.4　暖空气活动的预报

锋前的回暖,与测站所处的环流背景、天空状况、风向风速、地理地形等多种因素有关。最有利于回暖的形势是500 hPa高原高压脊过境后,高空、地面上下转为一致的偏南气流;地面在我国西部有低压或倒槽发展;单站气象要素呈现连续增温、增湿和降压等。

3.1.5　常德寒潮特征

1960—2010年常德寒潮出现比较少,年平均约1次,寒潮次数呈现由西到东逐渐递增的趋势,这表明一次冷空气过程影响常德后,常德市东南半部比西北部更容易达到寒潮标准。

3.1.6　常德寒潮过程预报着眼点

寒潮的强度:一般情况是寒潮强度越大,则风越大,降温越猛。

冷空气的路径及其对本地天气的影响,如路径不同,则带来的天气就有差异。

寒潮降温预报:寒潮侵袭,强冷平流引起局地气温明显下降,预报降温的幅度应从形势预报入手,预报温度平流未来变化时,应该特别注意锋生、锋消引起温度平流的突然变化。除此以外还应注意风、云对降温的影响,下垫面状况对冷气团南下变性的影响也不容忽视,在特殊地形处还应考虑垂直运动的影响。

3.1.7　常德预报寒潮的经验

在分析了70次寒潮过程基础上,归纳出5条预报信息,只要同时具备其中的4条信息,便可发布寒潮预报。

地面和850、700、500 hPa至少有一层锋区较强。在32°～47°N、90°～125°E范围内,只要

5 个纬度距离内的地面气压差或 850、700、500 hPa 的温度差达到表 3.1 中的一个条件，就可以作为一条寒潮预报信息。

表 3.1　气压差、气温差判别数据

月份	地面气压差(hPa)	850 hPa 温差(℃)	700 hPa 温差(℃)	500 hPa 温差(℃)
11	>15	>16	>16	>15
12	>15	>16	>16	>14
1	>15	>16	>16	>16
2	>15	>16	>16	>16
3	>15	>15	>15	>12

（1）500 hPa 脊前反气旋区为暖平流，且地面冷高压位于 500 hPa 脊前等高线辐合与锋区入口处附近。

（2）地面和 850、700、500 hPa 影响系统较强。冷空气南下前 1～2 d，在 48°～55°N、91°～110°E 范围内地面冷高压中心气压、气温最低值和 850 hPa 冷高压中心强度、700 hPa、500 hPa 对应的冷中心温度等 5 个要素中，只要有 2 个达到表 3.2 中的条件，就可以作为寒潮预报信息。

表 3.2　气压差、气温差判别数据

月份	地面冷高中心		850 hPa 冷高压中心高度(dagpm)	700 hPa 冷中心温度(℃)	500 hPa 冷中心温度(℃)
	气压(hPa)	气温(℃)			
11	>1051.7	<−32	>157	<−32	<−40
12	>1052.2	<−34	>157	<−32	<−45
1	>1056.0	<−34	>157	<−32	<−45
2	>1050.0	<−34	>157	<−32	<−44
3	>1050.0	<−32	>157	<−32	<−40

（3）河套以南出现有利于回暖的气压场形势和压、温、湿异常情况。冷空气南下前 1～2 d，河套以南气压场为南高北低、倒槽、均压场形势或本站气压低于同月历年最低平均气压 3 hPa、气温高于同月历年最高气温平均值 3℃、水汽压高于同月历年最高水汽压平均值 3 hPa 以上 6 个条件中，只要具备 1 个，就可以作为寒潮的预报信息。

（4）地面冷高压或对流层中层冷中心到重庆、芷江的气压梯度或温度梯度明显增大。冷空气入侵前 1～2 d，表 3.3 中的 6 个要素中只要具备任意 2 个，就可以作为寒潮预报信息。

表 3.3　冷高压、高空冷中心与芷江、重庆的气压梯度和温度梯度判别数据

项目	地面气压梯度(hPa/纬度)		地面温度梯度(℃/纬度)		700 hPa 温度梯度(℃/纬度)	500 hPa 温度梯度(℃/纬度)
地点	芷江	重庆	芷江	重庆	芷江	芷江
11 月	>1.62	>1.75	>1.54	>1.48	>1.20	>1.31
12 月	>1.63	>1.60	>1.59	>1.70	>1.20	>1.27
1 月	>1.40	>1.45	>1.46	>1.46	>1.25	>1.22
2 月	>1.48	>1.51	>1.39	>1.40	>1.23	>1.21
3 月	>1.51	>1.51	>1.46	>1.24	>1.09	>1.18

3.2 大风天气过程

我国一般将平均风速达到 6 级(10.8～13.8 m/s)以上的风,称为大风。

湖南大风的标准是:测站 2 min 平均风速≥12 m/s,或者瞬时风速≥17 m/s。

大风的类型分为:冷锋后偏北大风、高压后部偏南大风、低压大风、台风大风和雷雨大风。

3.2.1 冬季大风的气候特征

冬季大风影响范围大,持续时间长,给人们带来的灾害不可忽视。

(1) 大风日数分布

1960—2010 年(共 51 年),常德冬季大风日数出现最多的是在中北部,其中临澧出现大风日数为最多。

(2) 最大风速分布

大风日数最多的区域,最大风速值也比较大。1960—2010 年期间临澧的最大风速一般达到或超过 16 m/s。

(3) 最大风速的风向

一般为偏北风。

(4) 偏北大风过程的预报

大风预报主要包括风向、风速、开始时间和持续时间。

3.2.2 有利和不利于冷锋后偏北大风形成的因素

(1)影响风力的主要因素

① 气压梯度 偏北大风出现在地面冷锋过后冷高压前部气压梯度最大的地方。从锋面到冷高压中心,等压线密集的区域越大,偏北大风持续的时间越长。

② 温度梯度 锋面附近温度差异越显著,与地面冷锋配合的高空槽后冷平流越强,850、700 hPa 锋区越明显,风力也越大,偏北大风出现在高空冷平流最强处所对应的位置。

③ 地形地势、冷空气路径、冷锋过境时间在冷空气条件相同的情况下,湖区、平原的风力比山丘大;由贝加尔湖取偏东路径南下的超极地强冷空气过程的风力,一般都比从新疆经河西走廊插入四川盆地的西路冷空气过程所产生的风力大;冷空气在下午到傍晚影响时的风力一般大于后半夜到早晨影响的风力。

(2)有利于冷锋后偏北大风形成的条件

① 500 hPa 上引导冷空气的低槽后部高压脊强,低槽又在沿海加深或与南支槽同位相叠加,致使冷空气主体南下。

② 地面冷高压在蒙古附近时,长轴呈东西走向,冷锋亦呈东西走向。

③ 850、700 hPa 上长江上、中游有低压出现,四川、贵州地面有倒槽向东北方向伸展或两湖盆地有气旋波发生、发展。

④ 锋前测站连续升温降压,日最高气温与最低气压已超过历年同期平均值或接近极值。

⑤ 有时冷空气过后迅速转晴,午后地面气温回升,但对流层中低层槽后冷平流强,偏北风

大。易出现动量下传而发生的风力加大现象,这有利于大风持续。

(3)不利于冷锋后偏北大风形成的条件

① 500 hPa 上东亚大槽稳定,中高纬度从乌拉尔山到东亚沿海等高线呈西北—东南走向,地面冷空气以小股或扩散形式南下,不易在西伯利亚和蒙古附近堆积。

② 700 hPa 层低槽比 850 hPa 低槽移动快,出现低槽随高度前倾的现象,地面冷锋呈滑下锋南下。

③ 地面冷高压在蒙古附近长轴呈南北向,冷锋亦呈南北走向或东北—西南走向。

④ 长江流域地面是北高南低或西高东低的气压场形势,或者已经是很明显的阴雨天气。当锋前气压高、气温低时,也不利于偏北大风的形成。

⑤ $40°\sim50°N$、$60°\sim130°E$ 范围内,地面有范围大、强度强的低压存在。当蒙古和我国东北、华北一带有气旋强烈发展,虽能使冷空气南下加快,但常导致冷空气主力在南下过程中偏向东移,不利于江南另有气旋新生,也不利于偏北大风的形成。

3.2.3 寒潮大风预报着眼点

风压场关系:冷锋逼近时风力一般加大,冷平流最强处风力最大,高压加强或气压梯度加大则风也加大。冷锋前若有气旋或低压时,偏北大风出现的几率比单一冷锋时高的多,风力也大的多。

温度层结:空气层结稳定时地面风力较小(垂直方向交换弱,动量下传较小),层结不稳定时地面风力较大(垂直方向交换强,动量下传较大)。

变压场的影响:冷锋后最大风速出现在正变压中心附近变压梯度最大的地区(变压风)。

热力环流:地表热力性质差异明显的地区常有地方性热力环流形成(如:海陆风、山谷风)。

地形影响:狭管效应(峡谷风)、冷空气翻山(等熵面坡度大于地形坡度时的下坡大风)。

摩擦作用对风的影响:同样气压梯度情况下,海上风比陆上大 $2\sim4$ 级,江面湖面也比陆上大 $1\sim2$ 级。

3.2.4 常德冬半年各月大风预报经验

(1)10 月偏北大风预报指标

① 08 时地面图上哈密、酒泉、兰州中任意一站与常德的海平面气压差≥11.5 hPa 时,则未来 24 h 常德地区有一站以上平均风速≥8 m/s。

② 08 时地面图上太原或北京与常德的海平面气压>8 hPa,未来 24 h 内常德有一站以上平均风速≥8 m/s。

上述两条指标的历史拟合率为 $25/36=70\%$,其中符合第 2 条的 24 次中有 10 次平均风速≥12 m/s,或瞬时风速≥17 m/s。

③ 如上述两条的气压差同时>8 hPa,则未来 24 h 常德地区有一站以上平均风速≥8 m/s。

④ 08 时地面图上,哈密、酒泉、兰州中任意二站与常德的海平面气压差≥20 hPa 时,未来 24 h 常德地区至少有一站出现瞬时风速≥17 m/s;如只有一站与常德的气压差≥20 hPa,则未来 24 h 内常德地区有 2 站以上平均风速≥8 m/s,或者一站≥10 m/s。

(2)11 月偏北大风预报指标

凡满足以下任意一条,未来 24 h 内常德地区将有大风或者至少有一站平均风速≥8 m/s。

① 08 时 $P_{酒泉}-P_{常德}\geqslant10.0$ hPa，$P_{呼和浩特}-P_{北京}-P_{常德}\geqslant9.6$ hPa，同时 $P_{兰州}-P_{常德}$ 和 $P_{北京}-P_{常德}\geqslant2.6$ hPa；

② 08 时 $P_{酒泉}-P_{常德}\geqslant14.0$ hPa，同时 $P_{北京}-P_{常德}\geqslant1.0$ hPa；

③ 08 时 $P_{酒泉}-P_{常德}\geqslant17.0$ hPa。

(3)12 月偏北大风预报指标

当西路冷锋越过四川时：

① 哈密、酒泉、兰州中任意一站与常德的海平面气压差 $\geqslant20.0$ hPa；

② $P_{成都}-P_{常德}\leqslant9.0$ hPa。

凡同时符合上述两条，则未来 24 h 常德地区有 3 个以上站平均风速 $\geqslant10$ m/s，且其中有一站以上的瞬时风速 $\geqslant17$ m/s。

当冷锋从东北方侵入湖南时，若 $P_{北京}-P_{常德}\geqslant9.0$ hPa，$P_{成都}-P_{常德}\leqslant0.0$ hPa，则未来 24 h 内常德地区将有一站以上出现 $\geqslant10$ m/s 的平均风速。

当冷锋越过黄河流域时，一组指标是：

① $P_{太原}-P_{常德}\geqslant7.0$ hPa，且气压差 $>P_{兰州}-P_{常德}$；

② $P_{成都}-P_{常德}\leqslant2.5$ hPa。

同时符合上述两个条件时，未来 24 h 内常德地区至少有一站出现 $\geqslant8$ m/s 的风速。

另一组指标是：

① $P_{西安}-P_{常德}\geqslant9.0$ hPa；

② $P_{太原}-P_{常德}\geqslant6.0$ hPa；

③ $P_{成都}-P_{常德}\leqslant7.0$ hPa。

凡同时符合上述 3 个条件时，则未来 12 h 内常德地区至少有一站平均风速 $\geqslant8$ m/s。

(4)1 月偏北大风预报指标

① 若 $P_{乌鲁木齐}-P_{常德}\geqslant12.7$ hPa，$P_{呼和浩特}-P_{常德}\geqslant10.0$ hPa；

② 若 $P_{乌鲁木齐}-P_{常德}\geqslant13.1$ hPa，$P_{兰州}-P_{常德}\geqslant10.1$ hPa；

③ 若 $P_{呼和浩特}-P_{常德}\geqslant12.2$ hPa，或者 $P_{乌鲁木齐}-P_{常德}\geqslant13.9$ hPa；

④ 若 $(P_{乌鲁木齐}-P_{常德})+(P_{呼和浩特}-P_{常德})$ 或者 $(P_{乌鲁木齐}-P_{常德})+(P_{兰州}-P_{常德})\geqslant$ 30.0 hPa；

⑤ 若 $P_{乌鲁木齐}-P_{常德}\geqslant15.1$ hPa，$P_{呼和浩特}-P_{常德}\geqslant12.6$ hPa，或 $(P_{乌鲁木齐}-P_{常德})+$ $(P_{呼和浩特}-P_{常德})\geqslant27.7$ hPa。

符合上述任意一条，未来 24 h 内常德地区至少有一站平均风速 $\geqslant8$ m/s。

(5)2 月偏北大风预报指标

① $P_{乌鲁木齐}-P_{武汉}\geqslant20.0$ hPa，同时 $P_{酒泉}-P_{武汉}>4.2$ hPa；

② $P_{乌鲁木齐}-P_{汉武}>10.3$ hPa，$P_{酒泉}-P_{武汉}>10.1$ hPa，$P_{呼和浩特}-P_{武汉}>10.4$ hPa；

③ $P_{乌鲁木齐}-P_{武汉}\geqslant10.2$ hPa，$P_{呼和浩特}-P_{武汉}\geqslant10.4$ hPa；

④ $P_{呼和浩特}-P_{武汉}\geqslant12.7$ hPa，$P_{贵阳}-P_{武汉}\leqslant4.3$ hPa。

符合上述任意一条，未来 24 h 内常德地区至少有一站出现大风。

3.3　冰冻天气及其预报

3.3.1　冰冻知识基础

（1）冰冻现象

大气层自上而下分别为冰晶层、暖层和冷层。从冰晶层掉下来的雪花通过暖层时融化成雨滴,接着当它进入靠近地面的冷气层时,雨滴便迅速冷却,成为过冷却雨滴,降至温度低于 0 ℃ 的地面及树枝、电线等物体上时,便集聚起来布满物体表面,并立即冻结,形成雨淞。形成雨淞的雨称为冻雨。"冰冻"是对雨淞、雾淞和冻结雪的总称。

（2）冰冻的定义

发生在自然条件下的自空中下降的液态水在近地面附着物上冻结为固态冰的现象统称为冰冻。

已观测到的冰冻现象可分为雨淞、雾淞(粒状雾淞、晶状雾淞)、雪淞、混合积冰和湿雪冻结等 5 种类型。

长期寒冷低温天气使江湖水面冻结的情形,也俗称为冰冻。

（3）冰冻强度分级

依据冰冻持续时间的长短将冰冻划分为轻、中、重 3 个等级:轻度冰冻:冰冻持续时间 1~3 d;中度冰冻:冰冻持续时间 4~6 d;重度冰冻:冰冻持续时间 ≥ 7 d。

3.3.2　常德冰冻的气候特征

（1）冰冻分布特征

常德市冰冻总的分布规律是南多北少,同时又以湖区平原相对居多,山区少。

（2）冰冻的初日和终日分布

常德市冰冻最早的初日在 12 月上旬,最迟的终日在 3 月上旬。

3.3.3　常德重大冰冻灾害事实

1954 年 12 月到 1955 年 1 月的冰冻是建国以后灾害最为严重的一次。此次冰冻持续时间之长、气温之低、冰结厚度之大、范围之广和损失之严重,仅次于 1929 年底到 1930 年初的大冰冻,是近百年来罕见的。冰冻从 1954 年 12 月下旬开始,维持到 1955 年 1 月中、下旬;湖南各地普遍冰冻 10 d 以上;湖区和四水下游时间更长,持续半个月以上,常德维持了 20 d。

1994 年 12 月 31 日至 1995 年 1 月 2 日,受西南暖湿气流影响,我市普降大雪,积雪深度是 1957 年以来最大的,如临澧县平均雪深 42~48 cm,每平方米雪重 50 kg,石门高山区雪深达 1 m 多,由于积雪一度造成 207 国道中断。澧县、石门与湖北交界的山区 10 d 多不能通车。有 5 个乡镇通讯中断,毁坏输电线路 10 万米,倒断电杆 65 根,造成人员重伤 813 人,轻伤 4569 人,损坏房屋 59622 间,倒塌房屋 3691 栋,折断林木 200 万根,损失木材 29800 m³,冻死耕牛 1600 头,牲猪 3612 头,受灾面积 400 hm²,减产面积 80 hm²,失收面积 13.5 hm²,造成直接经济损失 8000 万元。

2008 年特大低温雨雪冰冻灾害:该年 1 月 13 日凌晨至 2 月 2 日,常德出现了持续的低温、雨雪、冰冻天气;期间 1 月 14 日—15 日 08 时、18 日—19 日 08 时、27 日—28 日及 28 日—29

日 08 时、1 月 31 日—2 月 1 日及 2 月 1—2 日 08 时共出现 4 次暴雪过程,2 月 2 日下午开始天气好转。据常德市民政局初步统计(至元月 20 日止),此次灾害给我市造成直接经济损失达 25000 万元,其中农业经济损失 21000 万元。农林作物成灾范围广,损失严重,据初步统计,全市农作物受灾面积多达 8 万公顷,我市的林业大县如石门、桃源的林业损失也较为严重,直接经济损失 9800 万元。基础设施毁坏严重,全市共压断电杆 1352 根,有超过 200 km 自来水管被冻,主要交通线上 167 处塌方,1090 处损毁,道路被封。居民房屋倒塌严重,共压垮民房 633 间。

3.3.4　有利于冰冻形成的天气形势

(1)地面欧亚地区有强盛的冷高压,但高压主体(或中心)位置偏北,且能够维持或得到补充;当此情形,有利于南岭静止锋形成和维持,常德处在强冷高压前部,近地面气温可维持在 0℃ 以下,或 0℃ 附近,能够形成冻结现象。

(2)高空东北冷涡强且稳定,中心位置偏北偏东,其底部东亚大槽南伸不超过 30°N。这样有利于地面冷空气堆积,使得冷高压维持或补充,同时有利于中低层南支暖湿气流发展和维持。

(3)高空南支气流平直,且多小波动,这利于静止锋后降水发生和维持。

3.3.5　常德冰冻预报着眼点

(1)冰冻发生

① 地面有强冷空气:强冷空气南下,地面气温可降至 0℃ 以下,或 0℃ 附近;

② 高空低值系统:配合有低槽、低涡、切变活动,有利于降水发生;

③ 大气垂直层结:本区域有锋面,中层有逆温层($T>0℃$),低空有冷层($T≤0℃$)出现时,如有降水可确定预报雨凇;当高空各层气温在 0℃ 附近,近地面气温 $T≤0℃$ 时,如有降水,可预报雨夹雪,并应考虑预报路面结冰或湿雪冻结,当高空各层气温 $T<0℃$ 时,如有降水可确定预报雪或冰粒。

(2)冰冻发展与维持

① 高空欧亚环流形势有利连阴雨天气维持;

② 地面冷空气势力维持或得到补充,锋面维持在南岭附近没有大幅移动;

③ 中低纬气流平直,或虽有较大波动但不破坏温度层结。

(3)冰冻减弱结束

① 地面有强冷空气南下,锋面南压到华南或入海;

② 高空东亚大槽明显加深,常德市转槽后西北气流控制;

③ 地面冷空气变性,或内陆暖性低压发展,底层偏南气流发展。

(4)容易忽视的因素

① 冰冻的立体分布:冰冻具有典型的立体气象特征。因此在海拔较高的山区发生冰冻的条件满足时,应及时预报;相反的情形也可能出现,当低层偏南气流加强时,高山上气温可在先期回升到 0℃ 以上,这时应及时预报山区冰冻减弱或结束。

② 冰冻的突然性增长:当冰冻条件满足时,遇有大强度降水发生时应当预报冰冻厚度显著增大。

3.4 春季连阴雨天气过程

3.4.1 气候概况

（1）连阴雨天气出现的频率

当某站日降水量≥0.1 mm 连续 7 d 或以上，且过程日平均日照时数≤1 h，即为该站一次连阴雨天气。

（2）阴雨低温总日数的分布

据适宜水稻生长的最低气象条件，规定日降水量 $R \geq 0.1$ mm、日照 $S \leq 2$ h、在 3 月日平均气温 $T \leq 12℃$，4 月 $T \leq 14℃$ 作为一个阴雨低温日。根据 1960—2010 年 3、4 月的气象资料分析可见：3 月阴雨低温日数自北向南呈增多趋势，常德北部平均每年出现阴雨低温日数在 4 d 以下；4 月阴雨低温日数与 3 月相比明显减少，平均每年出现阴雨低温日数在 1.6 d 以下。

（3）平均持续日数的分布

3 月一次连阴雨低温天气平均持续天数常德大部分地区在 6.5～7 d 之间，局部在 6.5 d 以下；4 月除常德北部平均持续日数在 6.5 d 以下外，其他大部分地区在 7～7.5 d。

（4）最长持续日数的分布

① 3 月低温阴雨最长持续日数自西北向东南呈逐步增多趋势，大部分地区最长持续日数在 10～12.5 d 之间。4 月常德大部分地区最长持续阴雨日数在 10～15 d 之间，其中南部低温阴雨最长持续日数在 15～17.5 d 之间。

② 连阴雨天气 7～9 d 定义为轻度连阴雨，10～12 d 定义为中度连阴雨，13 d 或以上定义为重度连阴雨。3、4 月大部分地区都有出现中度连阴雨的可能性；4 月常德南部出现过重度连阴雨。

3.4.2 倒春寒

（1）"倒春寒"的定义

3 月中旬至 4 月下旬，旬平均气温（或连续两候的平均气温）低于该旬（或该两候）准平均值 2℃或以上，并比前旬（或前两候）要低，则该旬（或该两候）为倒春寒。

（2）常德"倒春寒"的时空分布特征

统计分析结果表明，常德"倒春寒"出现的概率有 34%～50%。

"倒春寒"最易出现在 4 月下旬，其次出现在 3 月下旬，4 月中旬出现次数最少。

从"倒春寒"出现的年际变化趋势来看，从 20 世纪 60 年代到 80 年代，站平均次数逐步减少，到 90 年代大幅度增加。

"倒春寒"是大尺度天气系统产生的天气过程，一般情况下都是成片出现且有一定规模，影响范围较大。

评估"倒春寒"的强度应体现"倒春寒"对作物的影响程度。可考虑用三个因素来综合衡量"倒春寒"强度的大小：一是"倒春寒"出现时段，从 3 月中旬到 4 月下旬，时间越靠后对作物的影响越大；二是旬气温距平；三是本旬与前一旬的温差。后两项都是负值越大对作物的影响也越大。

（3）形成"倒春寒"的天气形势

历次"倒春寒"都经历了由华南静止锋生成到不断有新的冷空气从中路或东路加入静止锋中,使静止锋不断补充活力而长期存在的过程。据研究,在高空 500 hPa 欧亚中高纬度环流形势中,有"乌拉尔山阻塞高压型""平直西风型"和"两槽一脊型"等三种形势有利于春季华南静止锋的形成和维持。

3.4.3　五月低温

（1）"五月低温"的定义

每年 5 月中、下旬,连续 5 d 或以上日平均气温≤20℃时称为"五月低温"。

（2）"五月低温"的时空分布特征

统计结果表明,在常德境内,"五月低温"出现概率分别为由东南向西北递增。

"五月低温"开始时间普遍集中在 5 月中旬。

一年内出现 2 次"五月低温"的情况也曾有发生,如 1966 年常德曾出现过 2 次"五月低温"。

评估"五月低温"的强度可用"五月低温"过程的连续日数和过程平均气温来综合考虑。

（3）形成"五月低温"的天气形势

据研究,"五月低温"发生的当天西风环流指数由高指数转为低指数,副热带高压脊线从 16.3°N 北抬到 18.6°N,平均北抬 2 个多纬距。"五月低温"维持时,西风环流指数由低指数转为高指数,副高脊线位置平均北抬到 17.5°N 以北。"五月低温"结束时情况相反,西风环流指数由高指数转为低指数,副高脊线从 19.5°N 以北南退到 16.5°N,平均南退 3 个多纬距。在 700 hPa 高空天气图上,长江流域存在横切变。在地面天气图上,所有的"五月低温"过程华南地区都有锋面活动,有华南静止锋与之相伴。所有的"五月低温"都是冷空气入侵的结果,其中绝大多数是东路或中路冷空气入侵的结果。

3.4.4　低温连阴雨过程的基本特征

（1）中期环流特征

春季的连阴雨低温过程,是一种大范围的天气过程,其发生、发展均受长波和超长波系统的调整、演变所制约。通过分析连阴雨低温年份的北半球 500 hPa 月、候平均图可知,常德连阴雨低温时期的北半球 500 hPa 环流型,一般都属于三波型或由四波型调整为三波型的发展阶段。

这段时期的环流特征是:乌山阻高和副高都很稳定,孟加拉湾低槽前部暖湿气流异常活跃,南北两支西风急流在长江中下游汇合。500 hPa 月平均高度和距平图为三波型,极涡中心(497 dagpm)在北美北部,东亚沿海为宽广低槽区,中欧到北非为深槽区,乌山暖高压和脊区对应有强大的正距平中心,东亚中纬度为负距平区,日本附近为正距平区。在逐日 500 hPa 图上也反映出乌拉尔山附近暖性高压的形成和阻塞形势的建立与稳定,西太平洋为强大的副高控制,东亚中纬度为平直西风环流。

（2）大气层结特征

连阴雨低温过程的对流层底部都有一冷空气垫。地面天气图上常德受高压脊控制,一般吹偏北风,准静止锋滞留在南岭或云贵一带;850 hPa 温度场上,长江中下游有一东北—西南向的冷槽,其内可有闭合冷中心,锋区自云贵高原向东延伸到南岭地区;700 hPa 图上,四川地区有明显的低槽或低涡,槽前等高线幅散,呈气旋性弯曲,并有负变高配合;在对流层中部(500 hPa),孟加拉湾低槽与南海的副热带高压都较稳定。

(3)降水系统特点

500 hPa 有北支低槽和高原低槽两种,地面有冷锋、倒槽锋生、静止锋再生、高原冷锋和入海高压(后部)等 5 种。连阴雨低温过程都是 2 个或 2 个以上的地面降水系统影响而成。

① 地面形势特点

i)北支低槽影响形成的连阴雨低温过程

由北支低槽(包括来自中欧、北欧或乌拉尔山以及来自巴湖或贝湖等地的低槽)影响引起的连阴雨低温过程,地面图上表现为冷锋越过 40°N 南下过境,最终形成云贵准静止锋。在高空图上孟加拉湾槽前西南气流强烈,锋后雨区变宽,南北宽度多在 300～500 km 以上,东西影响 2000 km 以上,形成连阴雨低温过程。

ii)高原低槽影响形成的连阴雨低温过程

这类过程由青藏高原低槽包括一部分孟加拉湾一带的南支槽影响长江流域时形成,这类过程发生时地面系统有以下几类:

倒槽锋生类:由于高原低槽东移,槽前正涡度辐合,致使地面减压区发展,江南倒"V"形槽逐渐形成,槽后有冷平流,温差加大,槽内锋生或者有两湖气旋形成,这种过程的降温幅度较大,日平均气温平均降 6.6℃。

静止锋再生类:高原低槽的东移,使云贵残存的静止锋上的雨区再生、东扩。这种过程和高压后部的连阴雨过程特点相似,降温幅度一般都不大,过程的日平均气温平均降 3℃左右。

高原冷锋类:高原低槽活动引起青藏高原地区锋生,然后冷锋东南移影响江南,造成连阴雨过程。

高压后部低温阴雨类:这类过程发生前后没有锋面生消,而是在前一次冷空气过程的变性冷高压脊上有高原低槽东移,辐合和暖湿平流加强,雨区形成并发展成连阴雨低温过程。

② 锋面活动的特点

连阴雨低温过程主要由 1～3 次锋面过境影响而形成。一次低温连阴雨过程中最多有 5 次锋面系统活动。连阴雨过程的最后一次锋面以冷锋占优势;如最后一次是倒槽锋生,则大多有气旋波产生或发展。

3.4.5 各类低温连阴雨过程的特点及其预报

连阴雨低温过程一般以 500 hPa 环流形势分类,通常以过程开始前三天和当天的 500 hPa 环流形势特征及主要系统的分布为主,兼顾过程演变的连续性进行归纳。连阴雨低温过程可划分为平直西风型、纬向多波型、巴湖横槽型及两槽一脊型等 4 个类型,其中以巴湖横槽型出现的次数最多,其次是二槽一脊型和平直西风型,波动型出现次数较少。

(1)平直西风型

① 基本特征

500 hPa 高空图上,欧洲有阻塞高压或暖脊,里海到黑海有切断冷低压,亚洲 50°N 以北为宽广的低槽区,30°～50°N 之间为平直西风气流,低纬度西太平洋副高或南海高压的强度较强(长轴或高压中心在 15°N 附近),西南气流活跃并有小槽东传;700 hPa 在长江流域维持一条切变线,西北地区的高压中心沿 33°N 以北东移;地面冷高压自蒙古西部经河套北部移入黄海。如图 3.4 所示。

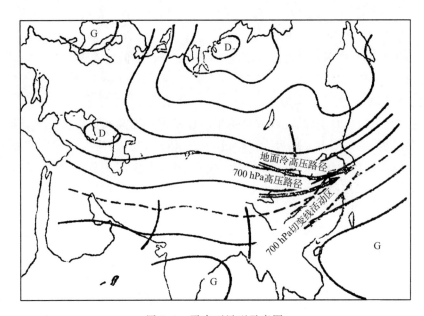

图 3.4 平直西风型示意图

② 预报着眼点

预报这类过程的重点是掌握长波的调整和亚洲地区经向环流转为纬向环流的特点,注意西风指数由低值向高值的转变。

这类过程的结束形式有两种:一种是北欧冷槽和里海、黑海切断低压合并成长波槽,槽前暖平流引起青藏高原及其以北地区暖脊的发展、东移;另一种是南、北西风短波槽东移到华东沿海同位相叠加、发展。

③ 预报指标

当 532 线在西北欧表现为阻高或脊,西西伯利亚—鄂海为宽广低槽区时,如出现:i) 01030 站和 22113 站的 $H \geqslant 532$;ii)50°～70°E 内 532 线在 55°N 以南,伊尔库次克的 $H \leqslant 536$,低压中心低于 516,并伴有低于 -45℃的冷中心;iii)中蒙(俄)边界有明显的锋区,冷中心与乌鲁木齐或北京的温差 $\Delta T \geqslant 20$℃。

满足以上条件,从该日之后 6～7 d 左右有一次长低温阴雨或寒潮过程。

(2)纬向多波型

① 基本特征

500 hPa 高空图上中纬度为移动性系统,槽脊的移速较快,但都没有得到强烈发展;锋区位于 35°～45°N 间;在菲律宾到南海一带的副高较强且稳定;孟加拉湾为低槽区,长江以南维持一支强劲的西南气流,其上不断有小槽东移;700 hPa 图上,河西走廊的高压中心一般沿 35°N 东移,南海高压较稳定,切变线活动在 30°N 以北。如图 3.5 所示。

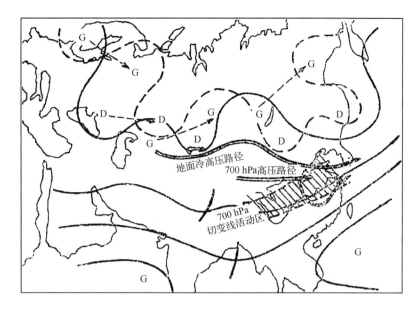

图 3.5　纬向多波型示意图

② 预报着眼点

这类过程大多形成于环流调整的过渡阶段,因此,需注意长波系统的移动和强度变化。过程的结束有两种形式:一种是里海、咸海的暖平流促使伊朗到青藏高原的暖脊强烈发展东移;另一种是南北两支西风小槽合并加深,使连阴雨过程结束。

(3)巴湖横槽型

① 基本特征

过程开始前三天 500 hPa 乌拉尔山附近有暖性高压形成(或由欧洲移来)天山到巴湖为一东西向的横槽,由于这对系统的稳定,构成东亚的阻塞环流。而在 35°~50°N 为平直西风,北支锋区约在 40°N 附近,其上不断有西风低槽东移但无发展;南支锋区在 25°~35°N、105°~125°E 之间,35°N 以南的南支西风活跃。在上述形势下,850~700 hPa 层上和南支锋区对应有切变线,若云贵到两广沿海有准静止锋滞留,常德处在锋后冷高压脊控制下,对流层下部冷空气垫明显时,只要 500 hPa 有南支低槽东移即可产生连阴雨低温天气过程。如图 3.6 所示。

② 预报着眼点

这类过程的预报需注意下列几方面:

i) 要形成乌拉尔山阻塞高压和巴湖横槽;

ii) 40°~50°N 间有强烈的西风气流和锋区存在,或者不断有短波槽东移但无明显加深、发展;

iii) 40°N 以南维持纬向气流,副高脊线维持在 15°~20°N 或孟加拉湾维持低槽,江南上空为强烈的西南暖湿气流。

这类过程的结束大多是由强冷平流侵入乌山阻高,阻高强度减弱向东或东南移,我国 40°N 以南的 500 hPa 环流由纬向型逐渐向经向型转变引起。

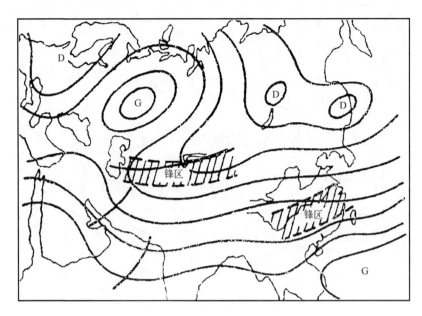

图 3.6　巴湖横槽型示意图

③ 预报指标

i) 在 500 hPa 上 40°～50°N、60°～80°E 地区内有东北—西南向的低槽活动,当兰洲 500 hPa 的 $T \geqslant -20℃$,$(P_{成都} - P_{杭州}) \leqslant -3.0$ hPa 时,未来 1～2 d 开始有连阴雨低温过程。

ii) 以乌山阻塞形势建立(有阻高和切断低压)为起报条件,如已有 2 d 或以上的低温阴雨,则未来仍维持连阴雨低温过程。

iii) 以乌山阻塞形势建立为起报条件,如前 5 d 无连阴雨低温过程,且当天 08 时银川 $\Delta P_{24} \geqslant -5$ hPa,则未来 3 d 内开始有 6 d 或以上的连阴雨低温过程。

iv) 当 500 hPa 上 53°～70°N、45°～65°E 地区内连续 2 d 或以上有闭合暖性高压,中心强度在 556 dagpm 以上,而在 40°～50°N、20°～60°E 地区内又有冷低压,高压和低压中心的高度差在 20 dagpm 以上;在 53°～65°N、105°～120°E 范围内对应有冷中心 $T \leqslant -28℃$,或者在 45°～65°N、75°～95°E 范围内有冷中心 $T \leqslant -16℃$,则在阻高出现的第一天起预报未来 6 d 左右有一次长连阴雨低温过程。

v) 如 500 hPa 上,东欧 50°N 附近出现阻高或脊,西伯利亚中部或西部有明显冷中心,并在 45°～65°N、30°～45°E 范围内维持 2 d 或以上暖性闭合高压,等值线最内圈高度 $H \leqslant 560$ dagpm;700 hPa 上 55°～65°N、70°～105°E 区域内有冷中心 $T \leqslant -20℃$;500 hPa 上南海(10°～25°N、110°～125°E)或中南半岛有闭合高压,内圈高度值 $H \geqslant 588$ dagpm,则在阻高出现后的第 6 d 左右有一次长连阴雨低温过程(适用于 3 月～4 月 15 日)。

(4) 两槽一脊型

① 基本特征

在 500 hPa 图上 40°～65°N、70°～105°E 区域内为一西南—东北向的暖脊,东欧到乌拉尔山和我国东北地区分别为低槽区;在低纬度,南海到菲律宾一带为东西向副高控制,孟加拉湾为低槽区,从槽前到长江流域有一支稳定而强劲的西南气流。如图 3.7 所示。

根据中纬度暖脊内高压中心的位置可分为偏南和偏北两种副型。

i）偏北型

本型与西伯利亚中阻形势相类似,但不一定有二支锋区,稳定性也较差,在贝湖北部(包括 50°N 以北)有闭合暖高压中心停留,雅库茨克地区为一准静止的冷性低压,由于有低槽经蒙古东部南移,带来强冷空气过程。如连续有几个低槽沿冷性低压后部旋转南下,每个低槽都可带来一股冷空气经华北南下影响长江流域,但有时也只影响黄淮平原及黄海、东海等地区。

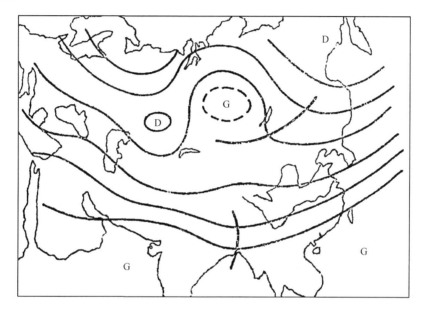

图 3.7　两槽一脊型示意图

ii）偏南型

暖高压中心在西藏高原的西北部(45°N 以南),位置较前一种形势偏南,在青藏高原上有低槽滞留或者不断有小槽东传,湖南处在西南暖湿气流影响下,而近地面则为冷空气垫控制。

两槽一脊连阴雨低温过程发生前 3～5 d,通常在巴湖到咸海为西北—东南向的暖脊,贝湖以北、以东地区为强大的冷低压区;新地岛到华北地区盛行西北气流,在这支气流里不断有低槽南移加深,带来强烈的冷平流;而东亚 20°N 以南为东西向的高压带,20°～30°N 之间则维持南支西风气流。

② 预报着眼点

预报这类过程时,主要应注意 45°N 及其以南地区纬向气流的形成和维持,南下的冷高压应较弱,并以东移为主,副高脊线维持在 15°～20°N 之间。但需注意,在偏北型中的冷性低压后部的低槽南下,并不是都能造成连阴雨低温过程,相反有时会造成东亚大槽爆发南下,预报时较难掌握。在偏南型过程中,青藏高原低槽的滞留时间一般不易及早估计出来。因此预报时还应密切注意周围主要系统的演变及其相互制约的关系。

③ 预报指标

当 500 hPa 上 532 线反映为两槽一脊时（两槽分别位于乌拉尔山区和我国东北到鄂霍次克海地区），高压脊位于贝湖到西伯利亚一带，中纬度地区气流较平直，南支槽活跃。这时如再出现：

i) 欧洲中部或西北部有阻塞高压或高压脊，莫斯科 $H \geqslant 535$ dagpm，列宁格勒 $H \geqslant 533$ dagpm。

ii) 乌山大槽的 532 线槽底在 53°N 或以南，对应 700 hPa 有 < -20℃ 的冷中心或冷舌，乌山西侧有成片的西北到北与西南至南的风向切变，最大风速在 16 m/s 以上。

iii) 120°E 以东大槽的 532 线槽底在 45°N 或以南，我国东北至华北有锋区，$(T_{济南} - T_{50557}) \geqslant 10$℃。

iv) 贝湖地区（30433 站和伊尔库茨克站）吹西北风，亚洲部分 564 线的位置，3 月在 45°N 或以南，4 月在 50°N 或以南；

塔什干 3 月高度 $H \leqslant 563$ dagpm，4 月高度 $H \leqslant 571$ dagpm；

乌鲁木齐 3 月高度 $H \leqslant 563$ dagpm，4 月高度 $H \leqslant 571$ dagpm。

v) 80°～100°E 范围内的 588 线位置，3 月在 25°N 或以南，4 月拉萨 $H \leqslant 582$ dagpm。

满足上述条件后 7～8 d 有一次长连阴雨低温天气或强寒潮过程。

如果 532 线反映的两槽一脊位置较上述位置偏西，必须出现下列条件：

i) 30°～55°E、50°～65°N 地区为深槽，槽内低压中心高度 $H \leqslant 520$ dagpm，对应 700 hPa 有 $\leqslant -16$℃ 的冷中心或冷舌；30°～50°E 之间的 532 槽线底在 48°N 或以南。

ii) 贝湖以东（100°～120°E、50°～60°N）地区为冷槽区，对应 700 hPa 有 < -20℃ 冷中心或冷舌。

iii) 西欧或北欧为阻塞高压或脊，新疆至西西伯利亚为暖脊，532 线脊点在 60°N 或以南，中纬度气流较平直，亚洲部分 564 线位置在 45°N 或以南，塔什干和乌鲁木齐 $H \leqslant 565$ dagpm。

符合上述条件时，未来 4 d 左右有一次长连阴雨低温或寒潮过程；如西北欧为阻高或高压脊，未来 8 d 左右有一次长连阴雨低温。

3.4.6 春季连阴雨低温过程的预报指标

(1)连阴雨低温过程开始的预报指标

① 08 时 500 hPa 图上 38392 站或 38687 站的 24 h 变高 ΔH_{24} 在 $-7 \sim -13$ dagpm 之间，4 月 $\Delta H_{24} < -4$ dagpm 时，未来 2～5 d 内有一次阴雨（26/28）。但在满足上述条件前两天出现 $\Delta H_{24} \geqslant 11$ dagpm，则未来无连阴雨发生。

② 500 hPa $H_{古比雪夫} - H_{35746} = \Delta H$，当 ΔH 在 $-2 \sim -6$ dagpm 之间时，未来 3 d 左右开始有 5 d 或以上的连阴雨低温过程；当 $\Delta H \geqslant 14$ dagpm 时，未来 4 d 左右有 8 d 或以上的连阴雨低温过程（以上适用于连阴雨低温过程前有回暖过程的地区）。

③ 500 hPa 上 $H_{乌鲁木齐} - H_{北京} = \Delta HA$，$H_{拉萨} - H_{汉口} = \Delta HB$。当连续 2 d 或以上满足 $\Delta HA + \Delta HB \geqslant 17$ dagpm，其中 $\Delta HB > 5$；或者 1 d $(\Delta HA + \Delta HB) \geqslant 30$ dagpm，而后连续 2 d $\Delta HB \leqslant 5$、$\Delta HA \leqslant 10$ dagpm，则未来 1～2 d 开始有 5 d 或以上的连阴雨低温过程。

④ 当 500 hPa 为"东高西低"，即 $H_{杭州} > H_{汉口} > H_{恩施} > H_{成都}$ 时，地面和田与婼羌的气压都

＜1020 hPa ,则未来 4 d 内以阴雨为主。

⑤ 当地面图出现下列两组指标之一,未来 2~3 d 开始有 5 d 或以上的连阴雨低温过程:

一组是 $P_{北京}-P_{乌鲁木齐}\leqslant 1$ hPa, $P_{乌兰巴托}>1027.8$ hPa, $P_{乌鲁木齐}>1050$ hPa, $P_{贵阳}$ 在 1006.8~1012.5 hPa 之间,同时 $P_{北京}-P_{兰州}\geqslant 12$ hPa 或者 $P_{乌鲁木齐}-P_{兰州}\geqslant 12$ hPa。

另一组是 $P_{北京}-P_{乌鲁木齐}>1$ hPa, $P_{北京}\geqslant 1030$ hPa;如 $P_{北京}<1030$ hPa,则 $P_{北京}-P_{乌鲁木齐}>10$ hPa。

⑥ 当地面形势为"东高西低",南疆为低压区时,满足 $P_{杭州}-P_{成都}\geqslant 10$ hPa,和田与婼羌气压都＜1020 hPa,则未来 3 d 以阴雨天气为主。

⑦ 在冷空气入侵前,连续 2 d 或以上南风降压(其中可有 1 d 的增压增温小于 2 hPa,但不能有 2 d 降压降温和 1 d 降温 5℃以上),南风风速达 8 m/s 或以上,则从冷空气入侵日起有 5 d 或以上连阴雨过程;否则冷空气侵入后阴雨 2~3 d 转晴暖。

⑧ 在冷空气入侵前,连续 2 d 或以上北风降压,降压过程中 14 时气温 $T\leqslant 16℃$(或 1 d 降压 4 hPa 以上, $T>20℃$),在第一天升压时 $\Delta T_{24}<0$,则冷空气入侵日起,有 5 d 或以上连阴雨低温过程,否则阴雨 2~3 d 后转晴暖。

(2)连阴雨低温过程结束的形势特点和预报指标

连阴雨低温过程结束的形势有以下 5 种:

① 锋面及锋区雨带南移。包括准静止锋缓慢南移和静止锋转为冷锋南移两种,其中近半数与两湖气旋的发生、发展相联系(金佛山和南岳等高山站转北风对锋面的南移有较好的指示性)。

② 高空阶梯槽东移,在华东沿海加深。即青藏高原有低槽东移,同时高原以北也有北支低槽东出,南北两槽成阶梯状在华东沿海合并加深,一般低槽槽线过境阴雨过程就结束。在高空阶梯槽加深过程中,地面的演变有两种形式,一是西路冷空气南下造成雨区东移;二是槽后西北气流发展,地面河套附近冷高压主体南移到长江流域。

③ 青藏高原低槽东移,槽后偏北气流影响,过程结束。

④ 地面西南倒槽强烈发展,常德处于槽前,转为上下一致的偏南风,江南的锋区和雨带减弱消失。

⑤ 南海台风北上,静止锋南部转为偏北风,静止锋流场破坏,云雨区向东南移出。

预报过程结束的指标有以下几条:

① 连阴雨低温过程持续 3 d 后,当 500 hPa 图上沈阳 ΔH_{24} 值由负值转为正并持续 2 d,最大 $\Delta H_{24}\geqslant 8$ dagpm,则未来 3~4 d 内过程结束,并有连晴回暖天气。

② 连阴雨过程持续 3 d 后,当 500 hPa 图上沈阳 ΔH_{24} 由负值转为正值,且 $\Delta H_{24}>5$ dagpm,则未来 3 d 左右过程结束。

③ 地面图上出现 $P_{酒泉}-P_{汉口}>3$ hPa,兰州气压在 1018.2~1034.0 hPa 之间,婼羌气压在 1021.2~1032.8 hPa 之间,同时 500 hPa 图上 $H_{塔什干}\geqslant 559$ dagpm, $H_{乌鲁木齐}>552$ dagpm;或者 $P_{酒泉}-P_{汉口}<0$,兰州气压在 1014.2~1018.0 hPa 之间,婼羌气压在 1005.1~1014.4 hPa 之间。出现以上二种情况之一,未来第五天过程结束。

④ 当乌鲁木齐地面气温 $T \geqslant -4℃$、气压 $P > 1024.0$ hPa 时,贵阳地面气温 $T > 4℃$、气压 $P > 1013.8$ hPa;或者当乌鲁木齐地面气温 $T < -4℃$、气压 $P \leqslant 1014.0$ hPa 时,贵阳地面气压 $P > 1020.5$ hPa。出现前一条,未来第三天过程结束;出现后一条时,未来第六天过程结束。

3.5　春季连晴回暖过程

3.5.1　连晴回暖天气的气候概况

（1）气候频率

连晴回暖过程的标准:以日照为主,规定日照时数达 3 h 或以上,且当天无雨或仅有小雨。

从 1960—2010 年资料分析中,3、4 月出现晴天的概率自东北向西南呈减少的趋势,晴天频率最大值出现在安乡,且 4 月出现晴天的概率明显大于 3 月,常德均在 45% 以上,东北部高达 50%,而 3 月晴天概率在 35% 以上,东北部最高为 40%。

（2）连晴次数和连晴日数

以连晴 3 d 或以上为一次连晴(在具体划分时,允许其中有一天的日照时数在 2.0~2.9 h)。3、4 月连晴次数、连晴天数自东北向西南均呈减少趋势。3 月年平均次数在 1.5~1.9 之间,安乡的 1.9 次(8 d)为最多;4 月年平均次数在 2.2~2.6 之间,以安乡的 2.6 次(11 d)为最多。

（3）最长持续日数

3 月连晴最长持续时间在 8~10 d,常德北部连晴最长持续时间在 10 d 左右,其他地区连晴最长持续时间在 8 d 左右。4 月最长连晴持续日数在 10~12 d 之间,东北部大于西南部。

3.5.2　连晴回暖过程的环流特征

据 500 hPa 高度场分析结果,在春季连晴期间,70°N 纬圈上高度分布以 2 波或 2 波趋于发展占优势,亚洲经向环流活跃,或由纬向环流向经向环流转变,东亚西风指数偏低。如图 3.8,3.9 所示。

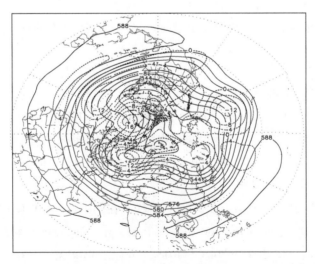

图 3.8　2005 年 3 月 500 hPa 平均形势和高度距平图(虚线为距平等值线)

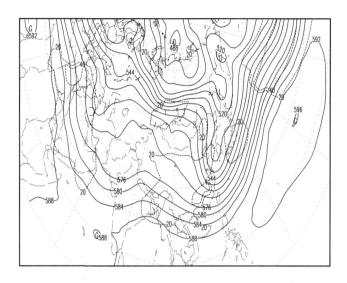

图 3.9 2005 年 3 月 5 日 08 时 500 hPa 图(虚线为 100 hPa 层西北方的等风速线,单位 m/s)

3.5.3 连晴回暖过程的地面形势特征

(1) 高压类

高压类连晴是常德春季连晴回暖过程的主要组成部分,多出现在冷空气(特别是强冷锋)侵入 36～48 h 以后开始,其中又可分为下列 3 型:

① "脚形"高压型:本型出现前,冷高压主体在蒙古,冷锋越过黄河流域直抵江南,造成常德一次西路或北路冷锋过程。当冷锋越过南岭抵达南海北部时,冷高压主体南下到陕甘、川黔、湘鄂等地分裂成若干个小高压中心构成"脚形"或"品"字形高压,长江中下游天气转晴;这时 500 hPa 槽线也已越过长江中下游,与地面冷锋相距约 7～10 个纬距,亚洲中纬地区形势类似"两槽一脊型",脊线在巴湖到贝湖之间。如图 3.10 所示。

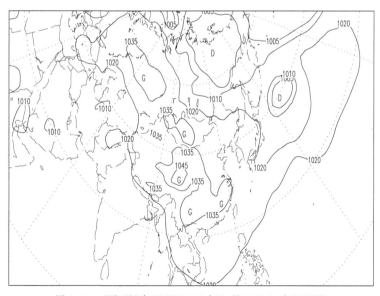

图 3.10 "脚形"高压型(2005 年 3 月 5 日 8 时地面图)

②南高北低型:本型主要特点是长江中下游为高压控制,湘、黔或湘、赣有闭合高压中心,黄河流域为低压区和负变压区,原南海北部的冷锋多因气团变性而锋消,北段则移入太平洋;这时 500 hPa 高空的东亚低槽主体已移到日本海附近,强度趋于减弱。如图 3.11 所示。

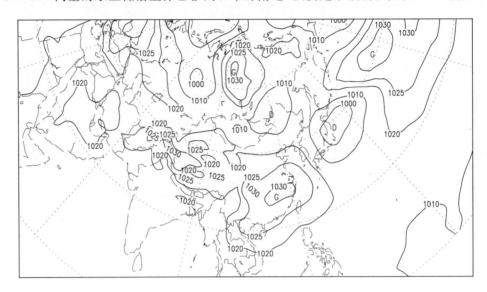

图 3.11 南高北低型(2010 年 3 月 10 日 14 时海平面气压场)

③东海高压型:原控制长江中下游的变性冷高压,中心东移入海,常德处在高压的西部,多为偏南风;这时蒙古另有冷空气南下,西部倒槽正逐渐形成。在 500 hPa 高空,原在日本海的低槽减弱,上游北支西风带中又有低槽南下,因此,本型常在连晴过程后期出现。如图 3.12 所示。

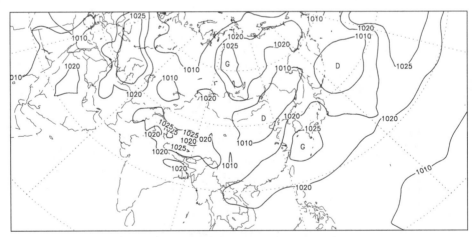

图 3.12 东海高压型(2010 年 3 月 11 日 14 时海平面气压场)

(2)倒槽类

倒槽类形成的晴天包括西南倒槽和倒槽锋两种类型。

① 西南倒槽型

西南倒槽形成的晴天有两种形式:一种是长江流域地面高压入海后紧接着西南倒槽强烈发展,这时江南 500 hPa 以下均为一致的西南风,从而形成晴朗天气;另一种形式发生在华南静止锋锋消,或者静止锋从湘南北抬锋消的情况下,这时静止锋锋区和锋后冷区基本上已不复存在,冷空气已经显著变暖,而且南海副高增强、北移,甚至与华北的西风带高压结合,在我国东部沿海形成南北向的高压坝,江南 500 hPa 以下为一致西南气流而形成晴天。

② 倒槽锋型

这种晴天出现在倒槽锋前。当北方南下的冷锋进入西南倒槽后,锋前一般都能出现这种晴天,如果南下的冷空气很弱或路径偏东,而南海副高较强,将更有利于锋前晴天的持续。

3.5.4 各类连晴过程的特点及其预报

(1)东亚大槽后连晴过程的特点及预报

① 过程特点

在 115°～130°E 有一南北向的冷槽,常德处于槽后上下一致的西北气流控制下。这类过程都发生在冷空气侵入之后,往往是连晴过程开始的类型,一般只有 1～3 d 的晴天,当大槽后部继续有小槽下滑,并引导地面冷空气补充南下时,则有利于晴天的持续。其形成过程有3 种:

i) 中高纬度地区低槽东移发展加深:新地岛、北欧等地区的低槽向东南移动加深,形成东亚沿海大槽。如图 3.13 所示。

ii) 横槽转向后发展加深:贝湖至巴湖一线的横槽转成南北向,东移加深形成东亚大槽,同时乌拉尔山阻塞高压崩溃南移,形成长江流域的长连晴过程。如图 3.14 所示。

iii) 南、北支低槽叠加发展:在东亚以纬向环流为主的多移动性波动东传的形势下,南、北支低槽移到长江中、下游后,同位相叠加,形成东亚沿海的深槽,地面往往有"两湖气旋"发生和

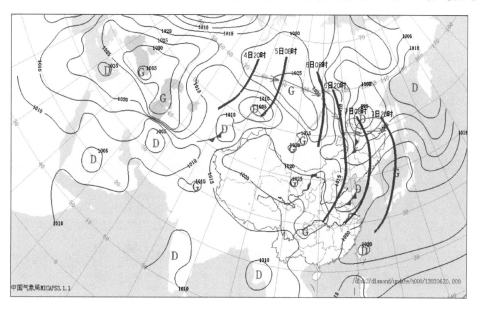

图 3.13　2013 年 3 月 4 日—8 日一次连晴过程综合动态图

发展。本类连晴过程一般较短。如图3.15所示。

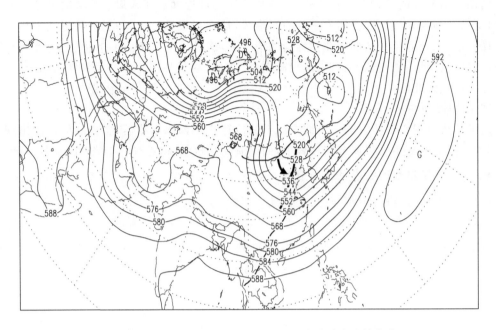

图3.14　2005年3月3日8时500 hPa图（断线为未来槽线位置）

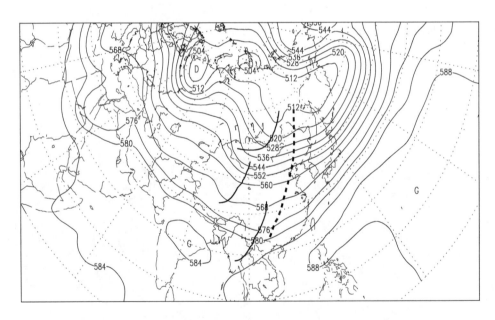

图3.15　2010年3月23日20时00 hPa图（断线为未来槽线位置）

② 预报着眼点和预报指标

i) 注意中高纬度地区低槽或巴湖横槽南下时的强度变化，以及南支槽同北支槽结合引起的强度变化。

ii）东北大槽建立时,槽底要伸展到我国东南沿海,500 hPa 上江南受西北气流影响。槽后冷平流越强,西北气流范围越宽,越有利于连晴持续。

iii）南海副高趋于减弱南退,孟加拉湾地区为平直西风气流,如该地区为高压控制,有利于连晴过程的形成和维持。

iv）在连阴雨低温持续 3 d 后,如沈阳站 500 hPa ΔH_{24} 由负值转为正值并维持 2 d,且最大 $\Delta H_{24} \geqslant 8$ dagpm,则低温阴雨结束后有持续性较长的回暖天气。

（2）孟加拉湾槽前连晴过程的特点及预报

① 过程特点

500 hPa 从孟加拉湾到青藏高原（$85°\sim 100°E$ 间）为低槽区,长江流域为暖脊控制,地面图上常德处于入海高压后部或低压区内,高低层为一致西南气流,但大气层结较不稳定,有时会有短时阵性降水发生,连晴天数也较短。如图 3.16 所示。

这类过程的形成比较复杂,似与里海、黑海低槽加深,槽前暖高压脊发展有关,以至高原另有低槽建立,槽前暖平流影响长江流域,并同河套、华北一带槽前的暖平流结合,使我国黄河中下游及其以南广大地区都处在大范围暖区控制下,地面气压连续下降,气温迅速上升,出现连晴天数较短的过程。

② 预报着眼点

i）这类过程常发生在纬向环流下,尤其当中高纬度的冷空气长期没有越过 $40°N$ 南下时,容易形成这类连晴过程。

ii）注意高原南侧至孟加拉湾一带低槽的加深和槽前暖平流向黄河流域大范围扩展。

iii）这类过程形成时如出现副高西伸、北进的趋势,将有利于连晴过程的形成和持续。

iv）这类过程一般出现在地面高压东移入海、西南低压（或倒槽）发展的条件下。

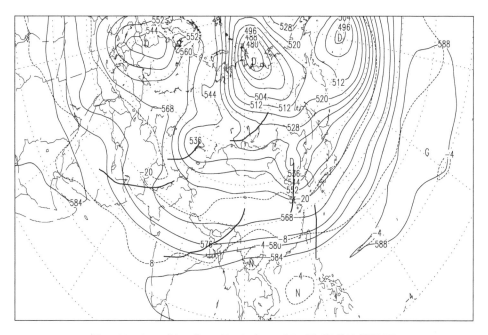

图 3.16　1993 年 3 月 31 日 08 时 500 hPa 图（断线为等温线）

（3）青藏高原暖脊前连晴过程的特点及预报

① 过程特点

在 500 hPa 上 70°～100°E、20°～40°N 区域内青藏高原有明显的暖脊存在,常德处在脊前西北气流控制下,使东亚大槽槽后的连晴进一步持续,因此,连晴过程的时间一般较长,有 2～4 d。其形成过程有两种:

i) 里海、咸海低槽加深,槽前暖平流强烈发展并导致高原建立强大的暖高压脊。

ii) 由于冷平流侵入新西伯利亚阻塞高压北部,高压中心东南移,并随其东侧蒙新横槽下摆转竖,高压脊经青藏高原影响长江中游。如图 3.17 所示。

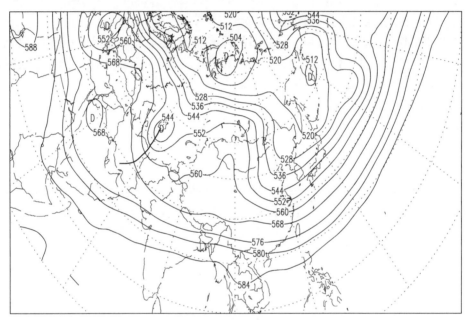

图 3.17　1995 年 3 月 3 日 08 时 500 hPa 图

② 预报着眼点

i) 要注意高原西侧持续出现暖平流加压区,这往往是高原上建立强大暖高压的前兆。在纬向多波的环流形势下,上述特征的出现,最易形成连晴过程。

ii) 新西伯利亚阻塞高压崩溃时,要注意高压中心的位置、移向和变化。高压中心位于 50°N 附近或以南向东南方向移动,强度明显,方有利于连晴过程形成。如在阻塞高压崩溃南下时有东亚大槽建立,更有利于连晴过程的形成和持续。

iii) 位于南海的副高应有减弱南移的趋势。孟加拉湾为高压控制时,对于连晴过程的形成和持续也十分有利。如图 3.18 所示。

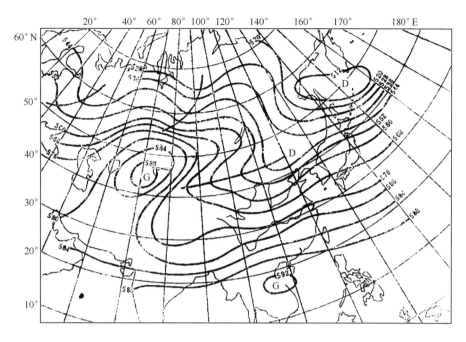

图 3.18　1969 年 4 月 3 日 20 时 500 hPa 图

3.6　秋季连阴雨过程的特点和预报

3.6.1　秋季连阴雨天气过程的定义

晚秋时段(即 9 月 21 日—11 月 20 日)一次降水过程连续雨日达 3 d 或以上、过程总雨日达 5 d 或以上,定为一次秋季连阴雨过程(简称秋雨过程),对晚稻和棉花危害最大。上述雨日标准是日降水量在 1.0 mm 或以上时定为一个雨日,如果日雨量在 0.1～0.9 mm、日照<1 h 也作为一个雨日。

3.6.2　秋季连阴雨过程的气候概况

(1)年际变化

根据 1960—2010 年资料统计,全市性的秋季连阴雨过程平均每年有 0.23 次,最多年份可达 2 次(1989 年),但有 35% 的年份没有出现秋季连阴雨过程。10 d 以上的长秋雨过程平均 12 年可出现一次。

(2)多发时段

全市性秋雨过程次数自 9 月下旬起逐旬增多,以 10 月下旬最多,约占总数的三分之一,然后逐旬减少。最早的秋雨过程出现在 9 月下旬,最晚出现在 11 月中旬,但次数极少。由此可见,从 10 月上旬—11 月上旬的 40 d 内是秋雨过程的多发期,这期间发生的秋雨过程占总次数的 87%。

(3)维持天数

全市性秋季连阴雨过程的维持天数:短过程的占总数的 59.2%;其次是持续 7～10 d,占

36.3%;11 d 以上的过程仅占 4.5%,最长的一次过程持续 16 d。

3.6.3 寒露风

(1)"寒露风"的定义及其危害

"寒露风"是出现在"寒露"节气前后的低温霪雨天气。每年 9 月连续 3 d 或以上日平均气温≤20℃时,便可称为"寒露风"。9 月正值湖南晚稻抽穗扬花阶段,"寒露风"可使正在扬花的晚稻生理机能衰退,抑制花粉粒的正常生长,即使授粉粒仍能完成发芽和受精,但是胚囊不能生长膨大,谷粒不能进一步发育而成为空壳,从而影响晚稻产量。

(2)"寒露风"的时空分布特征

其出现概率有北部高于南部、西部高于东部的特征。

9 月上、中、下三旬均可出现"寒露风"。就全市范围来看,出现在各旬的比例分别是上旬 1%,中旬 42%,下旬 57%。

统计 1960—2010 年期间历次"寒露风"过程的最长连续时间,结果表明,石门、临澧、桃源、汉寿各站"寒露风"过程的最长连续时间均在 10 d 以上,常德、澧县和安乡的最长连续时间为 8~9 d。

统计 1960—2010 年资料表明,我市同一年内出现多次"寒露风"的概率为 16%,东部地区概率大于西部地区,其中汉寿站的概率最大为 20%。

连续多年出现"寒露风"的情况也常有发生。连续 3~4 年出现寒露风的情况各地均有出现,其中 1967—1974 年石门连续 8 年出现"寒露风"。

评估寒露风强度标准:

轻度寒露风:日平均气温为 18.5~20℃连续 3~5 d。

中等寒露风:日平均气温为 17.0~18.4℃连续 3~5 d。

重度寒露风:(a)日平均气温≤17℃连续 3 d 或以上;(b)日平均气温≤20℃连续 6 d 或以上。以上二条,达到其中任意一条。

(3)形成"寒露风"的天气形势

据普查,所有的"寒露风"过程都是由冷空气侵入造成的,其中 50%~65% 的"寒露风"是由入秋后的第二或第三次强冷空气侵入的结果,有 98% 的强冷空气过程当其前锋越过 40°N 时,锋后高压强度在 1025 hPa 以上。

造成强冷空气过程的冷锋越过 40°N 时,500 hPa 高空天气图上环流形势有纬向型和经向型两种。

纬向型包括乌拉尔山阻塞高压型和纬向多波动型。乌拉尔山阻塞高压型在乌拉尔山附近有一稳定的阻塞高压,贝加尔湖和巴尔克什湖地区有一横槽,40°~50°N 附近为一东西向锋区。当横槽转向南移时冷锋从中路或西路侵入湖南,形成强冷空气过程。纬向多波动型在欧亚中纬度地区有多个快速移动的槽脊东移,冷锋主要是由一对移动性槽脊发展沿脊前南下影响湖南,当冷高压较强时,就形成了强冷空气过程。

经向型包括一脊一槽、两脊一槽和两槽一脊三型。一脊一槽和两脊一槽型的特点是长波脊位于乌拉尔山附近,其东为一宽槽,冷槽沿脊前向南加深进入我国西北地区,冷空气从中路或西路侵入湖南。两槽一脊型的特点是,青藏高原西侧暖脊向北强烈发展,与中亚地区浅脊同位相叠加,促使脊前中纬度锋区和低槽在两槽一脊形势下越过 40°N,从西路或中路侵入湖南,形成强冷空气过程。

3.6.4　秋季连阴雨过程的环流特征

（1）环流的季节性转换特征

东亚大槽逐渐建立并加强,迫使副高退出东亚大陆,脊线相应南移,并稳定在 20°N 附近,地面蒙古冷高压及阿留申低压明显加强。环流形势转换的结果,使西风带明显南扩,东风带进一步南撤,南支急流建立并迅速移至湖南上空,使湖南由夏季晴热高温天气进入到秋季凉爽多雨天气。

（2）长波系统的特征（3 种形势）

①欧洲附近出现阻塞高压,使阴雨天气形成和维持;

②极涡偏向亚洲,中西伯利亚维持一宽广的冷低涡,东亚大陆中纬度环流平直,地面冷空气不断分股进入湖南所造成的;

③贝湖及欧洲各为明显的暖脊,出现双阻形势,冷空气从偏东路径南下影响出现秋雨天气。

3.6.5　秋季连阴雨过程特点

（1）500 hPa 环流形势（分为 3 类）

①欧洲阻高类

500 hPa 欧亚大陆西部经向气流明显,欧洲到乌拉尔山一带有阻塞高压,阻塞高压东部有横槽,多数情况下在亚洲北部有一大的冷低压存在。亚洲 40°N 以南气流平直,多小波动东传,副高较强,脊线多在 18°N～20°N 之间。如图 3.19 所示。

阴雨天气刚开始时,地面冷高压位置偏北,高压中心多位于贝湖西部,冷锋接近或即将侵入,由于高空南支小槽的影响,江南先有阴雨天气。然后小槽东移,槽后引导冷空气侵入,并在华南静止,形成连阴雨天气。

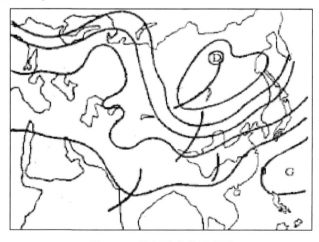

图 3.19　欧洲阻高类示意图

②平直环流类

500 hPa 欧亚大陆气流比较平直,没有长波槽脊,中西伯利亚常有一范围很广的冷低涡,这是极涡偏心的结果,有的个例这个冷涡位置偏北,位于北冰洋上空。西风气流的分支没有一定,有时候明显,也有时不明显。副高较强,脊线在 20°N 附近。如图 3.20 所示。

阴雨开始时,地面冷高压中心多已移到 45°N 附近或以南,高压中心比较偏西,多位于 105°E 以西,冷空气从北路南下侵入,造成连阴雨天气。

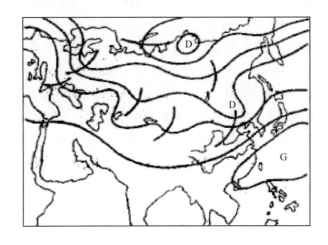

图 3.20　平直环流类示意图

③两槽两脊(含两槽一脊)类

500 hPa 欧亚中高纬度经向环流明显,亚洲东部和西西伯利亚各有一个大槽,贝加尔湖附近和欧洲为明显的暖脊;30°N 以南为平直西风气流,孟加拉湾附近为一南支槽,它与贝湖暖脊成反位相分布。这种反位相的组合有利于连阴雨的形成:贝湖暖脊前部的西北气流引导地面冷空气从偏东路径南下影响产生降水天气,孟加拉湾南支槽前西南暖湿气流源源不断地提供充沛的水汽。这类过程最少。如图 3.21 所示。

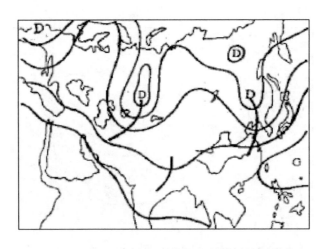

图 3.21　两槽两脊(含两槽一脊)类示意图

（2）地面冷高压特点

与春季连阴雨一样,秋季连阴雨是由于冷暖空气交汇,形成中低层切变线和地面准静止锋以后形成的。当北方有一次小槽活动带来冷空气,就出一次降水过程。小槽活动频繁时,冷空气就接二连三入侵,于是就形成连阴雨天气。

①与冷空气强度的关系

通常用连阴雨开始那一天的地面冷高压中心强度来表示冷空气的强弱,造成秋季连阴雨的冷高压中心一般以 1031～1060 hPa 为宜,其中以 1041～1050 hPa 为最多。

②与冷空气路径的关系

秋雨的形成与地面北路冷空气的关系十分密切,秋雨多半是由北路冷空气侵入后造成的,有一部分是由西路冷空气侵入所造成,只少数是由东路冷空气侵入后造成的。

（3）低纬度形势特点

副高的强度及位置适中,一般用副高外围的 588 线范围及其所在位置来说明副高的强度。秋雨过程发生时,副高外围的 588 线一般位于两广及福建沿海上空,不太偏北或偏南,副高西伸脊点一般在 105°～120°E 之间,脊线稳定在 20°N 附近。

我国东南及南部沿海无台风活动。

3.6.6　秋季连阴雨过程的预报着眼点

（1）注意欧洲阻高的动态,当欧洲阻高上游低槽已开始移动,阻高西侧暖平流明显减弱,并变为冷平流时,阻塞形势趋向崩溃,阻高东面横槽将转竖;地面冷高压增强并向东南移动,冷空气可能影响并形成降水;

（2）秋雨前 1～3 d 地面冷高压中心一般有明显加强现象,增加值一般≥10 hPa;

（3）当地面冷锋越过 40°N 时,若西南倒槽发展明显,则冷锋进入后容易形成秋雨过程;

（4）副高脊线位于 20°N 附近时有利于秋雨的形成;南海有台风活动（特别是中等以上的台风活动）不利于秋雨形成;

（5）秋雨开始前一天,850 hPa 在 35°～50°N 之间有明显东西向或东北—西南向的锋区;700 hPa 在 100°E 以东,25°～45°N 范围内有低槽或切变,切变位置在 30°～35°N 之间;500 hPa 副高西伸脊点达 120°E 以西,脊线在 18°～24°N 之间;

（6）秋雨开始时冷空气大多已侵入常德,个别未进入常德的冷锋也已越过黄河;

（7）亚洲 500 hPa 的西风环流指数在秋雨前 4～11 d 出现一个峰点,其上升值达 100 或以上。

3.6.7　秋季连阴雨结束及其预报

（1）过程结束的环流形势

① 东亚大槽型

i）北支西风带小槽与南支低槽东移并在东亚沿海合并发展成东亚大槽;

ii）横槽转竖、东移,并在沿海加深成东亚大槽;

iii）西风带大槽东移到沿海停留。

东亚大槽建立后,槽底一般可达 30°N 以南,槽的西部在贝湖附近为一浅脊,高原东侧为明显的西北气流控制;此时副高已断裂,西面的脊移到中南半岛,东面的脊则退至 120°E 以东;地面大多伴有一次明显的冷空气南下,使停留在华南的准静止锋南移消失,雨区随之南压或就地减弱消失。

② 平直西风型

秋雨结束时东亚大槽不明显,亚洲大陆气流比较平直,西风带多小槽活动。当西风带有小槽东移至东亚沿海略加深,槽后西北气流扩展到长江中下游,中低层切变消失,雨区也就减弱消失。

地面往往没有明显冷空气南下,而是冷空气逐渐变性,气压场转成西高东低或南高北低型。

（2）过程结束的预报

秋季连阴雨结束期的预报主要抓住东亚沿海大槽的建立和加深。具体到欧洲阻高型来说,主要在于阻高崩溃、横槽转竖的预报。只要横槽转竖,地面上引导一次较强的冷空气活动过程,迫使暖空气南撤,江南阴雨天气消失。至于平直气流型和两槽两脊或两槽一脊型则要注意南北两支低槽在沿海合并加深,或西槽在东移过程中至沿海停留或加深,与此同时,新疆暖脊迅速发展东移。地面气压场往往转成南高北低型或西高东低型,冷空气迅速变性,华南静止锋锋消。

3.7　西南低涡过程

西南低涡定义:凡产生在 700 hPa 或 850 hPa 高度上,25°~35°N,97°~110°E 范围内的小涡旋,称为西南低涡。具体规定是:在 700、850 hPa 图上(如图 3.22)所示范围内有一条闭合等高线或有明显的气旋性环流的低压,并能维持 12 h 或以上的,不论其为冷性或暖性,均列为西南低涡。在 25°N 以南的海平面上发生的热带低压或台风北转登陆减弱而进入西南地区的低压,都不作西南低涡处理。

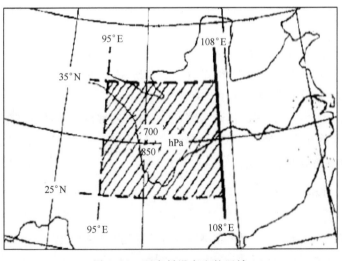

图 3.22　西南低涡产生的区域

3.7.1　西南低涡的源地与移动路径

西南低涡的源地主要集中在 3 个地区:分别是九龙生成区、四川盆地生成区、小金生成区。九龙生成区占低涡生成总数的 44.7%,是西南低涡生成最多、最集中的区域,故这类西南低涡又称九龙涡;四川盆地生成区占 29.0%,是第二集中区,可称之为盆地涡;小金生成区占19.9%,是西南低涡生成的第三集中区。西南低涡在源地生成后,大多就近减弱消亡,但仍有部分移出四川影响我国东部地区的天气。

各月西南低涡的路径有如下特点:

(1)4—5 月,低涡路径主要是沿长江中、下游东移,东路占绝对优势,其中也有少数在湖北南部折向东北的,偏北路的西南低涡为数极少;

(2)6 月,在湖北南部折向东北和偏北路的低涡明显增多,另外出现了东南路低涡;

(3)7—8 月的情况与前不同,出现了东北路低涡,东路低涡明显减少,以偏北路低涡占绝对优势。

西南低涡移动路径随季节的变化是明显的,它与副高的位置与强度变化有密切的关系。

3.7.2　西南低涡的主要特征

(1)高度场与温度场

由 500 hPa 综合图(图 3.23a)可见,东部西太平洋副热带高压中心偏东且位于洋面上,西伸脊线偏南位于 19°N 附近,西部有一槽线位于四川盆地中东部 105°E 附近地区,且较深厚,整个下游地区为槽前的西南气流控制,从温度场的配置来看,此槽位于暖舌内,槽底有一闭合暖中心,说明此槽为东移发展槽,槽前的正涡度输送有利于低层减压和气旋性涡度加大,高原东南侧的西南气流容易在四川盆地形成明显的辐合。从 700 hPa 综合图上分析可知(图 3.23b),整个四川盆地为一低压中心控制,从风场上看,有两个气旋性环流中心:一个是位于四川盆地西北部(100°E,31°N)附近,处于青藏高原东侧生成区;另一个位于四川东北部(106°E,30°N)附近,处于四川盆地生成区。从温度场配置看,四川盆地西部的高原地区为暖中心控制,东北部有北风冷空气贯入,说明在槽后引导气流的影响下,700 hPa 有冷平流沿着四川盆地西侧进入四川东部地区,冷平流一方面使等压面下降促使西南低涡发展东移,另一方面引起位势不稳定从而有利于降水发生。分析 850 hPa 的综合图(图略)也可以发现,其环流场配置与 700 hPa 相似。

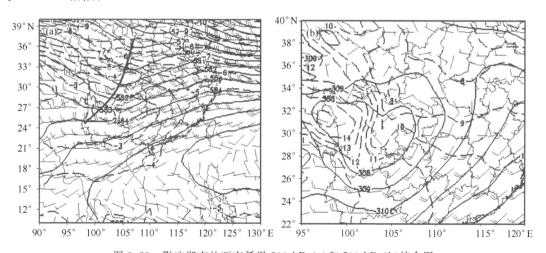

图 3.23　影响湖南的西南低涡 500 hPa(a)和 700 hPa(b)综合图

(实线为等高线,单位:dagpm;断线为等温线,单位:℃)

（2）散度场与涡度场

在散度场纬向剖面图分布中（图3.24a），有两个辐合中心，一个位于四川盆地西部山地100°E附近，自低层到450 hPa为辐合区，其中以550 hPa辐合最强，范围最广，中心强度为$-1.5\times10^{-5}s^{-1}$，450 hPa以上为辐散区。另一个辐合中心位于四川盆地东部107°E附近，对应西南低涡的四川盆地生成区，地面到650 hPa为辐合区，最强辐合位于800 hPa附近，中心强度为$-1\times10^{-5}s^{-1}$。无辐散层分布在700～300 hPa之间，300 hPa以上出现辐散，辐散大值中心位于低涡中心上空的300 hPa附近，约为$1\times10^{-5}s^{-1}$。在散度场经向剖面图分布中（图3.24b），西南低涡生成区的30°N附近自低层到400 hPa为散度辐合区，且辐合区向北倾斜，最强辐合区位于700 hPa附近，中心强度为$-1.5\times10^{-5}s^{-1}$，400 hPa以上为辐散区，辐散区中心位于辐合区之上的250 hPa左右，中心强度为$3\times10^{-5}s^{-1}$。由以上分析可知，中低层西南低涡生成区以辐合为主；高层基本都被辐散气流控制，且高层的辐散中心同样处在西南低涡生成区，这种高层的辐散极有利于上升运动的加强，也预示着可能有较深厚的上升运动发展。西南低涡的这种低层辐合、高层辐散的配置，有利于低涡发生、发展，且在低涡东北侧高空出现强的辐散，中低层辐合加强，有利于低涡发展、东移。

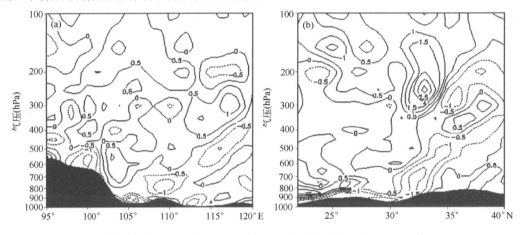

图3.24　西南低涡散度剖面图（单位：$10^{-5}s^{-1}$）(a)30°N,(b)106°E

对西南低涡的涡度场诊断发现，在涡度场纬向剖面图分布中（图3.25a），在西南低涡的四川盆地生成区106°E附近自地面到350 hPa为正涡度，以上为负涡度，正涡度中心分布在低层的800 hPa左右，强度为$6\times10^{-5}s^{-1}$，负涡度中心分布在高层150 hPa左右，强度为$-4\times10^{-5}s^{-1}$。另一个正涡度中心位于高原上100°E附近，强度较弱，为$1\times10^{-5}s^{-1}$。从涡度场沿101°E经向剖面图分布中可看出（图3.25b），高低空各有一个正涡度中心，低层正涡度中心位于青藏高原东南缘27°N附近，与西南低涡的九龙生成区相对应，从地面至400 hPa为正涡度控制，最大正涡度中心位于700 hPa，强度为$4\times10^{-5}s^{-1}$；高空正涡度区与500 hPa槽线相对应，正涡度区域从500 hPa延伸至对流层顶，中心位置在37°N的300 hPa左右，强度为$3\times10^{-5}s^{-1}$。低涡区这种较强的正涡度环流分布，对于低涡的发展和移动具有重要的作用，该物理量经常与别的物理量如垂直速度等组合，构成新的物理量（如螺旋度等）来指示和预报低涡的发展、移动以及降水分布。

（3）垂直速度

由西南低涡垂直速度场的纬向剖面图可见（图3.26a），98°～114°E区域内从地面至

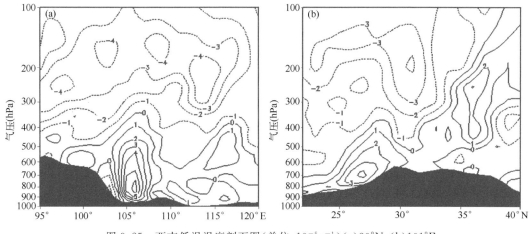

图 3.25　西南低涡涡度剖面图(单位:10^{-5} s^{-1})(a)30°N,(b)101°E

150 hPa 均为上升气流控制,有 3 个最大上升速度中心分别位于 100°E、103°E 和 109°E,与 700 hPa 西南低涡的生成区相对应,高原上的最大上升气流位于 450 hPa 左右,约为-0.2×10^{-2} hPa·s^{-1},而盆地中的最大上升气流位于 700 hPa 附近,为-0.25×10^{-2} hPa·s^{-1}。以西南低涡的四川盆地生成区为中心沿 107°E 作经向剖面图可知(图 3.26b),最大上升气流位于 31.5°N 附近,中心强度为-0.45×10^{-2} hPa·s^{-1},与涡度场纬向分布相类似,向北倾斜。由上分析可知,东移西南低涡的垂直速度分布表现为从地面至对流层顶都为上升气流控制,最大上升气流中心位于低涡区附近。

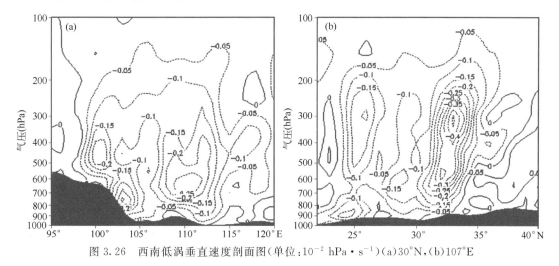

图 3.26　西南低涡垂直速度剖面图(单位:10^{-2} hPa·s^{-1})(a)30°N,(b)107°E

3.7.3　西南低涡的形成条件

西南低涡是否生成,取决于环流形势、上下层系统的相互作用等多个方面。过去的研究成果已经对西南低涡生成进行了统计分析,得出了一些有利于西南低涡生成的一些典型天气形势。以 700 hPa 为例,主要流场特征是在云贵到四川盛行气旋性气流,如:风速的辐合流场、气旋式弯曲等,而对流层高层辐散作用同样对西南低涡生成具有很好的促进作用。下面给出了有利于西南低涡生成的 4 类典型 500 hPa 天气形势。

（1）西风大槽类

亚洲上空以经向环流为主,西风大槽自中亚地区东移加深,经过青藏高原断裂为南槽和北槽,青藏高原到四川盆地均为槽前西南气流控制,且水汽充沛,当大槽东移到高原东部时,且存在明显的 24 h 负变高,在中低层有利的气旋性切变下将有低涡生成。此类低涡生成过程多伴有一次冷空气活动,冷空气的侵入促使低涡后期能够不断发展。如图 3.27a 所示。

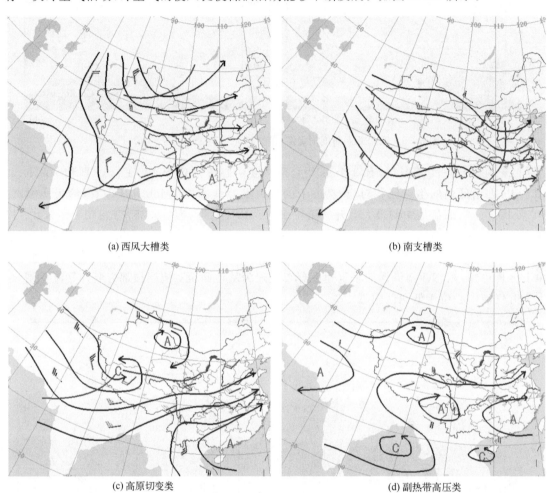

(a) 西风大槽类   (b) 南支槽类

(c) 高原切变类   (d) 副热带高压类

图 3.27　西南低涡生成典型形势示意图

（2）南支槽类

这类低涡生成于西风带盛行高指数环流及副热带高压偏南的形势下,而此时青藏高原上空南支槽活动频繁,其移动速度约为 10～12 个经度/天,当南支槽移动到高原东部时,在槽前辐散区下层的 700 hPa 气旋式流场中将有低涡生成。这类低涡常常出现在九龙附近,当然四川盆地也可以产生。如图 3.27b 所示。

（3）高原切变类

我国西北地区(青海、甘肃一带)有高压或高压脊,在印度的新德里附近为稳定少动的低槽,于是槽前的西南气流与脊前的偏北气流辐合于青藏高原中部,形成东—西向或东北—西南向的高原切变线,当高原切变东移到高原东部,在切变线南侧下层 700 hPa 有利的气旋性切变下生成低涡。如图 3.27c 所示。

(4)副热带高压类

副热带高压在西太平洋上的位置较北,但西伸进入大陆,脊线通过 120°E 经线的位置在 25°～28°N,西脊点在 100°～110°E、25°～28°N 附近,这时,云贵川处于副热带高压西侧的西南暖湿气流控制,当青藏高原有低值系统东移到高原东部,或者青藏高原为高压,高原东部到四川处于两高之间的辐合区,在 700 hPa 有利的辐合流场下也易于西南低涡的生成。如图 3.27d 所示。

3.7.4　西南低涡过程的预报

(1)低涡发生发展的预报

① 大尺度环境场影响因子。扰动流场对环境涡度场有正涡度平流的地区,有利于低涡发展。当中低层为正涡度,高层为负涡度,低层环境场为辐合时有利于低涡发展;环境场辐合越强时,低涡发展越快。在低涡流场对环境温湿能有正能量平流(暖湿平流)的地区,有利于低涡系统发展。在紧邻高能中心一侧的等值线密集区(能量锋区),常常是低涡系统发生、发展的地区。当高层环境场辐散时,有利于低涡发展;辐散越强,低涡发展越快。大尺度环境场对低涡发展的影响受到大气稳定度的制约。在弱不稳定和稳定大气中,低层大尺度环境场辐合是促使低涡发展的重要因子。在不稳定大气中,高层大尺度环境场辐散是驱动低涡发展的重要因子。

② 地面感热加热与潜热作用。地面感热加热与暖平流对暖性西南低涡形成起着较大的作用;大尺度环境场的散度和由边界层摩擦作用产生的次级环流的积云对流释放的潜热是西南低涡发展的主要因子,潜热加热通过使低涡区气压降低,低层气旋性辐合以及高层反气旋性辐散加强,从而使西南低涡进一步发展。从能量转换上看,在低层,地形和潜热加热加强位能向散度风动能转换以及散度风动能向旋转风动能转换;在高层,地形通过加强旋转风动能向散度风动能转换,使高空辐散增强,而潜热加热通过加强位能向散度风动能转换亦使高空辐散增强。

③ 低空急流加强有利于低涡发展。当低空急流在西南地区南部突然加强时,高湿的气流流入四川盆地,由于秦岭、大巴山的阻挡,导致气流不能继续北上,在四川盆地产生强辐合,引起强烈上升运动,强辐合的产生必然有利于低涡的发展;低空急流加强引起的低层强辐合产生的潜热释放,导致中层位涡的增加,使得低涡十分深厚;在低涡生存期间,低空急流加强在西南低涡的南部引起低层强辐合,弥补低涡由于低层摩擦引起的旋转减弱,使低涡长期稳定维持。

④ 角动量因子。低涡源地正角动量的大量增加为西南涡的形成提供了必须的动力,对西南涡的生成具有一定的促进作用,而该地区角动量减小,则对低涡的形成产生明显的抑制作用。角动量输送变化是造成低涡逐月出现频率不同的不可忽视的动力因素。同时,角动量平流正值区与低涡出现源地有很大的对应关系。

⑤ 分层流因子。西南低涡的形成是与盆地、河谷以及其上下气流分层有关的一种定常态。在上、下为西风分层时期,低层的浅薄暖湿西风有利于西南低涡的形成;在上、下为东、西风分层时期,上层浅薄东风也有利于西南低涡形成;小型的凸起山脉对西南低涡的形成没有影响。初夏大气低层相对薄而稳定的西南暖湿气流与高空干冷偏西气流之间形成稳定的分层流,这种分层流与地形相互作用最有利于涡旋扰动的形成。

⑥ 地形因子。西南低涡的三个涡源形成原因主要是四川盆地与青藏高原和横断山脉相连

接的陡峭地形附近由于涡管的伸展加强而产生,四川盆地南侧的横断山脉背风侧的涡度带以及四川盆地北侧沿青藏高原东北侧南移的背风槽所携带的涡度带。在西南低涡形成初期,横断山脉的主要作用是形成其东南侧的涡度带,当该涡度带并入西南低涡时,可以导致西南涡的加强。在西南低涡形成后,西南涡可以促使该涡度带向其靠拢,但当该涡度带向下游移动时,该涡度带可以拖带西南低涡东移。西北、西南向的风都不利于西南低涡的形成,而西风条件下西南低涡一般都能形成,但强的西风不利于西南低涡在源地的维持,更易向下游平流而脱离四川盆地地区。

⑦ 西南低涡形成的 SVD(倾斜涡度发展)机制。由于地形作用而使得等熵面倾斜是 SVD 发生的重要条件,西南季风气流北上与高原地形相互作用形成较强的南风垂直切变,两者结合导致 SVD 发生,垂直涡度快速增长。

⑧ 耦合发展机制与非平衡动力强迫发展机制。当青藏高原—四川盆地垂直涡旋处于非耦合状态时,抑制盆地系统发展;当两者成为耦合系统后,500 hPa 高原低涡前部强的正涡度平流与 850 hPa 四川盆地浅薄低涡区弱的正涡度平流在四川盆地上空形成垂直耦合,上下涡度平流强弱不同造成的垂直差动涡度平流强迫将激发 500 hPa 以下的上升运动与气旋性涡度加强,激发盆地系统发展与暴雨发生。高原低涡与盆地浅薄低涡涡区内大气运动非平衡负值垂直叠加,其强迫作用同时激发出气流的辐合增长。热带气旋与西南低涡的相互作用通过改变低涡邻域内的风压场分布,使大气运动的非平衡性质发生改变,促进低涡中心及其东部非平衡负值增强,其动力强迫作用能激发低涡区内低层大气辐合和正涡度的持续增长,激励低涡发展。

⑨ 低频重力波指数影响因子。低频重力波指数随时间变化与西南低涡发展有较好的对应关系,低频重力波越不稳定,西南低涡越易得到发展。

总之,西南低涡形成之初,是一种暖性的浅薄系统,而后在高空槽前的涡度平流和北方冷空气抬升作用以及南方低空急流的水汽输送等有利因素影响下不断发展加深。如果在低涡形成后处于高空的西北气流区内,则此低涡的强度将逐渐减弱并填塞。

(2) 低涡东移的预报

经验表明,发展的低涡就是东移的低涡。从日常工作和普查结果得知,西南低涡的东移与 500 hPa 低槽线的位置有关,700 hPa 低涡位于 500 hPa 低槽槽前 0～3 个纬距时,其东移的概率在 70% 以上;700 hPa 低涡位于 500 hPa 低槽槽前 5 个纬距之外或槽后 2 个纬距以外时,其东移的概率在 20% 以下。

西南低涡东移应具有下列形势条件:

① 500 hPa 低槽条件

i) 500 hPa 低槽较明显,其槽线将移过 700 hPa 低涡上空;

ii) 槽后有明显的西北气流;

iii) 槽后有明显的冷温度槽配合。

② 700 hPa 条件

i) 700 hPa 河西走廊的酒泉、张掖、西宁、兰州、合作 5 站为正变高,并有 ≥3 dagpm 的正变高中心南移;地面图上高原为正变压,且有 ≥3 hPa 的正变压中心东移;重庆、恩施、怀化、贵阳 4 站 700 hPa 为负变高并有 2 dagpm 以上的负变高中心存在,低涡将东移。

ii) 700 hPa 西宁、兰州、达日、武都 4 站为负变温,并有 ≤−5℃ 的负变温中心南移,长江中、上游南部的重庆、恩施、怀化、贵阳 4 站为正变温,低涡将东移。

iii)当低涡东部在 700 hPa 或 850 hPa 出现西南急流时,低涡将发展东移。

iv）700 hPa 华东沿海有明显低槽，长江中游为西北风，成都、重庆、贵阳 3 站正变高之和的平均值≥3 dagpm，同时，长沙、武汉的等压面高度比成都低时，则低涡不东移。

③ 地面条件

i）西南倒槽发展，低涡附近有一ΔP₃中心和云雨区向东扩展，低涡将发展东移。

ii）当冷空气从低涡的西部或西北部侵入时，低涡发展东移，若冷空气从低涡的东部或东北部侵入，低涡将在原地填塞。

（3）低涡路径的预报

低涡移动的路径，取决于低槽或切变的位置，也与副高的强弱和脊线的走向有关系。低涡一般沿切变线东移，当低槽影响引起切变更替或副高变化导致切变位置改变时，低涡移动的路径也随着发生变化。

图 3.28 是 500 hPa 副高脊线所在的纬度与 700 hPa 低涡东移经过 110°E 时的纬度的相关分布图。副高脊线偏北时，低涡的移动路径也偏北；脊线偏南，低涡的移动路径也偏南。但当西风带有高压或高压脊东移，在长江下游与副高合并，副热带高压北侧边缘出现大片较强的正变高时，低涡路径将比原来偏北；当副高脊受西风带系统影响或其本身的周期性减弱，副高西北侧或北侧出现明显的负变高区时，低涡路径将比原来偏南。

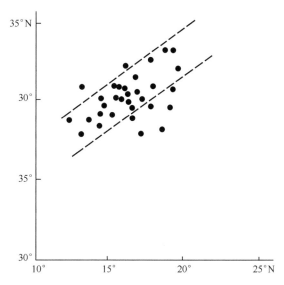

图 3.28　副高脊线位置与低涡路径的关系（横坐标为副高脊线在 110°～120°E 范围内的平均纬度位置，纵坐标为低涡越过 110°E 时的纬度位置，虚线表示点骤密集区间）

（4）低涡暴雨过程的预报

一般情况下，低涡从启动到影响常德需要 12～24 h。暴雨中心位于低涡的第四象限与中心附近。暴雨落区可根据低涡的中心位置与移动路径来估计。低涡暴雨过程详细见第四章有关内容。

参考文献

程庚福,曾申江,张伯熙等,1987.湖南天气及其预报[M].北京:气象出版社.

熊德信,郭庆,1988.常德市气象灾害分析与预测[M].湖南常德市气象局.

第 4 章

常德的暴雨

4.1 暴雨的气候特征

4.1.1 常德的暴雨期和持续性暴雨

常德暴雨期长,1—11 月均有暴雨发生,图 4.1 为各月暴雨日频率分布。常德的暴雨最早开始于 1 月 17 日(1971 年,澧县),平均始于 4 月 13 日,最晚开始于 7 月 20 日(1953 年)。最早终止于 7 月 6 日(1985 年),平均终止于 9 月 16 日,最晚终止于 11 月 14 日(2002 年,澧县、石门、安乡、临澧)。常德地区年年都有暴雨,年平均暴雨日数 4.1 d,其中最多的石门 4.7 d,最少的 3.6 d。日雨量≥100.0 mm 的大暴雨日年平均为 0.6 d,历史上特大暴雨(日雨量≥250.0 mm)全市仅出现过 1 次,1999 年 4 月 24 日常德市城区达 251.1 mm。

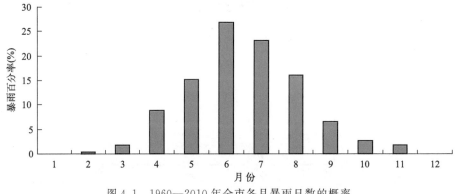

图 4.1　1960—2010 年全市各月暴雨日数的概率

统计 1960—2010 年全市各站暴雨及大暴雨日数(见表 4.1),发现全市四站存在一致性,即:暴雨从 4 月开始明显增多,但主要集中于 5—8 月,占 79%,其中以 6 月最多,7 月次之,5 月最少。常德暴雨具有双峰态分布的特点,一是 6 月中旬后至 7 月上旬,二是 8 月上旬后至中旬前期,两段约占暴雨和区域暴雨总数的 48%。51 年来有区域大暴雨 43 次(2 站以上日雨量 100.0 mm),其中仅 6 月中旬后至 7 月中旬前就有 38 次之多,历史上的洪涝灾害也主要发生在这一时期。

50 多年来,各站均出现过持续性暴雨,持续性暴雨出现最多的为石门达 29 次,全部集中在 6—8 月。持续时间一般为 2 d,持续 3 d 的只出现在少数年份:如 1977 年 6 月 13—15 日、1999 年 6 月 28—30 日和 2003 年 7 月 8—10 日,此外历史上还出现过 4 d 中 3 d 为暴雨,如 1967 年 8 月 14—15 日安乡出现连续暴雨后,17 日再次出现暴雨。

全市共出现过 5 站次连续 2 d 的大暴雨过程(日雨量≥100.0 mm),其出现时间分别为 1998 年 6 月 23—24 日(常德、澧县)、2002 年 7 月 22—23 日(石门)、2003 年 7 月 8—9 日(澧县)、1964 年 6 月 24—25 日(临澧)。

表 4.1　常德 1960—2010 年各月暴雨(左)和大暴雨(右)日数

月份	1	2	3	4	5	6	7	8	9	10	11	合计	4	5	6	7	8	9	合计
常德	0	1	6	21	38	56	45	33	12	8	3	223	2	5	13	5	5		30
桃源	0	0	6	15	30	56	49	35	20	6	4	221	2	5	6	12	7	1	33
汉寿	0	1	5	17	29	44	45	33	12	3	2	191	1	3	6	8	7	0	25
石门	0	0	3	15	32	65	62	39	13	6	4	239	1	5	15	12	6	4	43

4.1.2　常德暴雨的年际变化

常德暴雨年际变化十分明显,这是湿润季风气候区一个显著的特点。根据 1960—2010 年资料统计分析,50 多年来常德共有区域暴雨过程(2 站以上日雨量≥50.0 mm)345 次,多暴雨的年份可达 16 次(1980 年),少暴雨的年份只有 1 次(1992 年),相差 16 倍之多(见表 4.2)。常德年年都有暴雨,只是暴雨落区与暴雨次数多少不同而已。如石门县暴雨最多的一年可达 13 次(1980 年),少的年份仅发生 1 次(1974、1984 年)。

表 4.2　常德 1960—2010 年暴雨日数、区域暴雨次数

年份	常德	桃源	汉寿	石门	澧县	临潼	安乡	合计	区域	年份	常德	桃源	汉寿	石门	澧县	临潼	安乡	合计	区域
1960	3	3	1	3	2	2	3	17	4	1980	6	7	6	13	7	7	6	52	16
1961	0	1	1	3	2	2	0	9	2	1981	2	1	3	2	10	1	2	21	3
1962	6	5	5	3	3	4	5	31	6	1982	3	4	3	5	4	3	1	23	4
1963	2	3	3	4	4	3	3	22	5	1983	4	5	4	8	3	8	4	36	11
1964	4	4	4	4	4	4	5	29	7	1984	4	4	2	1	8	2	0	21	5
1965	5	9	5	3	3	3	5	33	9	1985	2	2	2	1	1	2	1	11	4
1966	2	2	1	2	4	5	3	19	4	1986	5	5	4	7	4	4	2	31	6
1967	5	7	7	2	3	8	5	37	10	1987	4	3	1	3	6	3	2	22	6
1968	2	1	3	2	5	1	2	16	5	1988	4	6	4	1	8	5	3	28	6
1969	7	7	6	9	5	4	7	45	13	1989	3	3	3	5	3	3	7	27	6
1970	10	9	4	6	7	3	1	40	11	1990	4	4	3	5	5	6	7	34	9
1971	1	3	1	4	4	2	1	16	2	1991	0	2	1	4	3	4	7	21	4
1972	0	1	1	5	2	3	3	15	5	1992	2	2	0	3	4	2	2	15	1
1973	7	7	6	12	4	5	8	49	12	1993	7	6	4	5	3	1	0	26	8
1974	0	2	2	1	4	3	3	15	2	1994	5	6	7	4	4	2	3	31	6
1975	2	2	4	2	4	6	1	21	6	1995	7	6	5	4	4	4	2	32	10
1976	1	1	2	6	5	3	5	23	6	1996	2	5	5	4	4	7	7	34	8
1977	4	4	4	6	4	3	6	31	6	1997	1	1	3	2	4	3	2	16	2
1978	1	5	3	2	4	2	4	21	5	1998	7	9	11	9	1	6	5	48	11
1979	2	0	4	4	1	5	4	20	7	1999	7	9	8	6	7	4	9	50	10

年份	常德	桃源	汉寿	石门	澧县	临澧	安乡	合计	区域	年份	常德	桃源	汉寿	石门	澧县	临澧	安乡	合计	区域
2000	5	6	4	4	4	6	4	33	7	2007	3	2	2	3	2	3	3	18	8
2001	4	3	3	3	1	3	1	18	4	2008	4	4	2	6	6	6	5	33	7
2002	8	7	9	10	1	6	10	51	15	2009	3	5	3	3	2	3	2	21	5
2003	4	3	1	4	6	6	2	26	6	2010	5	6	6	7	3	4	6	37	9
2004	7	8	6	9	4	9	3	46	11	合计	191	220	191	236	189	196	183	1406	345
2005	2	3	2	4	5	1	1	18	4										
2006	3	3	2	3	1	4	1	17	4	平均	3.7	4.3	3.7	4.6	3.7	3.8	3.6	27.6	6.8

4.1.3 暴雨强度

暴雨强度是指在一定时间内降雨量的多少。通常用 1 h 和 1 d 内的降雨量来衡量。

有气象记录以来常德 1 h 最大降雨量的年极值各县在 48.1～95.5 mm 之间,其中年极值最大为 95.5 mm,出现在石门(1973 年 7 月 23 日)。1 d 最大降雨量全市除安乡 182.0 mm(1988 年 9 月 8 日),其余均在 200 mm 以上,其中超过 250 mm 的有常德市城区,1999 年 4 月 24 日常德市城区日降水量达到 251.1 mm。表 4.3 为近 50 年来全市 1 d 降雨量的最高纪录。

表 4.3　常德 1 d 降雨量的最大值　(单位:mm)

	常德	桃源	汉寿	石门	澧县	临澧	安乡
1 d	251.1	204.2	240.0	215.4	232.0	200.8	182.0
时间	1999—4—24	1965—8—10	1967—8—14	2006—8—25	1980—5—31	1962—8—9	1988—9—8

4.2　暴雨的季节变化及成因

暴雨集中在夏半年,这是湿润季风气候的一大特色。从表 4.1 和 4.2 可以看出:常德 1406 站次暴雨和 345 站次区域暴雨中 85% 以上都出现在 4—9 月,其中以 6 月最多、7 月次之、9 月最少。

暴雨之所以集中在夏半年,与大气环流的季节变化密切相关,暴雨的发生、发展和结束主要受西风带系统的强弱和西太平洋副热带高压的进退约束。每年的仲秋到冬春,常德市主要受西伯利亚内陆吹来的干冷空气和阿拉伯半岛、伊朗高原送来的干热空气影响,极少发生暴雨。夏季 5—9 月,由于西太平洋副热带高压伸入大陆,印度季风低压建立,西南、东南暖湿气流源源不断北上,充沛的水汽输送、冷暖空气频繁交绥,使我市暴雨频繁发生。副高是夏季大气环流中最重要的成员之一,它的活动不仅关系到常德市汛期的起讫,而且还常常影响到常德市的旱涝及其程度,甚至影响到每次降水过程的强弱和地区分布。副高的活动有稳定少动、缓慢移动和跳跃 3 种形式。每年一般有两次跳跃性北移,6 月中旬前后,副高第一次稳定北跃过 20°N 之后,通常会在 20°～25°N 之间徘徊,这时长江流域进入梅雨季节,这一时期也是常德市暴雨的第一个高峰期。因为副高西侧的偏南气流可以带来大量不稳定暖湿空气,当有触发机制时,就会产生强烈的上升运动,并有明显锋生作用。7 月中旬前后,副高第二次北跃,脊线迅速越过 25°N,徘徊在 25°～30°N 之间,季节雨带推向黄河流域,这时常德市进入伏旱少雨期;7月底 8 月初,副高到达最北位置,季节雨带进入华北,此时转入晴热高温的盛夏;9 月初,当副高脊线开始第一次南撤,这时雨带退回至黄河流域,常德市进入第二个暴雨高峰,随着 10 月上旬副高第二次南撤,脊线退回至 20°N 以南,南支西风建立,常德市暴雨结束。以上是暴雨的一般时空分布规律,然而暴雨形成机制是十分复杂的,许多情况下,暴雨的出现并不遵循这一规律,也有例外,如有的年份副高会突然北跳,暴雨高峰提前开始,有的年份副高活动迟缓,暴雨出现空峰。

4.3 暴雨的环流形势

行星尺度天气系统为暴雨的发生发展提供了有利的环流背景,它的变动大致决定了暴雨发生的地点、强度和持续时间。影响常德暴雨的行星尺度天气系统有西风带长波大槽、阻塞高压、西太平洋副热带高压、热带环流等。这些行星尺度天气系统的组合和有利配置将形成常德暴雨发生的大尺度环流形势。

4.3.1 纬向型暴雨环流

常德暴雨发生前,较多的一种环流形式就是亚洲 500 hPa 为两高一低,即在乌拉尔山和鄂霍次克海分别建立阻高,在贝加尔湖形成大槽。乌拉尔山长波高压脊的建立,对整个下游形势的稳定起着十分重要的作用。乌拉尔山阻塞高压脊前常有冷空气南下,使其东侧低槽加深,在贝加尔湖地区形成大低槽区,中纬度为平直西风气流,有利于稳定纬向型暴雨的形成。因为贝加尔湖大槽底部西风气流平直,在其上不断有小槽活动,造成降水,当它稳定存在时,易形成常德稳定纬向型暴雨。鄂霍次克海阻高的建立对常德暴雨有重要影响,尤其是梅雨期。鄂霍次克海阻高常与乌拉尔山阻高或贝加尔湖大槽同时建立,构成稳定纬向型的暴雨。由于鄂霍次克海阻高稳定少变,使其上游环流形势也稳定无大变化,同时西风急流分为两支,一支从它北缘绕过,另一支从它的南方绕过,其上不断有小槽东移,引导冷空气南下与南方暖湿空气交绥于江淮地区。在此种情况下,副热带高压呈东西带状,副热带流型多呈纬向型,形成东西向的暴雨带。

4.3.2 经向型暴雨环流

当贝加尔湖阻高建立时,易形成常德经向型的暴雨。它常由雅库茨克高压不连续后退或乌拉尔高压东移发展而成。当它与青藏高压相连,形成一南北向的高压带时,将使环流经向度加大,并在这个高压带与海上副高压带之间,构成一狭长低压带,造成常德经向型暴雨。此外,当太平洋中部大槽发展和加深时,可使其西部的副热带高压环流中心稳定,从而对其上游的西风槽起阻挡作用。当此槽不连续后退时,更可迫使西侧副热带高压环流中心西进,建立日本海高压,也容易造成常德经向型暴雨。

青藏高原西部低槽是副热带锋区上的低槽,它可与乌拉尔山大槽或贝加尔湖大槽结合。当青藏高原西部低槽建立时,在其上有分裂的槽东移,按其位置不同表现为西北槽、高原槽或南支槽,是直接影响降水的短波系统。

副热带高压呈块状时,副热带流型多呈经向型,造成南北向或东北—西南向的暴雨。它常发生于副高位置偏北的时候。西太平洋副热带高压脊西北侧的西南气流是向暴雨区输送水汽的重要通道,而其南侧的东风带是热带降水系统活跃的地区,因此它的位置变动与常德主要雨带的分布有密切关系。

4.3.3 热带环流暴雨

热带系统除直接造成暴雨外,它与中纬度系统的相互作用,对我国夏季西风带的降水有密切的关系。热带系统与中纬度系统相互作用而产生的常德暴雨大致可分为3种类型:

(1)在副热带流型经向度较大时,热带气旋北上,合并于西风槽中,或者中、低纬系统叠加在一起(如高层西风槽与低层东风波叠加),就造成暴雨。

(2)整个热带辐合带北移,海上辐合带中有台风发展。在台风与副热带高压之间维持强的低空偏东风急流,有利于水汽不断向大陆输送,或者台风直接移入大陆,保持暴雨区的充分水汽供应。

(3)热带辐合带稳定于南海一带,副热带高压脊线位于 20°~25°N 之间,有利于江淮梅雨和常德暴雨的稳定维持。当辐合带断裂时,热带季风云团向北涌进,可以直接加强江淮流域的梅雨。

4.4 暴雨的影响系统

4.4.1 高空影响系统

(1)中高纬西风槽

北半球副热带高压北侧的中、高纬度地区,3 km 以上(700 hPa)的高空盛行西风气流,称为西风带。西风气流中常常产生波动,形成槽(低压)和脊(高压),西风带中的槽线,称为西风槽。西风槽多为东北—西南走向,西风槽的东面(槽前)盛行暖湿的西南气流,多阴雨天气;西风槽的西面(槽后)盛行干冷的西北下沉气流,对应地面是冷高压活动的地方,天气晴好。西风槽活动频繁,每次活动都会带来一定强度的冷空气入侵,造成较大范围的降水或阴雨天气。由于中纬度西风带在经过青藏高原时被分作两支,因此西风急流也被分为两支。而在北支西风急流上出现的西风槽称为北支西风槽,简称北支槽。位于我国东北地区的西风槽就属于北支槽。如图 4.2 所示。

西风槽是冷性和斜压的,槽中有强正涡,槽前常有温带气旋的发展,槽后则形成反气旋。西风槽也可令副高东退,令热带气旋转东北移。

北支槽平均活动位置位于 30°~50°N 附近,常常与南下的极涡相接,由于它属于西风槽的一种,因此具有西风槽的性质,即槽前有暖平流,槽后有冷平流。当发展较深的北支槽伴随南下的极涡开始影响我国北方地区尤其是东北地区时,往往会伴随着蒙古气旋的剧烈发展,给东北地区和西北、华北地区带来大风降温天气,东北地区还往往出现降雪甚至于雪灾等恶劣天气。而如果北支槽底纬度较低时,一旦有南支槽东移,会引导北方冷空气南下与南支槽前的暖湿气流交汇,形成南方大面积阴雨雪天气。

春季由于大陆升温较快,使得西风槽北移弱化,环流形式开始向夏季转变,也使得北支槽大大减弱,最终使得南支槽与北支槽合并,此时高空环流也改变为夏季环流形势。

秋季大陆降温较快,高空环流形势也开始向冬季转化,此时西风带南移,北支西风急流也开始南移,因此使得北支槽活动加强,影响纬度也开始降低,最终活动稳定于 50°N 附近,随着南支槽的重新建立,高空环流改变为冬季形势。

统计分析表明,造成常德市强降水的西风槽82%位于(100°~120°E,35°~48°N)区间,79%有南支槽配合,54%有高原低值系统配合。

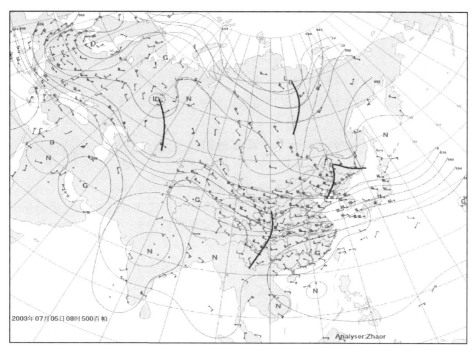

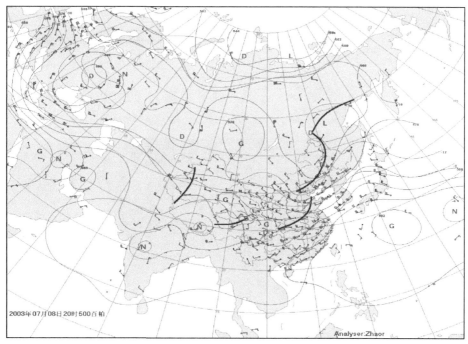

图4.2 西风槽(图中橙色粗实线)

（2）南支槽

南支槽是冬半年副热带南支西风气流在高原南侧孟加拉湾地区产生的半永久性低压槽，平均活动位置位于 $10°\sim35°N$ 附近。南支槽 10 月在孟加拉湾北部建立，冬季（11—2 月）加强，春季（3—5 月）活跃，6 月消失并转换为孟加拉湾槽；10 月南支槽建立表明北半球大气环流由夏季型转变成冬季型，6 月南支槽消失同时孟加拉湾槽建立是南亚夏季风爆发的重要标志之一。冬季水汽输送较弱，上升运动浅薄，无强对流活动，南支槽前降水不明显，雨区主要位于高原东南侧昆明准静止锋至华南一带。春季南支槽水汽输送增大，同时副高外围暖湿水汽输送加强，上升运动发展和对流增强，南支槽造成的降水显著增加，因此春季是南支槽最活跃的时期。

影响我国南方地区的低槽，主要来源于高原南侧的孟加拉湾，常称之为孟加拉湾南支槽、印缅槽或南支波动等。南支槽如果东移至离开高原，便会在云南附近形成低压区，这就是西南涡，西南涡通常会伸出低压槽为华南带来有雨的天气。如图 4.3 所示。

据统计，地中海、孟加拉湾、北美西海岸和非洲西海岸是北半球 4 个南支槽活动最频繁的地区，孟加拉湾是其中首位。孟加拉湾南支槽大多影响我国南方。当华东沿海高压脊发展和地面华西倒槽加强时，是孟加拉湾较强南支槽东移的表征，可影响到长江流域。

孟加拉湾南支槽活动有明显的季节性，10 月—次年 6 月都有南支槽活动，其中 3—5 月最为活跃。而每年夏季副热带高压北进，西风带锋区北抬，25°N 以南为副高控制，因而 7—9 月基本上没有明显的移动性南支槽活动。5—6 月和 9—10 月是季节转换期，也是南支槽趋向沉寂或活跃的转换期。6 月西太平洋副高加强西伸，则与东伸的伊朗副高间形成稳定的孟加拉湾低槽，长江中下游随之进入梅雨。这种低槽不再是南支波动，而是稳定性的，有人称之为梅雨"锚槽"。10 月副高南退，南支波动重新趋于活跃。

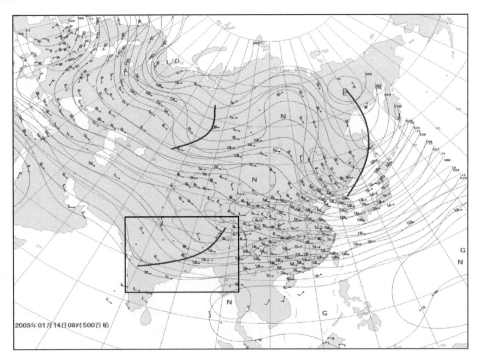

2003年01月14日08时500百帕

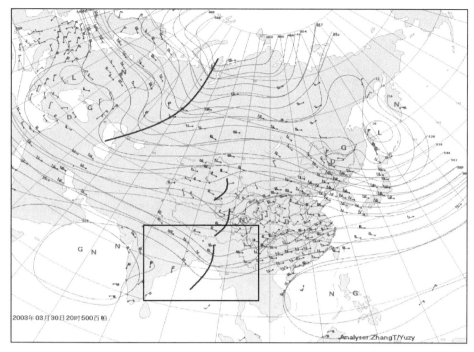

图 4.3　孟加拉湾南支槽（图中黑色的方框内橙色粗实线）

南支槽的季节性变化与冷空气活动有着密切的关系。3—5 月和 11 月春、秋季节天气忽冷忽热，冷空气最活跃。6—8 月冷空气活动频数最少，而南支波动则是 7—9 月最不活跃，仅有一个月的相差。南支槽活跃的年份，历史上春季（3—4 月）降水量最多的 1977 年和 1987 年，3—4 月南支槽出现的频数都在 20 d 以上（历年平均为 15 d）。由此可以推断，南支槽的多寡与冷暖空气活动的密切相关，可能是冷暖空气激发的产物。

统计分析表明，造成我市强降水的南支槽 79% 位于（100°～110°E，25°～32°N）区间，53%有高原低值系统配合。

（3）高原低值系统

青藏高原（以下简称高原）低值系统（Plateau low value systems）主要有青藏高原 500 hPa 低涡（简称高原低涡或高原涡）、高原切变线、柴达木盆地低涡、西南低涡等。这些低值系统直接影响我国东部旱、涝灾害的时空分布。1998 年 8 月长江流域"二度梅"出梅后，高原上连续有 3 个低涡移出高原。造成四川大暴雨，导致长江第 5～7 次大洪峰。1998 年 7 月长江第 3 次大洪峰，也是由高原低涡东移造成的。2003 年 7 月有 2 个高原低涡移出高原主体，影响黄淮流域造成大水。可见高原低涡东移对我国东部、长江、黄淮流域洪涝灾害的影响较大。

高原低涡是夏半年发生在青藏高原主体上的一种次天气尺度低压涡旋，有别于西南低涡。在高度场上反映不甚明显，只能从近地面至 500 hPa 等压面流场中分析。高原低涡一般定义为：有闭合等高线的低压或有 3 个站风向呈气旋环流的低涡。它的垂直厚度一般在 400 hPa 以下，水平尺度 400～800 km。多数为暖性结构，生命期 1～3 d，它常在高原西部（95°E 附近）生成，然后沿 32°N 附近的横切变线东移，消失于高原东半部；也有些高原低涡会东移出川，影响长江中下游、黄淮流域、甚至华北地区的强降水过程。高原低涡在高原上活动以 5 月最多，8 月较少。如图 4.4 所示。

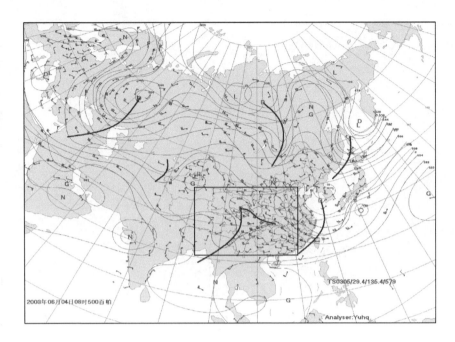

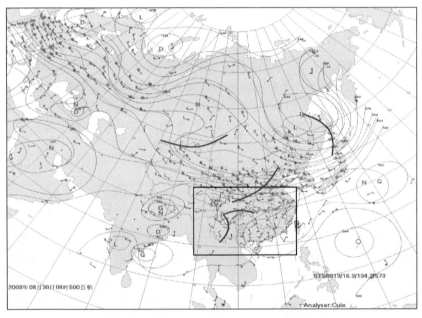

图 4.4　高原低值系统(图中黑色的方框内橙色粗实线)

4.4.2　中低层影响系统

（1）江淮切变

　　根据近 20 年历史天气图的统计,在 6 月,我国东部 $20°\sim40°N$ 范围内有 73% 的图次 $(700\ \text{hPa})$ 有完整清晰的切变线。而其中有 80% 位于 $25°\sim33°N$ 范围内,即在青藏高原主体的下游。江淮切变线是西太平洋副高脊与华北小高压之间狭窄的正涡度带。副高之所以在这个地区断裂成西伸脊型,并构成经常性的中、低对流层 SW 气流;华北小高压之所以频繁产生并鱼贯东移,一般都认为这与青藏高原热力—动力作用有密切关系,但仅仅根据两个反气旋系统的对峙,并不能说明它们之间一定能经常维持一条强而狭窄的气旋性切变带。事实表明这两个反气旋系统在某些情况下相互靠近时可以合并,但绝大多数情况下它们并不在我国东部大陆上合并,其中必有原因。分析表明这是由于高原东麓经常有扰动东传并结合潜热反馈继续维持低层辐合和气旋性切变流场。如图 4.5 所示。

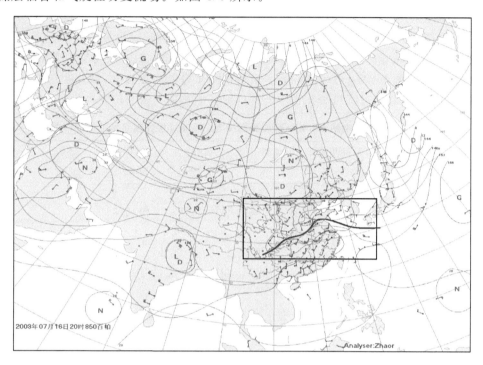

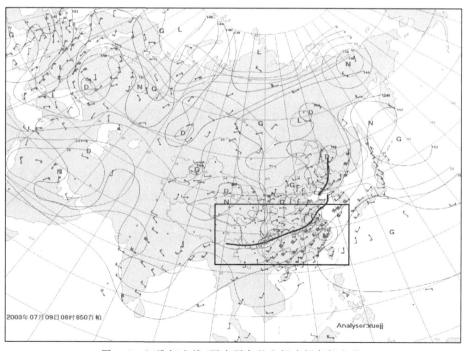

图 4.5　江淮切变线(图中黑色的方框内橙色粗实线)

在目前条件下还很难在 24 h 或更长的时间以前对暴雨的细致分布作出准确预报。而且切变线的位置基本上决定了降水的大致范围。因此掌握切变线的南北向移动对暴雨预报很重要。虽然切变线的南北移动频繁,但也常出现相对稳定的时候,一般说,切变线的纬度位置,特别是相对稳定时期的纬度位置与 500 hPa 大尺度位势场有密切关系。例如 500 hPa 在 30°N 一带东高西低则切变线偏北,西高东低则切变线偏南。根据 6 月资料统计表明:切变线在 29°～34°N 维持 3 d 或 3 d 以上(最有利长江流域连续暴雨的情况)的条件是 500 hPa 拉萨—汉口 ΔH 应在 1～4 dagpm 之间。此外计算我国 8 个探空站 500 hPa 高度与 700 hPa 切变线的平均纬度的相关系数(见表 4.4)表明,除了副热带高压脊的强度以外,新疆高压脊、沿海高压脊、河套低槽是否存在及其强度如何也不同程度地影响着切变线的位置。

表 4.4　国内有关探空站 500 hPa 等压面高度与 700 hPa 切变线平均纬度的相关系数

乌鲁木齐	拉萨	银川	成都	沈阳	汉口	青岛	上海
−0.18	0.04	0.09	0.10	0.33	0.48	0.47	0.55

根据预报经验和天气图普查,归纳切变线短期移动的方式和规律如下:

① 最经典和常见的一种切变线移动方式是:随着西风带一个个短波扰动在华北东移,江淮切变线发生来回摆动并改变切变形式。西风波动在 700 hPa 表现为一个个小高压相续东移。随着每一次小高压东移,依次出现"冷式"切变南压→纬向切变相对稳定→"暖式"切变北抬→"暖式"切变"打开"等典型阶段。

② 如果在前面的西风带小高压向海上移动得很缓慢,后面一个小高压接踵而来,其间的槽特别窄(表现为一条竖切变)。这时长江流域纬向切变线并不发生明显的北抬或"打开"的现象,而且往往在窄槽与切变线交汇处出现一个"三合点"式的低涡,有较强的暴雨。

③ 如果渤海—朝鲜一带有强低压发展则切变线移到华南或南海,有时可维持数天,有时消失在南海,华北高压加强南下控制长江流域。这时如果有西风低槽东移,则它往往在这个高压北侧掠过而不形成新的切变线。

④ 若有深厚低压在我国东北和渤海一带停滞,则在这低压西部偏北气流中常有冷性横槽逆时针旋转南移(500 hPa)。当横槽移到低压西南象限时,江南至东海一带转 W 风或 WSW 风,这时切变线向北移动。但不同于上述"暖锋式"北抬。切变线仍保持 E—W 向或 ENE—WSW 向;切变线北侧不是 SE 风而是 E—ENE 风。当 500 hPa 横槽转到低压正南方变成竖槽时,江南转 NW 风,切变线又复南移。

⑤ 如果先是海上低压减弱收缩,然后东移,控制我国东部的高压也随之东移。在这种情况下,切变线先是发生非"暖锋式"的北抬,然后呈"暖锋式"继续北抬。这样继续显著北移,有时可从华南沿海连续移到黄河流域。

⑥ 除以上情况外,已经移到华南沿海或南海的切变线不一定能重新回到长江流域。以后则从高原东侧有气旋性流场发展东伸,形成新的切变线。

⑦ 若 30°N 以南有明显低槽伴随西风槽同步东移或者就是一个插入 30°N 的槽在东移,则将看不到低槽"打横"成切变的现象。在 700 hPa 上也表现为一个横扫过长江流域的槽,带来一场降水。

⑧ 切变线上若有强的低涡东移发展(有时伴以 500 hPa 高原来的小槽),则低涡后方切变线明显南压。这种过程之后,原切变线往往不再北抬。有待长江流域发展新的切变线。

⑨ 在华北高压入海、江淮切变线北移的过程中,如果 500 hPa 四川盆地是南支脊所在,则切变线南侧的南风很弱,切变线北抬过程中没有明显的降水;如果 500 hPa 四川盆地是南支槽所在,则切变线南侧南风很强,切变线北抬过程中有暴雨。

⑩ 原江淮切变线维持,北方若有冷锋南下,对应冷锋有一条新的切变线。这时我国东部有两条切变线和两条雨带并存。这种情况有时可维持 1 d 以上,然后南面这一条旧切变线消失。

⑪ 切变线的移动在很多情况下都不能由切变线本身所在层次的风场平流来推断。例如有时切变线两侧的风都与切变线基本平行,不会发生平流移动,但实际上可能移得很快。相反,有时流线与切变线交角很大,似乎应向下风方向很快移动,但实际上却可能停滞不动。这是因为低层切变线的移动关系着各层次的动力因子的作用。其间的适应调整和潜热作用是很重要的。

⑫ 一般说来,切变线的移动与 500 hPa 的风场有密切的关系。上面举的许多规律都间接反映了这一点。可见对流层中层的动力因子对切变线的移动是很重要的。形式上看来似乎 500 hPa 气流对下面的切变线有"牵引"作用。即 500 hPa 偏北气流下面切变线一般南移,偏南气流下面切变线一般北移。500 hPa 气流与切变线平行则切变线停滞少动。而因 500 hPa 气流的变化具有"准正压"性质,比较容易作定性的预测,所以从当时以及预计未来的 500 hPa 流场来进一步预测切变线的移动是一条可行的路线。

⑬ 如果切变线上面 500 hPa 气流方向在较大范围内一致,而且随时间也稳定,则切变线将沿此方向连续显著地移动。如果在切变线上面 500 hPa 是浅的、移速快的小波动,则切变线似乎不受这种 500 hPa 风场变化的影响,表现停滞少动。

⑭ 500 hPa 槽后有明显冷平流,则这地方下面的切变线南移很明显。如果槽后没有冷平流,则切变线移动较少,甚至可以在 500 hPa 西北气流下面维持不动,只是降水减弱。局部地看,切变线哪一段北侧有明显冷平流,则哪一段将明显南移。

(2) 西南低涡

西南低涡是在青藏高原东南缘特殊地形影响下,出现在我国西南地区 700 hPa 等压面上的、浅薄的中尺度气旋式涡旋。

西南低涡的成因很复杂,地形作用,急流的汇合,高原南缘的西风切变,不同来源的气流辐合,温度的不均匀分布,高空低槽和低层环流型等,无一不参与作用,这些可视作低涡形成的基本条件。

西南低涡的源地主要集中在两个地区:第一个是九龙、巴塘、康定、德钦一带,即 $28° \sim 32°N, 99° \sim 102°E$,占 79%;第二个地区在四川盆地,约 14%;此外还有 7% 的低涡零星分布在主要地区附近。

低涡在源地产生后,每天移动距离 ≥2 个纬距的称为移动性低涡;每天移动距离 ≤2 个纬距的称为不移动性低涡。据统计移动性低涡占 60% 左右,不移动性低涡占 40% 左右。其中移动性低涡能移出源地的占移动性低涡的一半。西南低涡在源地附近移动速度较小,移出源地后移速增大。统计中还发现移向和移速有一定的关系。一半向东北和东移动的低涡,移速较快,最大移速达到 14~15 个纬距/天;向东南移动次之,向南或向北移动的速度为最小。

4—9 月低涡移动路径仍然是 3 条:① 偏东路径。低涡通过四川盆地,经长江中游,基本上沿江淮流域东移,最后在黄海南部至长江口出海。这条路径占移出低涡的 63%;② 东北路径。低涡通过四川盆地,经黄河中、下游,到达华北及东北,有的移至渤海,穿过朝鲜向日本移出,这条路径占 25%；③ 东南路径。低涡由源地移出后，经川南、滇东北、贵州(有时影响两广)沿25°~28°N 地区东移，在闽中—浙南消失或入海，或南移入北部湾，这条路径只占 12% 左右。

从逐月情况看，4—6 月低涡移动以偏东路径为主，且多数穿过长江中下游。7—8 月的低涡经四川向黄河中下游移动较多；影响华北的低涡基本上都集中在 6—8 月，这与西太平洋高压脊季节性北跳西伸有关。此外，5 月外移的低涡最多，占全月低涡的 72.4%；而 9 月大多数低涡生命史较短，一般均在四川消失，部分移至华中，个别达到长江下游，几乎没有完整的低涡出海。

西南低涡的移动基本上遵循引导原理，它受高层(200~300 hPa 急流或 500 hPa 槽前)强气流牵引，并沿低空切变线或辐合线向东或东北方向移动，在适当条件下，也向东南方向移动。西南低涡的移动和发展紧密联系在一起的，在源地一般无大发展，只有在外移过程中才发展。西南低涡的移动方向与大气环流主要成员的南退与北进具有密切关系，在一般情况下，如西太平洋副热带高压较弱或正常状态时，低涡多向偏东方向移动；若东亚大槽发展，西太平洋副热带高压偏南，低涡多向东南方向移动；如低涡之东，无东亚大槽，西太平洋副热带高压较强，且乌拉尔高压较弱，低涡多向东北方向移动。

4.4.3 地面影响系统

(1)地面冷锋

在大气科学中，一般将在热力学场和风场具有显著变化的狭窄倾斜带定义为锋面，它具有较大的水平温度梯度、静力稳定度、绝对涡度以及垂直风速切变等特征。如果从气团概念来看锋面，锋面可以定义为冷、暖两种不同性质气团之间的过渡带，这种倾斜过渡带有时称为锋区。锋面与地面相交的线，叫锋线，习惯上又把锋面和锋线统称为锋。

地面锋一般认为是在水平面气压图上的一个强的水平温度梯度带。地面锋具有十分重要的气象意义，由于它经常与降水相关联，它可以造成局地的强烈天气，同时它可以为更小尺度的天气系统(或现象)的不稳定发展提供一个背景场。在地面锋冷空气的一侧，跨越锋面方向存在着大的温度、湿度、垂直运动和涡度的水平梯度。沿锋的方向有涡度的最大区和辐合带。

常德暴雨常常与地面冷锋相联系。在夏季，当沿河套有一股弱冷空气南下时，一般在1020 hPa 以下，川东、鄂西南有一暖低压发展，弱冷空气入暖槽产生锋生。在湘西北至常德中部的强辐合线上产生中小尺度涡旋，配合地面锋生，沿着鄂西山地到江汉平原过渡带触发产生强烈的暴雨。

中尺度冷锋是指暴雨发生前 6~12 h 地面中尺度天气图上在西北方存在西北气流与西南气流的辐合。统计表明，此类暴雨占常德市暴雨的 10% 左右。暴雨发生前，卫星云图上存在一条明显的东北—西南向的冷锋云带，在冷锋云带前部可见南风急流云线，暴雨云团产生于冷锋云带与南风急流云线交汇处。雷达回波上表现为一条东北—西南向的带状回波，带状回波以 30~40 km/h 的速度东移影响常德市，造成常德市暴雨。

(2)地面暖倒槽

地面暖倒槽经常在地面冷锋影响前 2~3 d 形成，我市回暖明显，气压下降，为一强的暖低压倒槽控制，暖低压中心强度都在 1000 hPa 以下，最大中心强度有时甚至达到 990 hPa。一般而言，冷空气从中亚侵入新疆，长轴呈东西向，在其前部有一暖低压，当地面冷锋到达蒙古西境时，蒙古暖低压发展东移南压。随后，冷锋从河套迅速南下，进入地面暖倒槽中，冷锋后 24 h

最大正变压为 +10 hPa,冷锋前 24 h 最大负变压为 -9 hPa,冷锋前后变压相差达 19 hPa,说明变压梯度大,冷暖空气温差大,有利于锋生加强,促使不稳定能量释放,大风、暴雨等强对流天气相伴爆发。暴雨常常发生在地面中尺度低压的北部或东部,这种中尺度低压是暖性的,并有一较强的中尺度水汽辐合中心与它相伴。

地面中尺度分析表明,暴雨与移动性的中尺度辐合系统相联系。长江中游移动性的中尺度辐合系统有下列几种形式:① 暖式切变线,② 冷式切变线,③ 东风切变线,④ 涡旋,⑤ 东风气流汇合线,⑥ 北风气流汇合线。移动性的中尺度辐合系统是在暴雨发生后形成的,其生成演变过程可概述为:暴雨发生后,地面对应存在下沉辐散气流,暴雨前侧的辐散出流与背景场气流相汇合形成新的中尺度辐合系统。新的中尺度系统重新组织对流,对流单体组织合并后形成新的暴雨区。

4.5　不同季节暴雨天气形势

常德暴雨一般发生在每年的 4—10 月。4—5 月发生的暴雨被认为是春季暴雨,6—8 月发生的暴雨被认为是夏季暴雨,9—10 月发生的暴雨被认为是秋季暴雨。不同季节的暴雨具有不同的天气特点和形势。

4.5.1　常德春季暴雨天气形势

常德春季暴雨天气主要是受 850 hPa 低涡和地面气旋波影响产生的。暴雨之前和暴雨期间高空 500 hPa 上,中高纬度贝加尔湖地区为稳定的东—西向低压区,东亚地区为东高西低的一槽一脊型经向环流,中支槽与南支槽在 108°E 附近同位相叠加,环流经向度加大,东亚沿海高压脊也加强。在槽前脊后出现了风速 >20 m/s 的偏南风急流,南方暖湿气流活跃。

850 hPa 在四川东部生成低涡中心,地面上气压异常降低,高原以东地区形成了庞大而深厚的低压,中心位于四川,常德位于低压倒槽区。由于 850 hPa 以下低层深厚低压的发展,气旋性环流加强,其北部锋区中的偏北风分量也加强,地面冷锋从常德北部进入低压中心形成地面气旋,之后向东北方向移动。暴雨产生在气旋波的北部冷暖空气汇合的低压槽内。

4.5.2　常德夏季暴雨天气形势

(1)西太平洋副热带高压西伸低槽东移型

这类暴雨在 500 hPa 上的主要环流特征是:副热带高压强盛,其脊线的平均位置为 25°N,副高明显西进,同时西风槽东移,暴雨发生在低槽与副热带高压之间的梅雨锋强锋区附近。

(2)副高稳定且切变线上有西南涡活动型

这类暴雨的主要环流特征是:副高位置相对偏南,其脊线平均位置为 20°N,副高强度较大,但位置稳定少动。由于副高与河套地区的小高压或东亚阻塞高压之间的江淮地区容易出现东北—西南向的切变线,切变线西部的四川盆地或九龙地区容易出现西南涡,并且西南涡沿切变线发展东移或稳定少动,对暴雨的强度和持续时间起着重要作用。暴雨多发生在西南涡的东北方或东南方,暴雨中心及暴雨区在切变线周围,且随切变线的移动而移动。

4.5.3　常德秋季暴雨天气形势

常德秋季暴雨天气形势主要表现为东亚大陆 500 hPa 高空为"两槽一脊"环流型,北支"两槽"分别位于贝加尔湖以东和西西伯利亚以西,巴尔喀什湖附近为一暖脊,我国西部呈现北脊南槽型,南支槽位于青藏高原上空。我国四川盆地至华东为一狭长西风带,30°N 附近环流平直,其北部气流西偏北,南部气流西偏南,常德秋季暴雨区正处在 WSW 气流之中,其间可见短波槽活动。高原低槽东移出高原后明显加深,四川盆地至高原东部出现 8~10 dagpm 的负变高,使得江南的偏南气流分量加大,直到暴雨结束高原槽东移到常德中部形成了一个天气尺度的东北—西南向低槽,这对秋季暴雨的发生起到了重要作用。

4.6　季风与暴雨

常德具有典型的季风气候特点。常德暴雨与季风密切相关。常德的暴雨集中期主要在每年的 6 月中旬到 7 月中旬这段时间,即是梅雨期。它正好是夏季风北推到长江中下游地区的时间。

季风突然爆发之后,低层东风和高层西风分别迅速转为西风和东风。同时,冬半年的干季迅速转变成湿季。5 月中,赤道附近的雨带突然向北移动并与华南雨带交汇,从而建立了华南前汛期雨带。6 月中,夏季风突然扩展到长江流域,长江中下游进入梅雨。7 月中,夏季风扩展到华北、东北地区,即夏季风降雨的最北位置。8 月初或 8 月中,华北雨季结束,主要季风雨带显著减弱,并迅速南撤和衰退。从 8 月末到 9 月初,季风雨带非常迅速地南撤到华南和南海北部,此时中国大部分地区转入干期。

东亚夏季风为阶段性的季节性向北推进,而不是连续的。当夏季风向北推进时,主要经历三次稳定和两次突然北跳的阶段。在这一过程中,像季风气流一样,季风雨带及相关的季风气团也表现出相似的向北移动。这种阶段性的北跳与东亚大气环流的季节性变化有密切联系,主要表现为行星锋区、高层东风急流和西太平洋副热带高压的季节性演变。

东亚季风的水汽输送对梅雨区的降水起着关键作用。有 4 次来自南海的强水汽输送,分别发生在南海季风爆发时、6 月中(大约梅雨开始时)、7 月中(梅雨结束和华北雨季开始时)以及 8 月初(华北雨季的盛期)。水汽输送在很大程度上主要是由热带和副热带西南风进行的,而中纬度西风的贡献比较小。

梅雨期间,气候意义下水汽的供应主要来自孟加拉湾—中南半岛—南海,其中南海的贡献最大。梅雨区的南边界总的经向水汽输送和华南及江淮流域的区域平均总降水量有非常一致的变化。梅雨期间,经向水汽输送有季节性的最大值,并与梅雨区降水的最大值对应,这在很大程度上反映了由东亚夏季风造成的水汽输送对梅雨降水的重要作用。

暴雨的形成需要大量水汽供应和强烈的上升运动,夏季风的强弱对水汽输送有重要影响,强夏季风时水汽可以输送到更北的范围,北方暴雨发生的条件更有利;相反,弱夏季风时水汽输送大量停滞在江淮地区则会造成该地区暴雨增多。

4.7　地形对常德暴雨的作用

常德位于湖南西北部,区内地形错综复杂,有湖区、平原、丘陵、山谷盆地和高地。湖平区位于洞庭湖西岸的沅水澧水下游,丘陵区位于中部。境内西面有武陵山余脉、西南有雪峰山余脉、西北有五峰山余脉,地势较高,构成我市西高东低朝东北开口的马蹄形地形特点。图 4.6

为 1960—2010 年全市暴雨日数的分布,由图可见,全市暴雨日数由东向西逐渐增多,即西部山区明显多于东部平湖区。

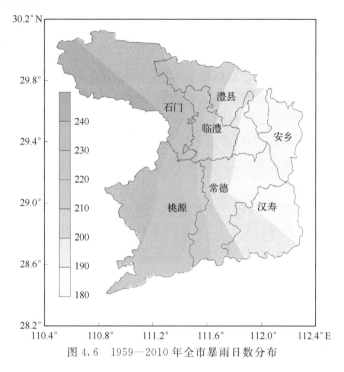

图 4.6　1959—2010 年全市暴雨日数分布

　　地形、地貌对暴雨过程的发生虽然不起决定性的作用,但无论是从各种降水气候分布图分析,还是从典型暴雨过程的数值模拟研究中都可以看出,地形对于降水强度和分布的确起着非常重要作用。这一规律与全市的地形高度分布相一致。地形对于降雨的作用十分复杂,对暴雨的作用主要表现在地形的动力、热力等方面。在暴雨的预报中,地形作用是必须考虑的一个重要因素,地形对大气的影响是一个很复杂的过程,不同尺度的地形因素对降水有着不同性质、不同方式的作用。地形对降水影响的复杂性还在于它的作用是多样和多方面的,而且与大气扰动本身的结构和运动有着各种相互的、连锁的关系。但是可能其中最重要的是通过直接和间接的强迫,影响大气的垂直运动,从而导致降水的触发、加强和维持等。中尺度地形的主要作用有山波、背风气旋、气流过山的上游效应以及热力作用等;此外,对于小尺度特殊地形例如喇叭口地形、两高山之间窄长地带等,也能起到激发强对流、加大降水的作用。

4.7.1　山前抬升作用

　　暴雨的发生仅仅依靠一个地方原有的水汽是远远不够的,需要大量的水汽输送与源源不断的水汽辐合。根据以往的研究,水汽输送主要是在 3000 m 以下大气低层发生,水汽辐合则主要是在 1500 m 以内低层发生。迎风地形无论是对于西风带系统还是对于东风带系统都具有强迫抬升作用。携带丰富水汽和热量的高温、高湿的西南风、东南风低空急流沿着山体爬升,水汽发生凝结,暴雨易于发生。从全市范围来看,西北、鄂西南等地的高山、陡坡等迎风地形都有加大降雨的个例出现。

　　迎风地形诱发强降水的机制,在于暖湿气流在山前或者山坡上被迫抬升,温度逐渐下降而达到饱和状态,水汽凝结成云致雨,从而促使降雨生成或者激发降雨强度加大。

强降水为何出现在壶瓶山之上,除了与天气形势有关外,还与地形对降雨的作用密切相关。壶瓶山是湘、鄂、渝三省交界处最高的山脉,呈西南～东北走向,平均海拔 1000 m 以上,境内最高峰海拔达到 2000 m 以上。中低层的西南暖湿气流遇到壶瓶山的阻挡时,上升运动就更加剧烈。虽然不能定量地计算出山脉抬升暖湿气流时的降温幅度,但暖湿空气上升所导致的降温对降雨无疑起到了很大的作用。

至于强降雨出现的地点究竟是在山坡上还是在山前平原,与大气层结稳定度、迎风地形高度与基本气流平均风速等有关,即与无量纲数 Fr 有关。Froude 数 Fr 是山的高度 h_m、基本气流的风速 U 与层结稳定度 N 三者的组合,即:$Fr = Nh_m/U$。

如前文所述,大多数情况下强降雨出现在地形迎风坡上,但如果气层层结稳定度增大,地形强迫上升及其对暴雨的触发将主要不在山坡上,而是在迎风坡上游平原地区。

4.7.2 背风波

大尺度气流在山脉作用下,可以产生背风波,山脉的背风面是气旋生成的优势地区。背风波又与降水和强对流天气有密切的关系,很多地方都有背风面的降水量和冰雹天气多于迎风面的现象,这些都可能与背风波的作用相联系。数值试验指出,当山脉上空有稳定层存在和西风槽东移时,有利于背风波生成。

观测事实表明,气旋在山脉背风区产生和发展的频度高于一般地区。与中尺度暴雨云团相联系的小型弱涡在经过川、黔、湘、鄂边区山地的复杂生消变化,大别山背风区和鄱阳湖的气旋波发展等都可能与地形作用有关。从鄂西到江汉平原,我国地形完成了从第二级到第三级的过渡跨越,在大地形动力与水汽凝结潜热的共同作用下,可以导致有背风波生成。

4.7.3　小尺度特殊地形对暴雨发生的作用

喇叭口地形产生暴雨的有利条件是要求流入谷地气流的风向与开口方向正交,峡谷地形的作用是使低层气流得到加速。两者都起到加速局地气流,形成低层辐合,触发或者加强对流的作用。

4.7.4　山区地形对暴雨发生热力作用

山区地形的热力作用有两方面的影响,一是使大气层结在午后到上半夜趋于不稳定,而下半夜到上午趋于稳定;另一方面是产生山谷风环流,而山谷风环流与层结稳定度的不同配置就会对山区与平原的暴雨产生不同的影响。山谷风的产生可以这样理解:白天山峰相对于四周大气是热源,山峰空气受热上升,山谷空气沿坡面爬升前来补充,形成了谷风;夜间山峰相对于四周大气是冷源,山峰空气冷却后沿山谷、山坡下滑,四周空气前来补充,从而形成山风。

研究常德暴雨日变化特征发现,湖南、湖北两省西部交界山区及青藏高原大地形的热力作用明显。午后到上半夜,尽管有青藏高原大地形加热影响所形成的暖性覆盖层不利于对流发展,但是两省西部山区对大气低层的加热作用较强,使山区稳定度趋于不稳定,而所产生的山谷风使山区上升运动较强,从而有利于山区对流发展,降水强度加强,而在平原地区处于山谷风环流的下沉运动区,则不利于平原地区暴雨的发生;下半夜到上午山区与平原之间温差较小,山谷风环流较弱,而此时大气层结稳定度不仅有地面辐射冷却作用,而且 500 hPa 还有青藏高原热力作用所形成的暖性覆盖层作用,使大气层结稳定度加大,所以此时邻近的平原地区虽然处在山谷风环流的上升运动区,但也很难有强对流发展。综合以上两个时段的结果可知邻近山区的平原地区不利于对流发展和暴雨的发生。此外 7 月下垫面的季节性加热作用较强,大气层结稳定度较小,这种地形的热力作用就显得更为明显。这可以部分地解释造成我市暴雨在近山区的平原发生频率较小的原因。

4.8 暴雨的探空诊断分析

暴雨的探空诊断分析主要分析以下物理量:对流有效位能($CAPE$)、对流抑制能量(CIN)、K 指数(KI)、沙瓦特指数(SI)、抬升凝结高度(LCL)、相对螺旋度(SRH)和强天气威胁指数($SWEAT$)。

强降水开始前,大气呈现很不稳定状态。所对应的 K 指数为大值区、沙氏指数为负值。另外还对应对流有效位能($CAPE$)的大值分布区,其能量释放后形成的上升气流强度就越强。上干冷下暖湿的不稳定层结有利于对流性特大暴雨的发生。下面给出主要指数在暴雨发生前及发生中的特征变化:

(1)A 指数

演变特征:值越大,层结越不稳定。降水前 3～6 h 开始上升。

参考阈值:指数≥1.0(单位:℃)

(2)总指数(TT)

演变特征:值越大,越容易发生对流天气。降水前 6 h 开始上升。

参考阈值:指数≥38 并且 6 h 变量≥0.5(单位:℃)

(3)沙氏指数(SI)

演变特征:当 SI<0 时,大气层结不稳定,且负值越大,不稳定程度越大。降水前 6 h 开始下降。

参考阈值:指数≤4 并且 6 h 变量≤−0.5(单位:K)

(4)K 指数

演变特征:反映中低层稳定度和湿度条件的综合指标。K 值愈大表示大气层结愈不稳定,愈有利降水发生。降水前 3～6 h 开始上升。

参考阈值:指数≥30 并且 3 h 变量≥0.5(单位:℃)

(5)修正 K 指数(mK)

演变特征:考虑了地面温度状况的改进的 K 指数。mK 值越大表示气团低层越暖湿,稳定度越小,越有利于对流产生。降水前 3～6 h 开始上升。

参考阈值:指数≥40 并且 3 h 变量≥+0.5(单位:℃)

(6)修正对流指数(DCI)

演变特征:高值区,若同时具备抬升气块的触发机制,则很可能出现强对流天气事件。降水前 3～6 h 开始上升。

参考阈值:指数≥38 并且 3 h 变量≥3.0(单位:K)

(7)抬升指数(LI)

演变特征:当 LI<0 时,大气层结不稳定,且负值越大,不稳定程度越大。降水前 3～6 h 开始下降。

参考阈值:指数≤-2.5(单位:K)

(8)对流稳定度指数(IC)

演变特征:$IC<0$ 为对流性不稳定。降水前期和降水过程中均处对流不稳定状态。一旦转为-1以上时,则预示降水将明显减弱。降水前3～6 h开始下降。

参考阈值:指数≤-1.0(单位:K)

(9)条件对流稳定度指数(ILC)

演变特征:该指数<0为不稳定。降水前3～6 h开始下降。

参考阈值:指数≤-7.0(单位:K)

(10)粗理查森数切变(Shr)

演变特征:反映气层的垂直切变大小。垂直切变的增大,表明辐合上升运动的增强。降水前3～6 h开始上升。

参考阈值:指数≥1.5(单位:$m^{-2} \cdot s^{-2} \cdot km^{-2}$)

(11)对流有效位能(CAPE)

演变特征:数值越大出现强对流的可能性越大。地面加热此值上升很快,若没有触发机制不会产生降水;CAPE值急速上升配合切变的触发作用,开始发生强对流天气,损耗不稳定能量,而后CAPE迅速下降;降水过程中大量CAPE释放产生强的上升运动。降水前3～6 h开始上升。CAPE增值区,预示未来强对流系统可能在这些地方发展;

参考阈值:指数≥570(单位:J/kg)

(12)对流抑制能量(CIN)

演变特征:平均大气边界层气块通过稳定层到达自由对流高度所做的负功,使气块自由地参与对流,必须获得的能量下限。在对流天气出现前3 h减小,说明有深厚湿对流发展,CIN的下降是对流即将发生的指示。

参考阈值:指数≥65.0并且3 h变量≤-35.0(单位:J)

(13)强天气威胁指数(SWEAT)

演变特征:暴雨发生前该指数有明显的增长,可以是突增,也可以是稳定的、持续时间较长的增长。反映出不稳定能量在暴雨发生前有明显增长,风速和风向垂直切变也有明显增强。

参考阈值:在强降水发生前3～6 h增加>15,强降水开始时达到240以上。

(14)0～3 km相对螺旋度(SRH)

演变特征:暴雨发生前有风暴相对螺旋度的迅速增大,非常有利于中尺度系统的旋转和垂直上升运动加强。150被界定为有利于产生超级单体风暴的最低值。

参考阈值:强降水开始时达到150以上,强降水发生前3～6 h增加>40。

模式探空的误差直接影响预报分析的准确性,因此模式探空的评估也非常重要。总体上说地面和较高层次的预报要素误差比较大,而中间层次比较小,对于稳定度指数,仅考虑中间层次的稳定度指数,如K指数、沙氏指数(SI)、强天气威胁指数(SWEAT)等的性能比较稳定。

而考虑到地面要素的一些稳定度指数,如对流有效位能(CAPE)、对流抑制能量(CIN)、抬升凝结高度(LCL)、相对螺旋度(SRH),他们对于地面要素的误差有可能比较敏感。

4.9 常德的暴雨预报因子库及暴雨预报路线

集成预报是目前稳定提高灾害性天气预报质量的有效途径之一。该方法是将数值预报、指导预报和经验预报对同一要素的多种预报结果综合在一起,从而得出一个优于单一预报方法的预报结论。在每种单一的数值预报方法以及指导预报和经验预报的 TS 值均较高,总体预报质量相差不大的情况下,集成预报方法以及指导预报方法可大幅提高预报准确率。常德暴雨集成预报,由 6 个预报因子组成,具体是 T639(北京)雨量预报、JMA(日本)雨量预报、ECMWF(欧洲中心)850 hPa 降温(虽然降温和降雨不一定同步,但两者关系十分密切)以及德国天气在线、中央气象台指预报、省气象台指导预报和常德降雨概率指数预报,考虑到因子大小对暴雨的不同贡献,分别给予不同权重。

4.10 基于数值预报产品释用的客观暴雨预报方法

数值预报释用方法主要有统计、动力、天气学三方面,在很多情况下,三个方面不能截然分开。现有的数值预报产品很多,常用的有 ECMWF(欧洲中心)、JMH(日本)、GME(德国)、T639(北京)、NCEP、AREM 等。数值天气预报在天气预报业务中的基础和支撑作用已经确立,但是,数值预报产品的精细度还远不能满足业务预报服务的需求,预报员的经验和综合分析的作用将是长期的。

根据误差检验和预报实践体会以及降水产生的物理机制,常德市开发了基于 T639 数值预报产品的暴雨预报方法。

4.10.1 释用资料

(1)T639 降水预报产品(12 h 累积雨量);

(2)500、700、850 hPa 涡度;

(3)500、700、850 hPa 垂直速度;

(4)500、700、850 hPa 水汽通量散度;

(5)200、850 hPa 散度;

(6)500 hPa 高度;

(7)K 指数。

4.10.2 关键区

以预报站点为中心,所在经纬度值加减 1 个经纬度的范围为第一关键区;常德市地处 $29°\sim30°N$,$111°\sim112°E$,考虑到周边地区的影响系统对预报地区可能产生的作用,选取了 $26°\sim31°N$、$105°\sim116°E$ 作为第二关键区。

4.10.3 特征量的约定

面积(SZH):第一关键区内某物理量的各格点预报值满足给定条件的格点数与关键区内总格点数之比。比值的大小间接反映出该物理量对降水持续时间的贡献。

强度(PZH):将第一关键区内某物理量满足给定条件的所有格点预报值分别减去条件值,再对差值求和,然后除以一经验常数。其大小间接反映出降水的强度。

中心强度(CPZH):第一关键区内某物理量满足给定条件的各格点预报值中的最大或最小值与经验常数之比,其大小反应降水强度的大小。

低槽(DZH):第二关键区内 500 hPa 高度格点预报值所反映出的低槽所跨越的纬度数与总纬度数之比再乘以一经验常数,它的值越大,反应低槽越深厚,系统移动就缓慢,降水持续的时间就长。

4.10.4　计算方法

分为四步:第一步是计算各产品的特征量,进而计算相应产品的暴雨量权重值;第二步基于暴雨量权重值计算暴雨预报量;第三步对 T639 的降水预报产品进行释用;第四步是制作落点降水量预报。

权重值计算方法:先分别计算相邻预报时段(二个预报时效)各产品特征量,然后对同时效特征量求和,最后对相邻时段特征量求和后再平均。例如,垂直速度为负值表征为上升运动,对降水是正贡献,所以面积特征量就是关键区内 850、700、500 hPa 各层垂直速度<0 的格点数占总格点数的比例;强度特征量则为各层关键区内垂直速度<0 的所有格点预报值的和除以一个给定常数;中心强度就是关键区内各层垂直速度的最小值除以一个给定的常数,而这个所谓给定常数的确定原则是使其比值≤1。在计算完三项特征量后,对其求和,然后对相邻时段进行累加的基础上求出平均值。

暴雨量预报方法:将综合权重值≥7.0 定为有暴雨(50.0 mm),最大值 19.0 定为有特大暴雨(250.0 mm),然后用等距离插值方法建立综合权重值与暴雨量的关系。

4.11　基于实况资料的分月暴雨预报方法

4.11.1　五月暴雨预报方法

满足 08 时 700 hPa 上成都与上海的高度差≤0、长江以南(100°~120°E,20°~30°N)地区出现 12℃暖中心(或出现 8℃以上的温度脊)的前提条件,同时达到以下任意一条即预报有一次暴雨过程。

(1)常德 $e-t$≥-1.5℃(或 $t-t_d$≤2℃),3 h 变压为负;贵阳、怀化、南宁三站都为西南风,并有一站风速在 12 m/s 或以上,且常德各站 24 h 气压下降(或 14 时气压下降);700 hPa 酒泉、兰州、郑州为东南风,风速分别为 4 m/s、2 m/s、4 m/s 或以上(或 700 hPa 酒泉为 8 m/s 的西北风或郑州为 4 m/s 的西北风,或 700 hPa 酒泉和兰州为偏北风同时常德 $e-t$≥-1.5℃或 $t-t_d$≤3℃)。

(2)常德 $e-t$≥-1.9℃(或 $t-t_d$≤2℃),3 h 变压为负;贵阳、怀化、南宁都为西南风,并有一站风速为 10~12 m/s 的西南风;700 hPa 酒泉为 8 m/s 以上的西北风或者为 4 m/s 以上的西北风(也可以用郑州 7 m/s 的东南风)。

(3)常德 $e-t$≥-1.2℃(或 $t-t_d$≤2℃),3 h 变压为负;700 hPa 贵阳、怀化、南宁中有两站为西南风,其中一站风速在 11 m/s 以上,怀化不能为西风或北风;700 hPa 酒泉为 6 m/s 以上的西北风或东南风(或兰州 4 m/s 的东南风或西北风)。

4.11.2　六月暴雨预报方法

满足 08 时 700 hPa 上成都与上海的高度差≤0、长江以南(100°~120°E,20°~30°N)地区出现 12℃暖中心(或出现 8℃以上的温度脊)的前提条件,同时达到以下任意一条即预报有一次暴雨过程。

(1)700 hPa 贵阳、怀化、南宁都为西南风,并有一站风速在 12 m/s 或以上;常德 $e-t \geqslant$ －0.8℃,3 h 变压为负;700 hPa 酒泉、郑州、兰州为东南风,风速分别为 5 m/s,10 m/s,4 m/s 或以上(或 700 hPa 酒泉为 8 m/s 以上的西北风和郑州 5 m/s 以上的西北风,或 700 hPa 酒泉为 2 m/s 以上西北风同时常德 $e-t \geqslant 3.6$℃)。

(2)常德 $e-t \geqslant 0.5$℃,3 h 变压为负;700 hPa 贵阳、怀化、南宁都为<12 m/s 西南风;700 hPa 郑州为 5 m/s 的东南风(或酒泉为 7～20 m/s 的西北风,或兰州>4 m/s 的西北风)。

(3)常德 $e-t \geqslant 2.0$℃,3 h 变压为负;700 hPa 贵阳、芷江、南宁只有两站为西南风(芷江不能为偏北或偏西风);700 hPa 上酒泉、兰州分别为 12 m/s 和 2 m/s 或以上的东南风。

(4)常德 $e-t \geqslant 0.6$℃,3 h 变压为负;700 hPa 贵阳、怀化、南宁中有两站为东南风,另一站为西南风;700 hPa 酒泉为 10 m/s 以上的东南风(或酒泉为 7 m/s 以上的西北风,或兰州为 6 m/s 以上西北风)。

4.12　典型个例分析

4.12.1　2003 年湘西北夏季特大暴雨

(1)雨情概况及灾情:2003 年 7 月 7—10 日湖南北部—江淮流域一线一直维持一条东北—西南向切变线,西南急流几乎同时建立,沿切变线不断有降水云团生成并向东北方向移动,东北—西南向的强降雨带随之出现并维持在上述地区。湘西北澧水流域的强降雨带以桑植、慈利为中心,约跨 2 个经纬距。澧水流域上中游地区 7 日 20 时至 10 日 20 时流域沿线有 6 个站 72 h 内降水量超过 300 mm,张家界最大超过 600 mm,9 日张家界还出现了日雨量为 455.5 mm 的特大暴雨,刷新了湖南最大日雨量 373.8 mm(1983 年 6 月 23 日桑植)的纪录,当日 6 h,12 h 最大降水量分别达 220.5 mm 和 392.4 mm,均刷新了当地最高纪录及湖南连续最大降雨量纪录(1954 年 7 月 22—31 日,沅陵,565.3 mm)。因暴雨强度大,持续时间长,致使张

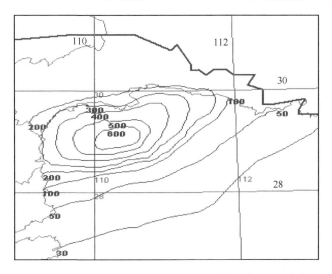

图 4.7　2003 年 7 月 7 日 20 时—10 日 20 时累积降水量(单位:mm)

家界市区内能行船、石门县城进水,澧水流域全线超警戒水位,连续特大暴雨还使流域内山洪暴发,泥石流、山体滑坡等地质灾害相继发生,给国民经济建设和人民生命财产安全造成巨大损失,图 4.7 为 2003 年 7 月 7 日 20 时—10 日 20 时流域内各站点累积雨量。

此次强降水过程具有明显的中尺度降水特征:降水强度大、持续时间长以及突发和速停。分析逐小时降雨分布曲线发现,张家界市永定区(区站号 57558)降水量>20 mm/h 的持续时间长达 11 h(8 日 22 时—9 日 09 时),这期间最大 1 h 降水达 47.8 mm(8 日 23—24 时),11 h 累积降水达 370 mm;石门县(区站号 57562)1 h 降水量>10 mm 的持续时间长达 6 h(8 日 10—16 时),累积雨量达 114.2 mm;慈利县在 8 日 14—15 时 1 h 降水达峰值后(30.2 mm),又迅速减小直至停止,到 8 日 23—24 时又开始降水,并在 9 日 8—9 时出现峰值 17.4 mm。

(2)特大暴雨产生的环流形势及与之相伴的中尺度系统分析

2003 年 7 月发生在湘西北澧水流域的特大暴雨过程是在有利的大尺度环流形势下,由相继发生发展的中尺度系统引发。

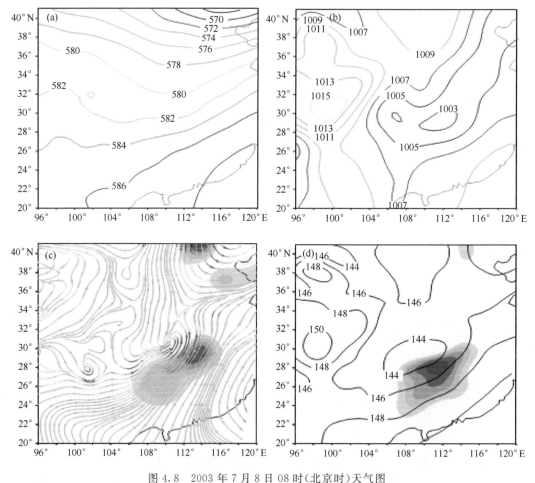

图 4.8　2003 年 7 月 8 日 08 时(北京时)天气图

(a)500 hPa 形势场;(b)地面形势图;(c)700 hPa 流场与急流;(d)850 hPa 流场与急流(其中(c)和(d)中闭合等值线为低空急流)

该过程 500 hPa 环流形势的基本特征是:40°N 以北欧亚地区维持两槽一脊型,巴尔喀什湖南侧维持高压脊,低槽区位于乌拉尔山和贝加尔湖以东地区,是典型的单阻型江淮梅雨形势。西太平洋副高于 7 月 5 日减弱后 7 日又开始缓慢西伸北抬,并在随后的几天里相对稳定(8—10 日其 110°～120°E 脊线稳定在 23°N 附近),在副高和弱西亚高压之间为一低压带,这种环流形势使其中高纬低槽区底部的西风扰动,在长江流域上空生成短波槽,而地面有梅雨锋低压和梅雨锋系生成和发展。中低层 30°N 以南的华东沿海呈现高压坝,使得强降雨云系移动缓慢。

① 中 α 尺度低涡切变线及西南急流

在 850 hPa 和 700 hPa 上,与该持续大暴雨过程直接相关的中 α 尺度系统是稳定维持在 28°～30°N,105°～110°E 之间的西南涡及与之相伴的切变线,该切变线在流场上呈现为一条强的辐合线。分析特大暴雨持续期间中低层环流形势,还能发现切变线南侧始终维持着一支强劲的西南风急流,急流区约 300×300 km,急流核风速达 20 m/s,特大暴雨就发生在急流轴左前方的暖湿气流中。因此可以认为:中尺度低涡切变线的维持和发展以及西南急流的触发机制,使沿切变线的强对流云团得以相继生成和发展,引发了湘西北澧水流域特大暴雨。

② 中 β 尺度对流系统

按中 β 尺度对流系统定义(水平尺度为 20～200 km,生命史≥3 h 的中尺度对流云团),对该过程逐日逐时 GMS 红外卫星云图加以分析,在特大暴雨持续的不同阶段均出现了中 β 尺度对流系统活动。在 7 月 7 日 20 时(北京时)至 8 日 16 时的特大暴雨过程中,发现了 8 个中 β 尺度对流系统出现在贵州东北部及湘西北上空。7 日 23 时贵州东北部及湘西北交界处开始持续发展的中 β 尺度系统呈椭圆形云团(图 4.9b),8 日 00 时以后移至湘西北上空且对流十分旺盛,此时桑植突发性大暴雨开始,1 h 降雨量达 44.0 mm。从图 4.9 还可以看出在此系统左侧还有另外 4 个中 β 尺度系统生成和持续强烈发展,对流同样十分强盛,这些云团的持续发展,正是以桑植、慈利、石门及其以东的湘西北地区特大暴雨突发并持续的时段。分析整个过程的云图,均可发现这样一个事实:即对流云团均是沿中 β 尺度切变线、中低空急流走向发生和发展的。由此可见,该过程突发和持续的特大暴雨与沿低涡切变线及切变线南侧西南急流相继生成和发展的中 α 尺度对流系统与中 β 尺度对流系统密切相关。

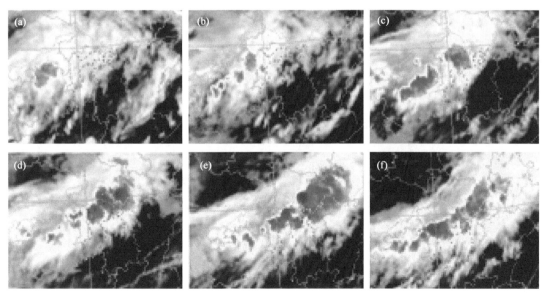

图 4.9 2003 年 7 月 7—8 日每 3 小时红外卫星云图

(a.7 日 20 时;b.7 日 23 时;c.8 日 02 时;d.8 日 05 时;e.8 日 08 时;f.8 日 11 时)

（3）特大暴雨的多普勒雷达资料分析

与常规雷达相比,多普勒天气雷达提供了更多的降水信息,除了能得到表征降水和垂直液态含水量的回波强度外,还能获取降水质点相对于雷达的平均径向速度和谱宽,这对于提高中小尺度天气系统的探测及预警能力提供了新的重要信息。常德太阳山多普勒雷达(以下简称常德雷达),位于111°42′E,29°10′N,海拔高度563 m,扫描范围根据仰角变化,4.3°以下仰角扫描半径230 km,覆盖了整个湘西北地区。

① 低层辐合与暖平流迭加、高层辐散与冷平流迭加的不稳定配置

此次过程为积层混合云降水,范围较大,持续时间长。在相应的多普勒速度图上大尺度辐合特征明显(图4.10)。整个零速度线大体上呈一弯弓状,弓两侧在近距离圈弯向正速度区,

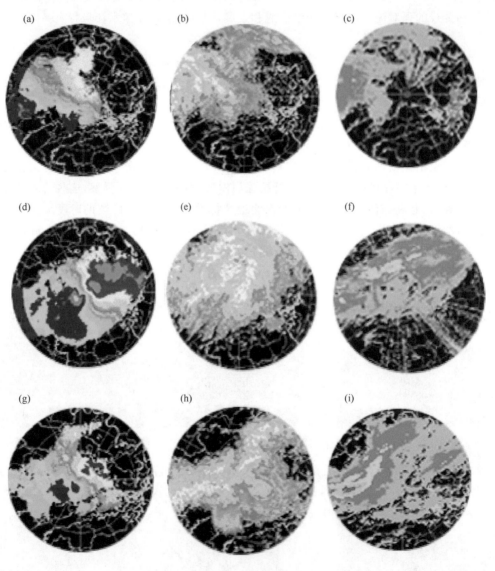

图4.10　急流演变及对应强度变化与降雨量估算

a,b,c:急流建立之前(7日23:21); d,e,f:急流建立(8日12:37); g,h,i:高低空急流耦合配置(9日02:43)

这表明在低层为大尺度辐合;远距离圈弯向负速度区,则表明高处为大尺度辐散。分析整个强降水期间的零速度线走向,发现在距测站 60 km 范围内零速度线呈 S 型(即风向随高度顺转),表明有暖平流,这与源源不断的西南暖湿空气输送相匹配;而随着高度的增加,在距测站 60～80 km 范围内,零速度线有逆转特征,呈现反 S 型,表明这一高度层内存在冷平流。这种低层大尺度辐合与暖平流迭加、高层大尺度辐散与冷平流迭加的不稳定大气层结条件,为水汽的产生及维持及强烈垂直上升运动创造了有利的环境,是特大暴雨得以持续的一个重要原因。分析暴雨持续期间的多普勒速度图,发现低层辐合与暖平流迭加、高层辐散与冷平流迭加这一特征贯穿了整个降水过程,只是在不同降水阶段,其特征反映的程度不同,另外,从 7 月 8 日 11 时 04 分 37 秒的 VAD 垂直风廓线图也可知:在测站上空风向由西偏南顺时针旋转至 9.7 km 逐渐转为偏西风,随着高度的增加,风向随高度继续顺转至 10.7 km 转为西北,风速在垂直高度上也存在变化,随高度先增再减再增再减,这也是常规资料所无法揭示的。

② 耦合的高低空西南急流

众所周知,许多强天气系统的发生与发展都与西南急流密切相关。多普勒速度图上根据径向风的朝向与离去风分量在同一距离圈上的对称分布特征以及沿径向的零速度线是否存在可以确定急流的走向,根据最大风速>12 m/s 的正负速度对所在的位置,可以确定急流所在的高度(不同斜距代表不同高度),还可根据多普勒雷达连续观测资料,分析急流随时间的演变规律。

常德多普勒雷达对此次强降雨过程进行了周密监测,从其风暴相对径向速度图上可以清晰看到强降雨持续期间测站附近上空始终活跃着一支低空急流。7 日 20 时之后,测站上空西南风急剧加大,23 时在测站 30～40 km 距离圈、仰角为 0.5°,出现最大正负速度中心,正速度中心 11 m/s,负速度中心为 15 m/s,对应多普勒强度图,测站西北侧出现片状 10～30 dBz 回波(图 4.10a,b,c),根据多年对雨强和雷达回波关系研究表明:在回波>35 dBz 以上才有强降水估算,而当回波>45 dBz 左右时,对应的估算的降水量在 10 mm/h 左右,因而此时在仅测站以西偏北的较远处出现了弱降水;随着时间的推移,正负速度对中心值不断加大,8 日 01 时 45 分左右低空急流在距测站约在距测站中心 30～40 km,正负速度对中心风速加大到 21 m/s,在相应的强度图上,测站西北则出现了大片 35～40 dBz 回波,个别地方达 45～50 dBz,而此时正值位于西南急流轴左前方的桑植开始强降雨的时间。8 日 11 时,测站上空 1.5 km 处低空急流中心风速增强到 26 m/s,同时在 4.8 km 的垂直高度上还出现了另一对风速为 21 m/s 的正负速度对与其耦合(图 4.10g),石门>10 mm/h 强降水得以维持了 6 h;分析发现在另一个强降水时段即 9 日 02 时左右,同样在测站上空也出现高低空急流耦合的现象,而 9 日 02～03 时降水量为 46.3 mm/h,此后 6 h 降水量达 220 mm,创湖南省 6 h 降雨量之最。由此可见低空急流为强降雨地区输送了大量水汽,而高低空急流耦合配置,更是为强降雨的维持提供了充足的不稳定能量。

由上述分析得出:

① 7—10 日特大暴雨是在欧亚中高纬单阻型江淮梅雨形势下、中低层低涡切变稳定维持、副高外围西南气流发展成急流的情况下发生的。

② 地面冷锋和沿中尺度低涡切变线及切变线南侧强劲的西南风急流是这次特大暴雨发生的触发机制,停滞少动的暴雨云团的持续影响是这次特大暴雨产生的主要原因。

③ 多普勒雷达观测资料进一步揭示:i)特大暴雨发生在低层大尺度辐散与暖平流迭加、高层大尺度辐散与冷平流迭加的强不稳定区内;ii)西南急流及高低空气流耦合配置的回波更

详细地了解到了对流层低层辐合与暖平流迭加,高层辐散与冷平流迭加的不稳定配置为暴雨的维持与发展提供不稳定能量和充足的水汽供应。

4.12.2 2010年常德地区6.19区域性暴雨过程分析

(1)天气实况与灾情:强降水主要集中在19日06—17时的11 h内,全市7个气象站有5个出现暴雨,雨量均在70 mm以上,石门最大达106.1 mm。

常德境内的区域自动站监测资料有63个乡镇达暴雨,40个乡镇大暴雨,3乡镇特大暴雨,最强降水主要出现在西部、南部乡镇,其中位于桃源县西南部的牯牛镇雨量最大达232.2 mm。

最大3 h雨量桃源县牯牛镇117.1 mm,石门县易家渡乡则出现了1 h达90.6 mm的最大雨强。

强降水导致全市42座水库溢洪,石门、桃源山洪暴发,多处山体滑坡、道路被毁、交通中断,石门县城出现内渍,积水达1 m多深。

据市民政局初步统计,全市受灾人口52.2万人,因灾死亡1人,受伤12人,紧急转移安置29540人,损坏房屋1078间,倒塌房屋465间。

(2)天气背景和预报的难点:这次暴雨期间,500 hPa中高纬维持"两脊一槽"形势,西伯利亚西部和亚洲东部中高纬为脊区,贝加尔湖地区为低槽区。贝加尔湖西部高压脊前不断有冷空气南下。此时,西太平洋副热带高压脊线位置在20°N附近,南支槽和副热带高压把大量暖湿空气输送到长江流域,与南下冷空气相遇,为此次暴雨过程提供了有利的环流形势。从高空形势演变图可知,中低层急流早在18日就先于暴雨区建立并逐渐北抬,19日08时北抬至长沙—宜昌的暖切变附近。700 hPa在重庆南部有一低涡,由低涡延伸出切变线。500 hPa陕西东部、重庆中部一线为低槽,三者形成阶梯槽;对流层高层200 hPa在40°N附近则为一支平均风速36 m/s的西北风急流。湘北地区则位于这支急流的出口区。19日20时,500 hPa贝加尔湖东部低压南落,引导700 hPa切变线和850 hPa低涡东移南压,暴雨云团移出湘北地区。由此可见,这次暴雨产生在200 hPa西风急流出口区与对流层中低层低涡切变的耦合地区。如图4.11所示。

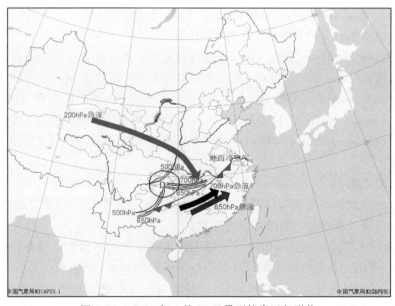

图4.11 2010年4月19日暴雨综合天气形势

天气形势对于预报员来说,已具备经典暴雨预报模型,预报未来 24 h 内有暴雨是没有问题的,但要准确预报暴雨出现时间、暴雨落区及强度仍有一定难度。

(3)垂直上升运动与深对流:考察大暴雨区垂直速度的时空变化(图 4.12)发现,大暴雨来临之前,湖南省对流层及以下均为下沉气流,而 19 日 02 时以后,湘西北对流层垂直速度转为负值区,负值区从低层一直伸展至 100 hPa,表明对流层均为上升运动且伸展厚度较厚,05 时对流发展旺盛,08 时湘西北出现成片暴雨区,此时暴雨区对流层形成了一个强的垂直上升运动柱(图 4.12c),柱上强中心位于 400~200 hPa 之间,强度达 -80×10^{-3} hPa/s,700 hPa 达 $-60\sim80\times10^{-3}$ hPa/s,这种强的上升运动一直持续到 19 日 14 时,湘北地区的大暴雨与之相对应。而且强中心值远大于安徽省台 700 hPa 的 -16×10^{-3} hPa/s 和四川省台 -4×10^{-3} hPa/s 的临界标准。14 时以后强垂直上升运动区东移南压,湘北地区对流层低层的垂直上升运动进一步增强,但对流层中上层已转为下沉运动,不稳定能量得以大量释放,强对流在湘北地区难以发展和维持,此时强降雨也随之向东南方向移去。

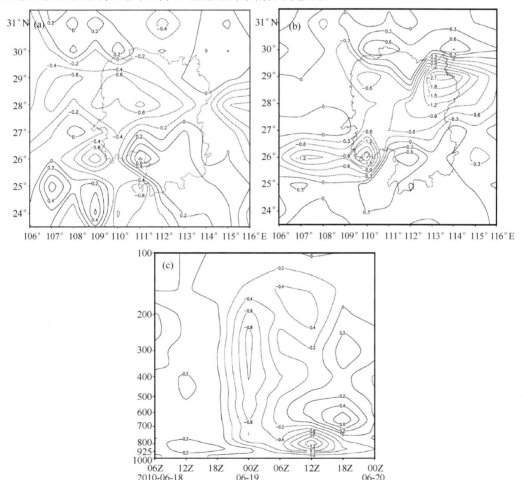

图 4.12　6 月 19 日 08 时(a)与 20 时(b)垂直上升速度(单位:10^{-1}hPa/s)和
沿 110°E、28°N 垂直速度一时间剖面图(单位:10^{-1}hPa/s)(c)

根据统计分析表明,环境水平风向、风速的垂直切变的大小往往和风暴的强弱密切相关。垂直风廓线分析表明:此次过程存在环境风的垂直切变,19 日 08 时湘北低层为东南气流,在

950 hPa 以下风随高度逆转,常德上空有弱的风向切变,在此层内风速切变也十分清晰,但在 950 hPa 以上一直为西南风,气流最大风速出现在 400 hPa 达 20 m/s。

(4)热力及不稳定条件分析:由 700 hPa 垂直速度、假相当位温和 850 hPa 风场的叠加情况来看,18 日 08 时(图 4.13)700 hPa 能量锋区(假相当位温密集区)位于湘北,湘南存在一个向东伸展的带状高能舌(≥80℃),高能舌与负的垂直速度中心几乎重合,该区域具有高的不稳定能量,18 日湖南的降水比较分散,较强降水位于能量锋区的南侧和 850 hPa 急流轴的北侧。18 日 20 时(图 4.13),能量锋区和高能舌均有所南压,850 hPa 贵州境内有低涡生成,湖南境内风场反气旋环流明显。19 日 08 时(图 4.13),850 hPa 急流加强,前缘北推至湘中地区,西南低涡东移至湘黔交界处,低涡切变位于湘北,能量锋区随之北推,对应于 84℃ 的高能中心,垂直上升运动在湘西北加强,出现了 −1.0 Pa·s⁻¹ 的强中心。由此说明,700 hPa 垂直速度、假相当位温和 850 hPa 风场的演变与降水发生的落区和移动趋势具有较好的对应关系,但本次过程高能舌、垂直上升运动中心和低涡切变的出现与强降水的发展几乎同步,预报指示意义不强。

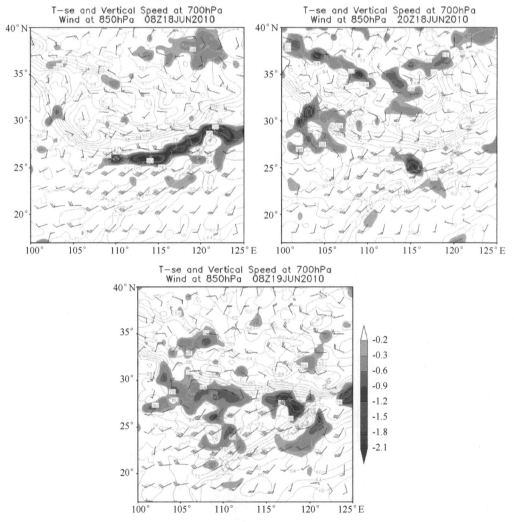

图 4.13 18 日 08 时—19 日 08 时 700 hPa 垂直速度(单位:10^{-3} hPa/s)、
假相当位温(单位:℃)和 850 hPa 风场

由长沙、怀化、郴州 3 站的探空资料计算的 K 指数、SI 指数及 $CAPE$ 的演变情况看（表 4.5），长沙站降水开始加强时（19 日 08 时），K 指数、SI 指数分别达到 43、-3.41，达到并超过了湖南强降雨的阈值标准，对流有效位能在 18 日 20 时达到最大为 2855.3，说明对流有效位能对本次长沙站大暴雨的发生有一定的指示意义，K 指数和 SI 指数只显示了不稳定能量的增长，但其达到极值与强降水基本同步。怀化站的 K 指数、SI 指数及 $CAPE$ 值在 18 日 20 时、19 日 08 时均达到了强降水发生的标准，这也指示了强降水在怀化沅陵地区发展后向东扩展，随后降水带西段呈整体南压的趋势。郴州站的 K 指数在 19 日 08 时湘北降水发展加强的阶段有所减弱，其他几个时段均在 40℃ 以上，SI 指数也是在 19 日 08 时最大为 -2.89，其他几个时段均 <-3，这与湘南的强降水发展也有较好的对应关系。

表 4.5　长沙、怀化、郴州 3 站 K 指数、SI 指数和 $CAPE$ 演变

CAPE 演变				K 指数演变					SI 指数演变				
时间 站名	18 日 08 时	18 日 20 时	19 日 08 时	19 日 20 时	时间 站名	18 日 08 时	18 日 20 时	19 日 08 时	19 日 20 时	时间 站名	18 日 08 时	18 日 20 时	19 日 08 时	19 日 20 时
长沙	271.3	2855.3	946.2	/	长沙	32	35	43	/	长沙	-1.12	0.29	-3.41	/
怀化	1.6	1783	1326	36.74	怀化	31	41	43	38	怀化	0.75	-2.88	-3.88	0.29
郴州	1425.8	2675.3	1446	1075.7	郴州	44	43	39	43	郴州	-4.41	-3.41	-2.89	-3.71

（5）雷达资料分析：我国新一代天气雷达系统对灾害性天气有强的监测和预警能力，其观测的资料为我们提供了丰富的有关强天气的信息。

① 积状云为主的混合降水回波维持的时间长：19 日 08 时有宽 100 km、长近 320 km 以积状云为主的混合降水回波带（图略）位于湘中偏北的位置，降水中心集中在中尺度对流雨带内。该回波带整体缓慢向东北方向移动的同时，回波范围越来越宽，09 时 58 分（图略）>45 dBz 强回波带环绕在雷达本站中心，抬高仰角 6.0℃ 的反射率因子图上，距离雷达中心 100 km 距离圈内仍有 >55 dBz 强回波带，12 时 01 分（图略）回波带范围进一步扩大，>40 dBz 的回波宽度达 250 km，横跨整个雷达扫描的区域，14 时 02 分—15 时 58 分的反射率因子图上（图略），回波仍然是稳定少动，到 18 时（图略）时西南面的强回波开始南落，但雷达本站 50 km 范围内 >55 dBz 的强回波长 80 km、宽 20 km，面积达 1600 km²，最大的强度超过了 60 dBz。

② 强回波因子对降水贡献大，列车效应时间长：反射率因子越大，雨强就越大。分析湘东北暴雨区垂直剖面图发现（图略），强回波中多个对流单体呈线形排列，19 日 20 时探空资料表明，0℃ 层（高度 5 km）最大值 <55 dBz，-20℃ 层（高度 6.5 km）上反射率因子最大值均 <50 dBz，表明降雹的概率小，说明 0℃ 层下 >50 dBz 的对流雨区在很大程度上是液态雨散射的结果，而不是冰雹的贡献，低质心强回波造成降水效率高，雨强大。在有利的天气系统与中尺度天气条件下，强回波中多个对流单体呈线形排列，回波在雷达站西部生成，在 500 hPa 引导气流的作用下，回波向偏东方向移动，同一地点不断有强回波经过，从而形成"列车效应"。湘北因列车效应而导致大范围暴雨、大暴雨，其中汨罗出现了 4 个乡镇 >200 mm 的强降水。

③ 逆风区与西风急流相伴：雷达径向速度图上，19 日 12 时 10 分在 2.4° 仰角上有 5 块逆风区存在（图略），与逆风区对应的是 >50 dBz 的强回波，逆风区存在说明周围有气旋性的环流场及垂直风切变，该逆风区导致了 12 时—16 时湘西北 16 个乡镇超过 50 mm 的短时强降雨，可见逆风区的存在与强降水的发生和维持密切相关。从同一时刻相应的 6.0° 径向速度图

(图略)可看出:风向随高度先顺转再逆转,再顺转,风速随高度先增大,后减小,中高层(4～7 km)存在一个西风急流,强度约为 19 m/s。西风急流为本次大暴雨提供了充足的水汽。在本次大暴雨过程中,连续 36 个体扫都能探测到一西风急流维持在中高层。

④ 低层辐合、高层辐散:从 17:59 的速度图可以看出,雷达站 50 km 以内,表现出风速的辐合(图略),4.3°仰角以上,高层开始表现出相应的辐散特征(图略),S 型的暖平流特征表明风随着高度顺转。低层的辐合和高层的辐散对整个大范围的强降雨的维持起着不可忽视的作用。

⑤ 风廓线:从图 4.14 可以看出:6 月 19 日 15 时 18 分以前,长沙高中低层为西南风,15时 24 分(1.2～1.5 km)高度开始转为西北风,ND 值向上伸展,中高层仍然维持西南风,表明此时低层有浅薄的干冷空气侵入,16:00 在雷达上空存在明显的东北风和西南风向的切变(图4.14 紫色圈所示),此时强回波带位于安化、益阳、汨罗、平江。其中在 16 时 06 分—16 时 53分有超过 60 dBz 的强回波出现,范围为 2～4 km² 左右,强回波高度高达 3.0 km 左右。可见在这次大暴雨过程中,冷空气的侵入对强降水亦有不可忽视的作用。

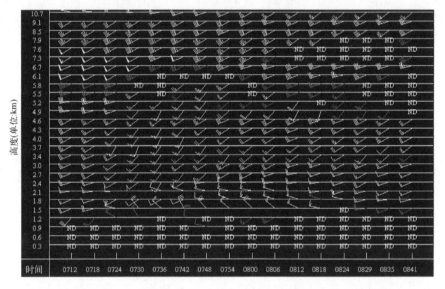

图 4.14　6 月 19 日 07 时 12 分—08 时 41 分(世界时)长沙雷达风廓线

根据常德雷达的风廓线产品分析(图 4.15),降水开始前,边界层由东南气流控制,强降水来临之时,0.3～1.2 km 出现了由东南向东北逆时针旋转,表明低层有冷空气渗入,垂直切变加强,低层扰动加强。1.2～2.7 km 出现由东北到西南顺时针旋转,2.7～5.8 km 为一致的西南风,而5.8～9.1 km 又出现了由西南到西北顺时针旋转,由此可见强降水来临时,风场垂直结构较为复杂。随着时间的推移,边界层东北风速加大且向上伸展,23 时 32 分 3.0 km 高度上出现了一支风速 8 m/s 的西北风。由此可见,低层冷空气不断向上渗透的过程正是对流混合的过程。20 日 03 时11 分开始 9.1 km 高度出现西北风,其后风速不断增大,高度不断下降。低层东北风动量上传,高层西北风动量向下传播,最终整层气流以偏北分量的风控制,气团变为冷性,湘北强降水结束。

⑥ 大暴雨落区与中气旋:图 4.16 给出了 19 日 08 时 47 分雷达综合产品图,可以看出汨罗南面有 60 dBz 的强回波出现,强回波对应顶高>14 km,并有气旋性速度对存在(如图 4.16c紫色圈所示),分析表明,这一速度对水平尺度 4 km 左右,最大速度差 12 m/s。0.5°仰角低层存在明显的风向辐合(白色箭头所示),4.3°仰角可以看出相应的高层存在明显的辐散(白色箭

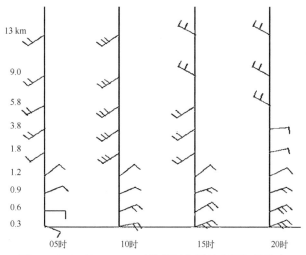

图 4.15　19 日 08—20 时常德天气雷达 VWP 值演变

头所示），与中气旋对应的液态含水量＞35 kg·m^{-2}，对应的实况是 16 时 30 分—17 时半个小时汨罗南面出现了 2 个中小尺度自动站超过 50 mm 的暴雨，16 时 30 分—19 时 30 分这 2 个自动站均出现了 100 mm 的降水。可见大暴雨落区的形成与该地区中气旋的发展和作用有关。

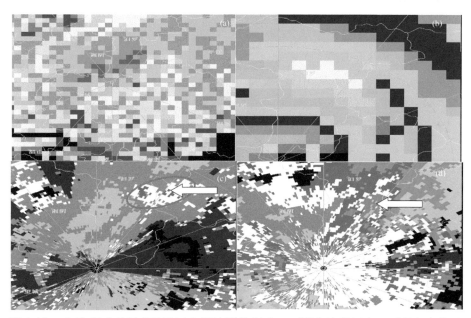

图 4.16　08 时 47 分反射率因子(a)与回波顶高(b)和 0.5°径向速度(c)与 4.3°径向速度(d)

参考文献

陶诗言,1986.中国之暴雨[M].北京:科学出版社.

丁一汇主编,1993.1991 年江淮流域持续性特大暴雨研究[M].北京:气象出版社:1-255.

斯公望,1990.暴雨和强对流环流系统[M].北京:气象出版社:1-350.

丁一汇,1996.中尺度天气和动力学研究[M].北京:气象出版社.

胡明宝,高太长,汤达章.2000.多普勒雷达资料分析与应用[M].北京:解放军出版社.

程庚福,曾申江,1987.湖南天气及其预报[M].北京:气象出版社.

第5章

常德的山洪和地质灾害

5.1 常德山洪和地质灾害概况与隐患点分布

地质灾害是指在自然或者人为因素的作用下形成的,对人类生命财产、环境造成破坏和损失的地质现象。常德山洪地质灾害的主要类型有:滑坡、崩塌、泥石流、地面塌陷、地震等。

2007 年经过地质灾害监测网络编制规划,全市共有 537 个地质灾害隐患点(图 5.1)。分布在侵蚀、剥蚀的中、低山,剥蚀、溶蚀低山、丘陵,剥蚀的低山丘陵等地形上,地质类型多属于坚硬、半坚硬的工程地质岩组,坚硬、软质的工程地质岩性组和软质工程地质岩。这些地方由于地形的特殊性,加之长期风化剥蚀,其残坡积层厚度大,结构松散,局部强降水就为崩塌、滑坡、泥石流等地质灾害的形成奠定了基础。

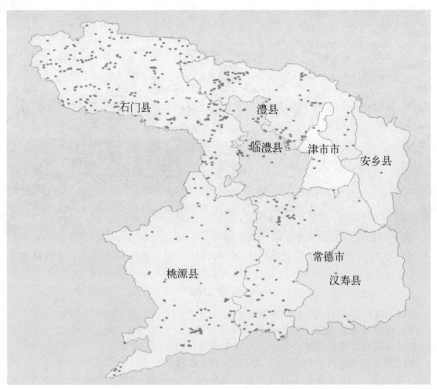

图 5.1 常德市地质灾害隐患点分布

5.2　常德山洪和地质灾害时空特征

5.2.1　时间分布特征

统计常德历史上山洪地质灾害情况,发现降雨型山洪地质灾害与降雨量有着密不可分的关系,前者与暴雨过程和暴雨量呈正相关,每年 3—9 月为常德市山洪地质灾害发生时段,其中5—7 月为山洪地质灾害高发期,占全年的 73.6%。4 月和 8 月是次高期,占 24.7%。

5.2.2　空间分布特征

常德地区山洪地质灾害发生区域以石门、澧县、桃源及鼎城南部为主,其中桃源西南部又是山洪爆发的多发区域。通过分析新中国成立以来山洪地质灾害特点,表明地质灾害主要发生在海拔较高的山区和丘陵区,这是因为常德的丘陵山区主要以侵蚀、溶蚀的硬、半坚硬的工程地质岩组,森林覆盖率低,矿产开采破坏重,容易风化破碎,水分含养力差,如遇暴雨天气,极易造成山洪爆发、并发泥石流、山体滑坡、地面沉降等地质灾害。

5.3　山洪和地质灾害成图分析

5.3.1　常德地质结构特征

常德西部的石门西北部、澧县西部、临澧北部多为侵蚀、剥蚀的中、低山,剥蚀、溶蚀低山、丘陵,剥蚀的低山丘陵等地形上,地质类型多属坚硬型。由于所处硬、半坚硬的工程地质岩组,坚硬、软质的工程地质岩性组和软质工程地质岩,常德部分丘陵山区生态环境恶化,植被差的地方多为风化破碎的紫色沙岩,加上人为采矿和取土对环境的破坏,使山体岩石稳定性变差,岩层结构松散。

5.3.2　降雨对滑坡、崩塌和泥石流的影响

常德地处长江中游南岸武陵山脉余脉的洞庭湖之滨,属亚热带季风湿润气候,年平均降雨量 1323.3 mm,雨量主要集中在 5—7 月,暴雨日集中在 5—6 月,而大暴雨日主要出现在 6—8月。由于暴雨是诱因,新中国成立以来造成山洪、并发泥石流、山体滑坡等地质灾害多次,其中石门、桃源山洪泥石流最为突出,由此可见,降雨强度越大,出现山洪泥石流等灾害的可能性就越大。

5.3.3　常德山洪地质灾害的天气形势

短时强降水是在特定天气形势下发生的,根据统计,在常德地区造成短时强降水的天气系统共有 6 类,以低涡切变类、切变(低涡)冷锋类居多,其次是切变倒槽类,以台风类最少。它们各自所占比重如表 5.1。

表 5.1　引起常德强降水的天气系统及所占比重(单位:%)

低涡切变类	切变(低涡)冷锋类	切变倒槽类	低涡气旋波	北槽类	台风类
26.2	25	19	14.3	9.5	6

上述系统在不同的季节影响常德的规律又不一样,它们在各月所占比例如下表 5.2。

表 5.2　引起常德强降水的天气系统在各月所占比重(单位:%)

	低涡(切变)静止锋类	切变(低涡)冷锋类	低涡气旋波类	北槽南涡类	切变(低涡)倒槽类	台风类
4 月	—	25	25		50	
5 月	13.3	13.3	13.3	37.5	22.5	—
6 月	35.3	17.6	14.7	11.8	17.6	2.9
7 月	28.6	24	16	4	20	8
8 月	28.6	42.9	—	—	14.3	14.3
9 月	16.7	66.7	—	—	—	16.7

5.4　山洪地质灾害预报预警思路

根据 2003 年 4 月 7 日签订的《国土资源部和中国气象局关于联合开展地质灾害气象预报预警工作协议》,两部局开展了地质灾害气象预报预警技术研究,编制了《全国地质灾害气象预报预警实施方案》并及时投入业务使用。根据两部局协议,将中国地质灾害气象预报预警分为5 个等级:

1 级,可能性很小;

2 级,可能性较小;

3 级,可能性较大;

4 级,可能性大;

5 级,可能性很大。

国家级发布地质灾害预报预警按以下原则:

1～2 级不发布预报;

3 级发布预报,用黄色表示;

4 级发布预警,用橙色表示;

5 级发布警报,用红色表示。

发布预报预警时段是当日 20 时至次日 20 时,于 19 时 30 分在中央电视台向全社会发布,同时在国土资源部网站和中国气象局网站发布。地质灾害气象预报预警采取的技术思路是:(1)把全国划分为若干预报预警区域,即通过研究将全国(除台湾地区、香港和澳门特别行政区)划分为 7 个一级预警区,28 个二级预警区;(2)确定预警判据,即针对每个预警区研究建立临界和过程降雨量预警判据;(3)判定发生地质灾害的可能性,即当国土资源部中国地质环境监测院接收到中国气象局国家气象中心前期实际降雨量和次日预报降雨量数据后,同每个预警区进行叠加分析,并根据预警判据初步判定发生地质灾害的可能性;(4)判定预报预警等级,即对判定发生地质灾害可能性较大或以上等级的地区,进行各种影响因素的综合分析判断,得出降雨过程诱发地质灾害预报预警产品;(5)发布预报预警产品,即将做出的地质灾害预报预警产品报请有关领导签发后返回中国气象局国家气象中心,制作出电视节目,并以国土资源部和中国气象局共同名义在中央电视台 19 时 30 分的天气预报节目中向社会播出。2003 年以来,除国家级层次外,全国各省、市(区)国土资源厅和气象局基本都采取了以上模式,联合制作和发布降雨型地质灾害气象预报预警。

5.4.1　预报预警类型

从诱发滑坡、崩塌、泥石流灾害的主要因素——降雨入手,综合分析制约滑坡、崩塌、泥石流灾害发生的地质演化的内在规律和各种随机因素(包括各种社会经济因素和人类活动等),制作和发布滑坡、崩塌、泥石流灾害将要发生在某一时段和某个地域的可能性大小。

表 5.3　短期预报、短时预报和临近预警关系表

	1	2	3	4	5
预报预警等级	可能性很小	可能性较小	可能性较大	可能性大	可能性很大
			预报级	临报级	警报级
			注意级	预警级	警报级
预报预警等级	24 h 短期预报				
		12 h　短时预报			
			6 h　短时预报		
				2 h　短时预报	

5.4.2　预报预警等级

降雨型地质灾害气象预报预警分级采用国土资源部同中国气象局联合规定的 5 级,并且采用地质灾害

预报预警习惯用语,即预报级(启动值或注意级)、临报级(加速值或预警级)、警报级(临灾值),以上分级分别同预报级、临报级、警报级临界降雨量(即 $R_{预}$、$R_{临}$、$R_{警}$)相对应。同时采用气象预报预警时段,即短期预报、短时预报和临近预警。具体关系如表5.3所示。

5.4.3　预报预警思路

常德市降雨原因诱发的滑坡、崩塌、泥石流等地质灾害气象预报预警的思路如图 5.2 所示。

(1)开展地质灾害风险评价与区划,进而研究确定降水影响系数。在分析常德地区地质灾害的环境条件及其发育特征的基础上,作地质灾害危险性区划,得出影响地质灾害发生程度的降水影响系数。

(2)分析前期降水对滑坡、崩塌、泥石流灾害的影响,得到日综合雨量。

(3)依据日综合雨量,分析地质灾害与气象因素的关系,研究确定地质灾害气象预报预警判据。分别研究滑坡、崩塌、泥石流灾害与降雨过程关系,确定滑坡、崩塌、泥石流事件在不同地区降雨过程临界值,作为气象预报预警判据。

(4)制作诱发地质灾害暴雨预报预警,得出未来降雨落区定量预报。利用常规和非常规观测信息和技术手段,并结合地质灾害风险区划,制作诱发地质灾害暴雨预报,再解释应用中尺度数值预报模式降水产品,得到诱发地质灾害暴雨落区和降水量级的数字化产品。

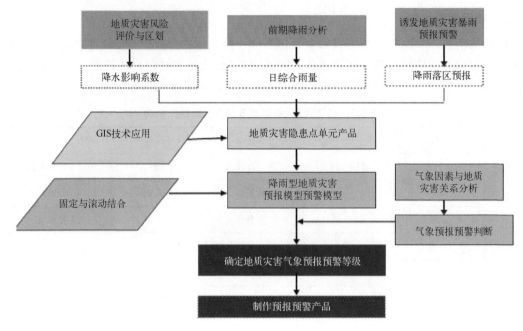

图 5.2 降雨型地质灾害预报预警思路

（5）研发降雨型地质灾害预报模型和预警模型，制作地质灾害等级预报和预警。在降水影响系数、前期日综合雨量和未来降水落区预报的基础上，建立降雨型地质灾害预报模型和预警模型，根据地质灾害气象预报预警判据，制作常德地区地质灾害等级预报预警产品。

（6）应用 GIS 技术，得到的是以地质灾害隐患点为单元的信息。而且结合应用预报模型和预警模型，既在固定时段又滚动制作和发布地质灾害预报预警信息，而且短期预报、短时预报、临近预报结合应用，实现了常德市区降雨型地质灾害的精细化预报预警。

5.5 预报预警模型

5.5.1 因子的选取

滑坡、崩塌、泥石流灾害的发生受地质、地形地貌、水文、植被、气候、人类活动等因素的控制，而且在不同的地区，各种因素对地质灾害发生的影响也不尽相同，即使是相同的雨量和雨强，其他因素不同，地质灾害的发生也会随之表现出差异。从降雨这一诱发滑坡、崩塌、泥石流灾害的关键因素入手，但不能单纯依靠雨量统计和雨强分析来预报预警地质灾害，必须将降雨量和雨强同落区的地质地貌及自然生态环境条件结合起来，建立滑坡、崩塌、泥石流地质灾害耦合预报预警模型。这里不仅是多种因素或多元信息的耦合，而且是预报模型与预警模型的耦合，同时也是时空耦合，因此在前人研究的基础上，给出地质灾害预报模型：

基于气象地质灾害诱发成因，选取 5 个与降雨有关的因子，作为综合雨量因子：

因子 1，灾害发生当日的 24 h 降雨量（当日 20 时—次日 20 时）。

因子 2，灾情发生前一日的 24 h 降雨量。考虑到地质灾害的夜发性，也就是说 20 时以后数小时就可能发生地质灾害，20 时以前的降雨量是非常重要的。而且在实际业务运行过程中因子 1 是预报量，有一定的误差，需加大前一日 24 h 雨量的权重，所以选为独立因子。

因子 3,发灾前二日雨量。

因子 4,连续降雨天数。指灾害发生之前日雨量>5 mm 的连续降雨时段的天数。该因子和因子 4 的选择是考虑到持续降雨型地质灾害,即持续性降雨天气的影响,取 5 mm/ d 作为持续降雨的条件。

因子 5,连续降雨天数内累计降雨量。指灾害发生之前日雨量>5 mm 的连续降雨时段的累计降雨总量。

5.5.2　地质灾害建模

分别基于区域自动气象站反距离加权法得到的气象地质灾害点的雨量估测值和多普勒天气雷达监测估算出的气象地质灾害点的雨量估测值,通过统计相关查找出气象地质灾害发生时各因子的临界值,然后根据历史拟合确立各自的权重关系,从而建立气象地质灾害灾发等级模型。在模型建立时,将气象地质灾害发生概率为 10%、25%、50%、75% 和 95% 定义为可能性很小、可能性较小、可能性较大、可能性大、可能性很大。

（1）确定因子的灾害潜势等级

以区域自动气象站降雨监测应用于第一个因子为例。若某日获取到某区域站当日降雨量为 $f(i) = f(1)$：

当 $f(1) < 1$ mm,地质灾害发生数占总数的 10% 以下,取 $a(1) = 1$；

当 1 mm$\leqslant f(1) < 5$ mm,地质灾害发生数占总数的 10% 以上,取 $a(1) = 2$；

当 5 mm$\leqslant f(1) < 26$ mm,地质灾害发生数占总数的 25% 以上,取 $a(1) = 3$；

当 26 mm$\leqslant f(1) < 65$ mm,地质灾害发生数占总数的 50% 以上,取 $a(1) = 4$；

当 65 mm$\leqslant f(1) \leqslant 154$ mm,地质灾害发生数占总数的 75% 以上,取 $a(1) = 5$；

当 $f(1) \geqslant 154$ mm,地质灾害发生数占总数的 95% 以上,地质灾害几乎必然发生,直接取 $a = 5$。

（2）确定总的灾害潜势等级值

利用统计公式

$$\alpha = \frac{1}{5} \sum_{j=1}^{2} \sum_{i=1}^{5} W_j \alpha_j(i),$$

$$\begin{cases} \alpha_j(i) = 1, 当 f(i) < f_1(i) 时 \\ \alpha_j(i) = 2, 当 f_i(i) \leqslant f(i) < f_2(i) 时 \\ \alpha_j(i) = 3, 当 f_i(i) \leqslant f(i) < f_3(i) 时 \\ \alpha_j(i) = 4, 当 f_i(i) \leqslant f(i) < f_4(i) 时 \\ \alpha(i) = 5, 当 f(i) \geqslant f_4(i) 时 \end{cases}$$

其中 W_j 为两种降水监测系统分别所占权重

当因子值超过地质灾害发生的临界值后（超过 95%）,因为本因子已经达到地质灾害发生的条件,因此,将地质灾害预报等级直接令其等于最高（$a = 5$）。即：当 $f(i) > f_4(i)$ 时,取 $a = 5$。

按照上述统计公式计算,将计算结果划分到 5 个预报警报等级,分别是① $a = 1$ 可能性很小；② $a = 2$ 可能性较小；③ $a = 3$ 可能性较大；④ $a = 4$ 可能性大；⑤ $a = 5$ 可能性很大。

5.6　基于多时空探测资料的降雨型地质灾害预报预警业务服务系统

以上讨论中,给出了降雨型地质灾害预报预警的思路和流程,可以看出,降雨型地质灾害预报预警是建立在准确预报预警诱发地质灾害的短时强降水的基础之上,而且由短期预报到短时预报、临近预警,不断精细和优化。然而要把这种思路和流程变成自动操作且能应用到实际业务和服务中,需要研发实用的地质灾害预报预警业务服务系统。

5.6.1　基于多时空探测资料的降雨型地质灾害预报预警系统设计

图 5.3 给出了基于多时空降水探测的气象地质灾害预报预警业务服务系统的结构,可以看出,本系统是建立在地质灾害预报和地质灾害预警两种模型情形下。当预报有诱发地质灾害暴雨和强降水时,结合解释应用中期数值天气预报或中尺度数值天气预报模式中的降水产品,得到精细化、定量的降水预报产品,此时启动地质灾害预报模型,并应用 GIS 功能,制作地质灾害预报预警产品,经过人工订正后,利用各种信息发布手段,开展面向政府的决策服务和面向老百姓的公众服务。当地质灾害预报达到预报级以上(含预报级)级别时启动预警模型(也可直接启动),预警模型直接利用中小尺度自动雨量站小时雨量观测资料,和应用雷达观测资料的反演降水信息,进而计算各地质灾害隐患点综合雨量。当地质灾害等级达到预警级别,系统自动生成预警服务图形和文字产品。

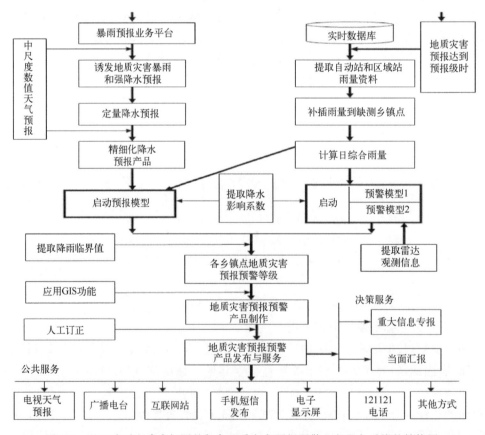

图 5.3　基于多时空降水探测的气象地质灾害预报预警业务服务系统的结构图

5.6.2　产品制作与发布

地图制作是地理信息系统 GIS 具有的最基本功能之一,其中有地质灾害预报预警产品制作过程中需要应用的基础地理数据,如市界、县界、地质灾害隐患点等。应用 GIS 的制图功能对有关图层进行调色、标注,最后转换成图片文件,如图 5.4 所示。通过气象台预报业务平台或在互联网上实现 GIS 的基本功能,如精细显示地质灾害预报预警结果,具备地图放大、缩小、拖动和信息查询功能,如图 5.4 所示。当通过预报模型或预警模型的计算得到各地质灾害隐患点地质灾害预报预警等级后,即应用 GIS 功能,制作出地质灾害预报预警产品,预报预警结果包含 3 个等级:可能性较大(3 级,黄色表示),可能性大(4 级,橙色表示),可能性很大(5 级,红色表示)。当制作出地质灾害预报预警产品后,就要在第一时间对外开展服务。首先是决策服务,利用重大信息专报的方式向政府决策领导服务或者直接向同级政府决策领导当面汇报,当好政府领导的决策参谋,立即组织防灾抗灾,最大限度地减轻生命财产损失。第二做好公众服务,特别是向地质灾害发生地的政府领导(如国土资源局分管局长、各乡镇国土所、各地质灾害隐患点责任人)和老百姓的预警服务,让当地政府和老百姓能在第一时间获得地质灾害预警信息,及时采取措施,组织防灾、抗灾、避灾工作,为了做到这一点,预警信息发布中的最后一公里是关键问题,为此需要运用各种可能的技术手段,如电视天气预报、广播电台播送、互联网站、手机短信发布、电子显示屏发布、12121电话或人工直播电话等。当前一种行之有效的手段是建立乡村信息员队伍,对乡村信息员进行专门培训,使其承担起预警信息传递的责任。乡村信息员除了传递预警信息外,还有一项重要职责就是信息反馈,及时将下情上达,这对于及时掌握下情和预报预警模型的改进都是非常必要的。

图 5.4　地质灾害预报警 GIS 图形产品(左) 与 地质灾害预警决策服务产品(右)

2030405060708090001020304050607080902002102202302402502602

5.7　山洪和地质灾害典型个例分析

5.7.1　20070618 石门壶瓶山暴雨地面崩塌

(1)雨情:6月17—19日石门县西北部普降暴雨,三圣乡(111.4 mm)、子良乡(106.5 mm)、太平乡(104.4 mm)等乡镇降雨量超过100 mm。

(2)水情:持续近3 d的大暴雨,导致河水水位上涨,山洪暴发。

(3)灾情:持续近3 d的大暴雨,致使石门县壶瓶山水溪河村出现5000 m³崩塌,危及24人生命。

(4)天气背景:从6月17日08时起,副热带高压东撤,588线退至湖南中南部,湘西北处于副高西北侧的西南暖湿气流之中。500 hPa乌拉尔山阻高前部,贝湖至新疆有一东西向锋区和宽广的低槽南压,高原东侧出现一小槽。17日20时,高原槽移到四川盆地,并向鄂西逼近,槽前沿海的暖脊进一步加强,为湘西北大暴雨准备了有利的大尺度条件。与此同时,地面有冷锋从新疆经河套南下,湘西北处于锋前暖低压倒槽之中;17日08时至20时,850、700 hPa有低涡从四川盆地移到江汉平原,沿江淮继续东移出海。

中小尺度分析发现:地面低压倒槽和中尺度辐合线是形成湘西北大暴雨的主要因素。

5.7.2　20080722 石门暴雨泥石流

(1)雨情:7月22日凌晨—23日上午石门县西北乡镇普降暴雨,平均雨量超过180 mm。

(2)水情:溇水流域江坪至泥市河段河水猛涨14 m以上,是1935年以来最大的一次洪水。

(3)灾情:7月22—23日石门县有6个乡镇出现了16起泥石流、滑坡等地质灾害。

(4)天气背景:从7月22日08时起,在500 hPa乌拉尔山阻高前部,贝湖至新疆有一东西向锋区和宽广的低槽南压,高原东侧出现一小槽。22日08时,高原槽移到四川盆地,20时逼近鄂西,槽前沿海的暖脊进一步加强,588线从广东沿海伸到福州附近,为湘西北大暴雨准备了有利的大尺度条件。与此同时,地面有冷锋从新疆经河套南下;22日08时至20时,850、700 hPa有低涡从四川盆地移到江汉平原,沿江淮继续东移出海。

中小尺度分析发现:低涡南侧的强雷雨、飑线和中尺度辐合线是形成湘西北大暴雨的主要因素。

5.7.3　20100619 暴雨山洪

(1)雨情:强降水主要集中在19日06—17时的11 h内,全市7个气象站有5个出现暴雨,雨量均在70 mm以上,最大3 h雨量桃源县牛牧镇117.1 mm,石门县易家渡乡则出现1 h达90.6 mm的最大雨强。

(2)水情:强降水导致全市42座水库溢洪,石门、桃源山洪暴发,多处山体滑坡、道路被毁、交通中断,石门县城出现内渍,积水达1 m多深。

(3)灾情:全市受灾人口52.2万人,因灾死亡1人,受伤12人,紧急转移安置29540人,损坏房屋1078间,倒塌房屋465间。

(4)天气背景:这次暴雨期间,500 hPa中高纬维持"两脊一槽"形势,西伯利亚西部和亚洲东部中高纬为脊区,贝加尔湖地区为低槽区。贝加尔湖西部高压脊前不断有冷空气南下。此时,西太平洋副热带高压脊线位置在20°N附近,南支槽和副热带高压把大量暖湿空气输送到长江流域,与南下冷空气相遇,为此次暴雨过程提供了有利的环流形势。中低层急流早在 18 日就先于暴雨区建立并逐渐北抬,19 日 08 时北抬至位于长沙—宜昌的暖切变附近。700 hPa 在重庆南部有一低涡,由低涡延伸出切变线。500 hPa 陕西东部、重庆中部一线为低槽,三者形成阶梯槽;对流层高层 200 hPa 在 40°N 附近则为一支平均风速 36 m/s 的西北风急流。湘北地区位于这支急流的出口区。19 日 20 时,500 hPa 贝加尔湖东部低压南落,引导 700 hPa 切变线和 850 hPa 低涡东移南压,暴雨云团移出湘北地区。由此可见,这次暴雨产生于 200 hPa 西风急流出口区与对流层中低层低涡切变的耦合地区。

参考文献

丁力,彭九慧,谭国明,2006.承德市地质灾害气象预报方法初探[J].气象科技,**34**(6):750-753.

彭贵芬,段旭,舒康宁,等,2007.应用 KDD 技术分析地质灾害降水的关系[J].气象科技,**35**(2):252-257.

王仁乔,周月华,王丽,等,2005.大降雨型滑坡临界雨量及潜势预报模型研究[J].气象科技,**33**(4):121-123.

薛建军,徐军昌,张芳华,等,2005.区域性地质灾害气象预报预警方法研究[J].气象,**31**(10):24-27.

肖伟,黄丹,黎华,等,2005.地质灾害气象预报预警方法研究[J].气候与资源,**14**(4):274-278.

刘传正,2004.中国地质灾害气象预警方法与应用[J].岩土工程界,**7**(7):17-18.

刘传正,温铭生,唐灿,2004.中国地质灾害气象预警初步研究[J].地质通报,**23**(4):304-309.

刘传正,2004.区域滑坡泥石流灾害预警理论与方法研究[J].水文地质工程地质,(3):1-6.

刘传正,2001.突破性地质灾害的监测预警问题[J].水文地质工程地质,(2):1-4.

徐玉琳,孙国曦,陆美兰,等,2006.江苏省突发性地质灾害气象预警研究[J].中国地质灾害与防治学报,**17**(1):46-50.

第 6 章

常德的强对流天气

6.1 强对流天气定义

强对流天气通常是指落在地面直径超过 2 cm 的冰雹,除了水龙卷以外的任何龙卷,瞬时风速 17 m/s 以上的(非龙卷)直线型雷暴大风,以及导致暴洪的对流性暴雨。极端的强对流天气是指直径超过 5 cm 的冰雹,F2 级以上龙卷和瞬时风速 33 m/s 以上的直线型雷暴大风。在气象学上,强对流天气是属于中小尺度天气系统,其突发性强,破坏力大,是常德的主要灾害性天气之一。常德的强对流天气主要有强雷暴、短时强降水、雷雨大风、冰雹以及中气旋、龙卷,它们具有发生频率较高、类型多、分布广、年变化和日变化明显以及成灾强度大等特点,由于暴雨有专门的章节进行论述和讨论,本章主要讨论雷雨大风、冰雹以及中气旋、龙卷。

6.2 冰雹

6.2.1 冰雹定义及灾害特点

冰雹简称"雹",它是一种坚硬的球状、锥状或形状不规则的固态降水,由多层透明和不透明相间的冰层包裹着一个不透明的雹核而成。冰雹降自发展强烈的积雨云中,这种云又称"冰雹云",其厚度大,含水量多,上升气流强。冰雹的大小差异较大,直径一般>5 mm,最大雹块直径可达十几厘米。雹块越大,下落速度和破坏力也越大。如直径 3 cm 的雹块质量为 13 g,降速可达 25 m/s,会给农作物造成很大的灾害。冰雹维持时间不长,多为几分钟到几十分钟。降雹范围一般不大,为长几千米到几十千米,宽几十米到几千米的狭长地带。但冷涡等天气扰动所伴随的降雹,可以不连续地出现在很大范围内。冰雹通常伴随着狂风、暴雨而来,冰雹下降时以特大的动能碰撞地物,能毁坏庄稼、果园、房屋,甚至打伤打死人畜,是一种严重的自然灾害。

6.2.2 冰雹时空分布特征和发源地及其移动路径

(1)冰雹时空分布特征

根据常德 1960—2000 年气象资料统计,各县年平均冰雹日数在 0.4~1.5 d 之间,常德、石门和桃源在 1.0 d 以上,其中常德年平均雹日最多为 1.5 d,最多年份可达 4 d(1979、1982年)。从图 6.1 看出,由西往东,随着地势逐渐降低,雹日显著减少,临澧是少雹地方,其年平均雹日仅 0.4 d。常德降雹季节性明显,冰雹大多出现于春季,一年中以 2—3 月冰雹出现最多,占总冰雹次数的 86％,5—12 月冰雹出现最少(图 6.2a)。造成这种明显季节性差异的原因,主要是因为降雹与副热带急流、极锋急流及其锋系位置的季节变化有密切的关系。春季这些系统位于长江流域附近,造成常德春季多冰雹,甚至整个长江流域都属于春雹区。根据全市 7 个气象站气象资料统计,季节分布上,常德各县春雹占全年冰雹总数的 62％,冬季占 30％,夏季和秋季出现少。

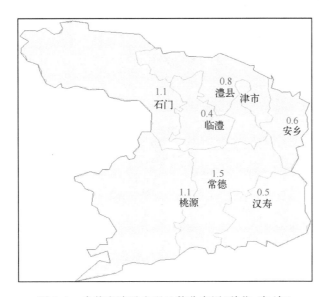

图 6.1　常德市冰雹出现日数分布图(单位:次/年)

统计分析 1960—2010 年冰雹资料的月际分布特征,一年中 2 月冰雹出现频率占年总数的 34％,3 月冰雹增多也是一年中最多,出现频率占年总数的 44.8％,5—8 月,雹日已大幅度减少,分别只占年总数的 1％～2％,全年仅 11 月没有出现过冰雹,见图 6.2a。空间分布上,常德、桃源、石门占全市年总数的 19％～28％,但汉寿和临澧出现频率则较低。统计分析 1960—2010 年冰雹资料在年代际分布特征,20 世纪 60 年代最多,90 年代逐渐减少,2001 年后最少,见图 6.2b。各站在同一天出现冰雹的时间多,特别是在 1970 年 3 月 12 日除石门外其余各站都出现了冰雹。

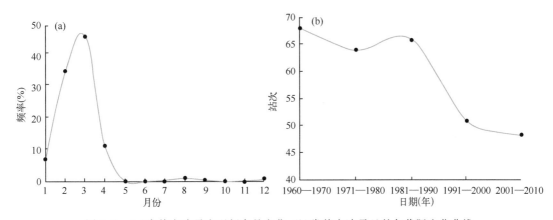

图 6.2　(a)常德市冰雹出现频率月变化;(b)常德市冰雹日的年代际变化曲线

冰雹的日变化也十分明显，多在午后至傍晚出现。持续时间上分析，有时时间非常短仅2 min 左右，有时持续时间长有 45 min 左右，如常德 1994 年 2 月 13 日 2 时 37 分—3 时 19 分都有冰雹出现。

(2)冰雹发源地及其移动线路

根据历年地面观测和灾情调查统计结果，常德市主要降雹源地有：桃源西南的牯牛山，石门县境东山峰、干沟尖、庚祖山和蒙泉等，慈利县西部的袁家界和剪刀寺发展的冰雹也经常会影响常德市。冰雹移动路径与冷空气侵入方向和地形有关，"雹打一条线"、"雹走老路"等谚语更说明地形与降雹关系更密切。常德市降雹主要移动路径可以归纳为 3 个方向八条路线，见图 6.3。

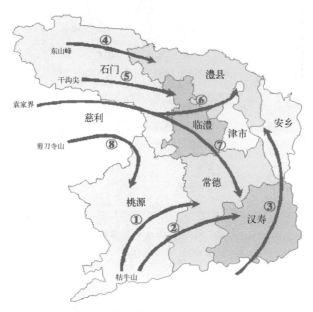

图 6.3　冰雹源地及其移动线路图

① 由西南向东北方向移动

由桃源牯牛山经寺坪、兴隆街、剪寺三叉港、常德市斗姆湖一线；

自牯牛山茶庵铺、经桃花源、常德港二口、黄土店一线；

自桃江县进入汉寿的三和、洋淘湖、坡头、西湖农场、安乡南部一线。

② 自西向东方向移动

自东山峰、南坪、太平、庚祖山，进入澧县北部；

自干沟尖、罗坪、南岳、望洋、新浦至临澧官亭；

自慈利袁家界往北到庄塔后转向经苗市蒙泉、青山、张公庙一带。

③ 自西北向东南方向移动

自蒙泉、余市、太浮、珠日至常德大龙站、石公桥、西洞庭农场、汉寿北部一线；

自袁家界(包括观音山)到庄塔后转向东南下，经蒋家坪、零阳、高桥、龙潭河到桃源县牛车河一带。

6.2.3　冰雹的天气形势

冰雹天气形势主要有两种：

（1）高空冷槽型

① 高空冷槽、地面冷锋前飑线降雹型：此类型降雹占冰雹个例的 52.2%，属常见的冰雹形势，主要是 500 hPa 西风槽经常以阶梯槽（或称槽后槽）的形势影响湖南，槽前配合一冷锋南下，锋前的西南倒槽常会得到明显发展，容易产生飑线，冰雹也就产生在飑线附近。

② 高空冷槽、地面锋后降雹型：此类型降雹占冰雹总数的 4.3%，高空形势与第 1 型相同，所不同的是降雹前地面冷空气已进入湖南，冷锋在南岭静止，850 hPa 切变线在湘中一带，成东北—西南走向。500 hPa 有低槽东移，槽后冷平流使中低层垂直运动得到发展，虽然在 2000—3000 m 高度处存在逆温层，但增强的上升运动冲破了逆温层而降雹，降雹区一般在 850 hPa 切变线附近。

（2）南支小槽型

① 南支槽、地面倒槽锋生降雹型：此类型降雹占冰雹总数的 17.4%。南支槽影响前，湖南处于入海高压后部，冷空气变性回暖，江南经常是上下一致偏南气流，南支槽前西南气流向湖南上空输送暖湿空气，尤其是低层增暖增湿特别明显，使大气层结变得潮湿和不稳定，槽前减压使地面西南倒槽迅猛发展。当江南中层有冷平流出现，产生对流性降水时，槽内锋生后降雹。

② 南支槽、地面两湖气旋波降雹型：此类型降雹占冰雹总数的 8.7%，高空形势与前一种类型相同，所不同的仅仅是在 500 hPa 南支槽前辐散气流的作用下，两湖盆地一带产生强烈减压，出现气旋波，在气旋波的暖区内产生冰雹。

③ 南支槽、地面高压后部降雹型：此类型降雹占冰雹总数的 17.4%，其特点是降雹时没有锋面影响，降雹后亦无锋面生成，降雹过程是常德处在变性入海的冷高压后部和孟加拉湾槽前时发生。孟加拉湾槽前西南气流使对流层低层明显增暖，大气层结变得很不稳定，同时，高空的辐散加强，促使地面辐合增大而降雹。此类型降雹范围广，平均一次过程有 28 站降雹，最多的一次全省有 67 站降雹，最少一次也有 15 站。

如 2002 年 5 月 14 日的常德区域降雹、大风过程就是高空冷槽、低层西南急流、地面冷空气和地面暖低压共同作用的结果。当日 08 时 500 hPa 图上低槽位于西安、宜昌、重庆到昆明一线，槽后为一致的西北气流，并有强温度槽与之配合。槽前桂林、长沙至南昌一线出现 24 m/s 以上的西南急流，急流轴呈东北—西南走向。700 hPa 低槽经郑州、汉口、长沙到桂林一线，长沙、南昌至衢州一线为 16 m/s 以上的西南偏西风急流。地面冷空气主体位于鄂西和重庆以西，常德处在相对的暖低压区内。本次系列强对流天气是高空低槽、低层西南急流、地面冷空气和地面暖低压共同作用的结果，强对流天气发生的位置在 500 hPa、700 hPa 槽线之间，高、低空急流轴的左侧。

6.3 雷雨大风

6.3.1 雷雨大风定义及灾害特点

雷雨大风泛指雷雨时伴随出现的 8 级（17.2 m/s）或以上大风时的天气现象，通常伴随雷暴、冰雹、暴雨等灾害性天气而来，具有时间短、尺度小、破坏力强等特点，是一种严重的自然灾害。

6.3.2 雷雨大风时空分布特征

根据常德1971—2000年三十年地面气象观测资料统计(统计时间段:8:00—20:00),各县年平均雷雨大风次数在1.1~1.5次之间(见图6.4),各县分布比较均衡,其中澧县、汉寿年平均最多为1.5次。图6.5为常德各站及全市累计年变化图,从图分析可以得出,常德全市出现最多年份为1974年24次,最少年份为1993年2次,1987年澧县出现单站次数最大为7次,从1971年到2000年,全市雷雨大风发生频次呈减少趋势。常德地区雷雨大风具有明显季节性和日变化(见图6.6,备注:图中8代表8:00—9:00时间段),就季节性而言,大多出现于春、夏两季,一年中以3—8月出现次数最多,累计274次,占总次数的96.8%,1—2月出现最少,累计3次,就日变化而言,主要出现在每天的13—20时之间,累计249次,占总次数的88.0%,最少出现在8—9时,出现2次,造成这种明显差异的原因,主要是因为雷雨大风多发生于局地对流天气过程中。

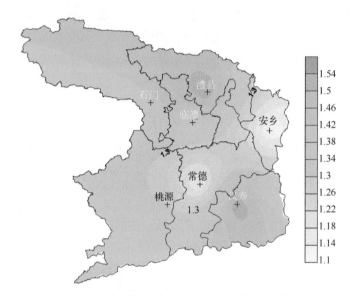

图6.4 雷雨大风各县年平均次数空间分布(单位:次)

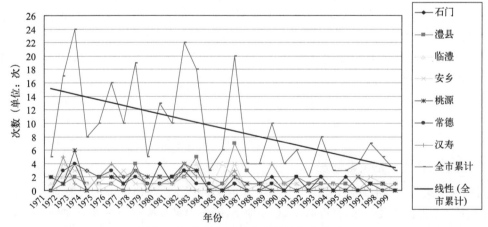

图6.5 常德各站及全市累计年变化图

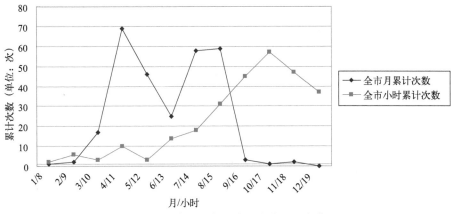

图 6.6　常德全市累计月变化和日变化

6.3.3　雷雨大风的天气形势

根据历年出现的雷雨大风天气统计结果,雷雨大风的天气类型分为如下几类:

(1)高空槽型:500 hPa 有四川低槽或鄂黔槽,中低层为低涡切变;地面有锋面(冷锋、静止锋)或西南倒槽;

(2)南支槽型:500 hPa 有南支槽逼近;中低层有切变或低涡;地面有气旋波生成并影响湖南;

(3)高空切变型:500 hPa 高原东部有切变;中低层有切变或低涡;地面有西南倒槽或气旋波;

(4)槽后窄脊型:500 hPa 有狭窄的高压脊;700 hPa 在 26°N 附近有切变;850 hPa 切变线偏南;地面有西南倒槽或冷锋;

(5)副高北部型:500 hPa 至 850 hPa 各层处于副高西北部边缘;地面有西南倒槽;

(6)副高南部型:500 hPa 处于副高南缘;中低层处副高南侧或台风外围;地面有西南倒槽;

(7)副高突变型:500 hPa 副高减弱(原先受副高控制)或加强(但未完全控制);中低层处副高西北边缘或台风外围;地面有西南倒槽;

(8)东风波形:500 hPa 有东风波影响;700 hPa 有东风波或低压;850 hPa 有低压或处副高边缘;地面有西南倒槽。

6.4　强对流天气发生发展条件和预报指标

6.4.1　强对流天气发生发展条件

(1)水汽含量和水汽供应来源的分析和预测

对流云中水汽凝结,不仅是降水物质本身的来源,而且它释放出的凝结潜热,也是供给深对流发展的能量来源。水汽含量可以从天气图上、本站以及邻近测站的探空曲线(T−Inp 图)上的气温、露点差、比湿及相对湿度等要素中分析出来。但是,即使气柱中所含水汽全部凝结降落,也只有 50～70 mm 的降水,而一般大暴雨的降水量远远大于这个数值,说明必须从云体外部有丰富的水汽源源不断地供应到对流云中去,才能维持它的持续发展。由于中高层水汽含量少,水汽的输送主要依靠低层的水汽辐合,实质上就是低层潮湿空气的质量辐合。在中低层天气图(850～700 hPa)分析中不难发现,低层水汽辐合可以形成一条明显的湿舌,即对流层下部的暖湿空气带,它也是一条静力能量的高值区。强对流系统常常在湿舌的西侧开始爆发,之后向南向东传播。同时,湿舌与其北及西北或东北侧干区组成的强湿度梯度或称作湿锋、干线或露点锋也是强对流的一种触发机制。湿区上升运动与干区下沉运动构成中尺度垂直环流,因而也是龙卷风等强对流天气最常发生的区域。

(2)不稳定层结分析指标和预测

① 不稳定层结分析指标

气团指数(K 指数)定义为:$K = (T_{850} - T_{500}) + (T_{d850}) - (T - T_d)_{700}$,其中第一项($T_{850} - T_{500}$)为 850 hPa 与 500 hPa 的温度差,代表气温直减率;第二项 T_{d850} 为 850 hPa 的露点,表示低层水汽条件;第三项 $(T - T_d)_{700}$ 为 700 hPa 的温度露点差,反映中层饱和程度和湿层厚度(单位:℃),从上述可以看出,K 指数是反映稳定度和湿度条件的综合指标,一般 K 指数愈大,表示大气层结愈不稳定。

不稳定能量(E):不稳定大气中可供气快作垂直运动的潜在能量。

$$E = -\int_{p_0}^{p} \Delta T \cdot R_d (\ln p)$$

依据层结曲线与状曲线之间所包含的面积的代数和来估算。一般 $E > 0$ 称作真潜不稳定。正值愈大不稳定性愈强,有利于对流天气的发展。反之,则抑制对流发展。

静力不稳定:记层结曲线的垂直递减率为 γ,干绝热直减率为 γ_d,湿绝热直减率为 γ_m。根据"气块浮升"理论,有:

$\gamma > \gamma_d (\gamma_m)$,称作绝对不稳定。稍有扰动,垂直对流就发展。

$\gamma_d > \gamma > \gamma_m$,称作条件不稳定。空气未饱和时,是稳定的,饱和后成为不稳定。即要求先有外力作用,将气块抬升到凝结高度,气块饱和后,垂直对流才能发展。

$\gamma_d > \gamma_m > \gamma$,称作绝对稳定,抑制垂直对流。

实际上,层级达到绝对不稳定的情况并不多见,绝对稳定层结是晴好天气的特征。对流天气的发展,最常见的是在条件不稳定层结中出现的。

对流性不稳定:它是对整层空气被抬升的空气而言的。与上述气块法的区别在于整层空气被抬升后,它本身的直减率 γ 会发生变化。当此气层下湿上干时,即使原来是绝对稳定的层结,经抬升后也可能变成不稳定层结,这种层结称为对流性不稳定或位势不稳定,其判据为:

$$\frac{\partial \theta_{se}}{\partial z} \text{ 或 } \frac{\partial \theta_{sw}}{\partial z} \begin{cases} < 0, \text{对流性不稳定层结;} \\ = 0, \text{中性层结;} \\ > 0, \text{对流性稳定层结。} \end{cases}$$

对流性不稳定具体计算公式为:

$$\Delta \theta_{se} = \theta_{se(高层)} - \theta_{se(低层)}$$

一般的做法是高层取 500 hPa,低层取 850 hPa,因为对流层中不稳定能量的释放主要在中、下层。

$\Delta \theta_{se} < 0$ 为不稳定,它反映大气下湿上干的状态;$\Delta \theta_{se} > 0$ 表明大气层结稳定。实践中发现 $\Delta \theta_{se}$ 负值中心或附近地区,有较大降水可能,因此有一定的预报意义。但当不稳定一旦发展成暴雨后,由于不稳定能量的释放,$\Delta \theta_{se}$ 负值变小或变成正值,这时 $\Delta \theta_{se}$ 就不大好用,应参考其他一些图表综合分析。

沙氏稳定度指数(SI):定义为 500 hPa 面上的层结曲线温度(T_{500})与气块从 850 hPa 层上

沿干绝热线抬升到凝结高度后,再沿着湿绝热线抬升到 500 hPa 的温度(T_s)之差。

$$SI = T_{500} - T_s$$

注意:当 850 hPa 与 500 hPa 之间有锋面或逆温时,不能使用这一指数。

$SI>0$ 表示气层稳定,$SI<0$ 表示气层不稳定。SI 负值愈大,愈不稳定。

SI 可以用于预报局地对流性天气。据国外统计,SI 指数大小与雷暴活动有如下关系:

$SI > +3℃$	不大可能出现雷暴天气;
$0℃ < SI < +3℃$	有发生阵雨的可能性;
$-3℃ < SI < 0℃$	有发生雷暴的可能性;
$-6℃ < SI < -3℃$	有发生强阵雨的可能性;
$SI < -6℃$	有发生龙卷风的可能性。

② 层结稳定度变化趋势预测

预测单站上空稳定度的变化,主要采用高空风分析图。若低层为暖平流而高层是冷平流,则层结趋于不稳定,反之亦然。同时应结合 $T-\ln p$ 图中的稳定度分析进行判断。

采用天气图判断:当高空冷空气或冷温度槽与低层暖中心或暖脊相叠置时,不稳定增强,易形成大片雷暴区。

当冷锋越山时,若其冷空气叠加在山后的暖空气垫上,不稳定度将大为增强,形成雷暴区。

在高空槽东移,冷空气入侵之后,若中层以下有浅薄的热低压接近或出现西南气流暖平流时,将使不稳定性增强,导致对流天气。

当低层有湿舌,上层覆盖着干空气层或者高层干平流与低层湿平流相叠置时,将增大不稳定性。

(3)抬升启动机制的分析与预测

通常在对流性天气发展之前,大气层结是处在条件不稳定或者对流性不稳定状态,这就要求有足够强度的抬升启动作用,将低层气块或气层抬升到自由对流高度后,才能使自由对流发展,释放不稳定能量,使其由位能形式转化为垂直运动动能。这样的抬升作用,可能来自天气系统本身,也可能来自地形强迫或局地热力影响等某个方面。

① 天气系统本身的抬升作用:中小尺度对流性天气系统一般都出现在相应的天气尺度系统中。天气尺度系统的上升运动速度虽然只有 5 cm/s 左右,但若持续作用 6 h 以上,也可以使下层空气抬升约 100 hPa,并消除下层的稳定层结,达到自由对流高度。绝大多数雷暴等对流性天气都发生在气旋锋面或低空低涡、切变线、低压或高空槽线等天气系统中。这些天气系统的低空辐合上升运动都是较强和持续性的。此外,在水汽和下层稳定度条件适当的情况下,只要出现低层的辐合就能触发不稳定能量释放,形成对流性天气。因此,可以从天气尺度系统着眼,制作中小尺度对流性天气的预报。这就需要仔细分析未来影响本地的锋面气旋、低压、低涡、切变线及槽线等具体天气系统中不同部分辐合上升运动的强度,并预测其未来的移动和演变。在没有上述明显天气系统时,还要注意分析本站邻近区域低空流场中出现的风向或风速辐合线,负变压(高)中心区以及大气的层结稳定度现状及其演变趋势。

② 地形抬升作用:主要考虑迎风坡和背风坡影响两种作用。气流对迎风坡坡面的相对运动越强,其抬升作用也越大。背风坡作用往往会使气流过山后,在其下游特定距离的河谷或盆地上空出现上升运动,发展新的对流性天气。这种波动的波长在 3.2~32 km 间。具体波上及振幅取决于大气的稳定性、气流速度、风速的垂直切变以及风与山脉的走向等因子。

③ 局地热力抬升作用:有两种情况。一种情况是夏季午后陆地表面受日射而剧烈加热,可在近地层形成绝对不稳定层结,释放不稳定能量,发展对流天气。通常称之为"热雷暴"或"气团雷暴"。对于它的预报,需要与 T-$\ln p$ 图分析相结合,并做好午后最高气温的预测,以判断是否会出现绝对不稳定。另一种情况是,由于地表受热不均匀造成局地温差,常常形成局地性垂直环流,其上升气流起着抬升触发机制的作用,这在夏季沿湖泊、江河地带容易出现。白天岸上地表升温快,空气层结容易趋于不稳定而发生对流。

(4)垂直风切变—高低空急流的配合

20 世纪 60 年代以来的研究发现,在具有强层结不稳定的情况下,适度的环境风切变有助于雷暴的传播,组织成持续性的强雷暴,统计得出不同类型风暴与环境风垂直切变值的对应关系(表 6.1)。

表 6.1 不同类型雷暴与环境风垂直切变值的对应关系

雷暴类型	云底至云顶间的切变值(10^{-3}/s)
多单体雷暴	1.5~2.5
超级单体雷暴	2.5~4.5
强切变风暴(飑线,雹暴等)	4.5~8.0

环境风垂直切变有助于雷暴传播的机制,是当风随高度作顺时针旋转切变时,在雷暴云前进方向的右侧低空幅合、高空辐散,其上升运动有利于新的对流云单体发生发展,而左后方情况相反,有利于老的雷暴云中下沉气流发展,增强降水和大风天气,从而形成了雷暴云的新陈代谢和向前传播。值得一提的是以上提到的 4 个条件即水汽、不稳定、抬升、垂直风切变为强对流天气发生发展的必要条件,其中前 3 个条件为一般性对流天气发生发展的必要条件。

(5)前倾槽结构

强雷暴主要发生在前倾高空槽与地面锋之间的地区。前倾槽结构的主要作用是高空槽后有干冷平流,近地面层冷锋前有暖湿平流,增强了不稳定性。在 700 hPa 槽线与地面锋之间及其附近地区,一般有雷暴天气。

(6)高空辐散与低层幅合相配合

高空辐散与低层幅合相配合是深对流发展的主要条件。

(7)前期的逆温层

强风暴发生发展之前的典型层结特征是低空为湿层,高空是干空气,期间中低空有逆温层。此逆温层所起的作用是阻碍低空湿层向上的垂直交换,使得低空湿层在有利的水平平流输送和地表辐散加热作用下,变得更暖、更湿,而高层变得相对更冷、更干,从而蓄积了更多的位势不稳定能量。一旦某抬升启动作用冲破了逆温层的阻碍,强风暴便骤然爆发出来。

6.4.2 强对流天气预报指标

(1)12~36 h 预报强对流天气

① 冰雹诊断条件

同时满足以下三个条件:

零度层高度在 600 hPa 以下;

500 hPa 冷平流强($\Delta T_{12} \leqslant -2℃$),$SI < 0$ 和 $K > 35℃$;

700～500 hPa 有强而干的急流进入系统(风速≥20 m/s,$(T-T_d)$≥10℃)。

② 雷雨大风条件

同时满足以下三个条件:

925 hPa 有≥8 m/s 的强风;

700～500 hPa 有强而干的急流进入系统(700 hPa 风速≥20 m/s,$(T-T_d)_{700}$≥6℃);

地面气压<1020 hPa。

③ 短时暴雨条件

同时满足以下两个条件:

925～500 hPa 的 $(T-T_d)$≤-5℃;

925 hPa 水汽散度<0。

④ 举例说明

时间方面,比如:模式昨晚 20 时起报,从预报场(包括今天早上 08 时、20 时至第二天早上 08 时)每 12 h 输出一次,如果今天早上 08 时的预报场在常德范围内的某个格点同时满足:

T_{600}(08 时)<0℃;

T_{500}(08 时)$-T_{500}$(昨晚实况 20 时)≤-2℃,SI(08 时)<0,K(08 时)>35 ℃;

其中 $K=(T_{850}-T_{500})+T_{d850}-(T-T_d)_{700}$(均为 08 时)

$SI=T_{500}-T_s$(均为 08 时);

08 时 500 hPa 风速≥20 m/s,且 08 时 $(T-T_d)_{500}$>10℃,则表明该站点今天 08 时次有强对流天气,否则无。

当晚 20 时,某格点该时次的预报场满足:

20 时 T_{600}<0℃;

T_{500}(20 时)$-T_{500}$(08 时)≤-2℃,SI<0 和 K>35 ℃,其中 K 和 SI 均为 20 时;

20 时 500 hPa 风速≥20 m/s,且 20 时 $(T-T_d)_{500}$>10℃,则表明该站点今天 20 时次有强对流天气,否则无。

只要 08 时和 20 时有一个时次有强对流,就说明 12～24 h 内有强对流,同理可以推出预报 24～36 小时的强对流潜势预报。

(2)0～12 h 预报强对流天气

① 第一类:强垂直温度梯度(分析发现,该指数有时比 $CAPE$ 还好)结合中低层高湿度(西南暖湿气流)是湖南强对流天气发生的重要类型(占 80% 左右),对各个站点进行阈值比较,预报强对流天气落区:

当 $\Delta T_{850-500}$≥27℃,且 RH_{850}≥90%,有强对流天气,否则无。

② 第二类:高空槽和冷锋系统造成的强对流天气:

当 SI<0 和 K>34 ℃,$\Delta V(500-850)$≥6 m/s,有强对流天气,否则无。

考虑强对流天气主要是空报比较多,因此消空:满足如下条件之一进行消空,可以减少部分空报。

(抬升指数)LI>10.0 和 $\theta_{se500}+\theta_{se700}-\theta_{se850}-\theta_{se925}>30.0$

时间说明:如果每 3 h 一次输出预报产品(03,06,09,12 时),比如昨晚 20 时,预报 06 h,也就是凌晨 2 时,该时刻某格点满足:

$\Delta T_{850}-500$(06 时次预报场)≥27℃,且 RH_{850}(06 时次预报场)≥90,则表明该格点该时次有强对流天气,否则无。

（3）强对流天气预报方法

① 强对流天气预报流程

强对流天气预报根据时效主要分为中短期潜势预报、0～12 h 短时临近预报，中短期潜势预报对短时临近预报具有指导作用，短时临近预报对中短期潜势预报具有更精细、准确的补充和订正作用，两者形成互补，具体见图 6.7。

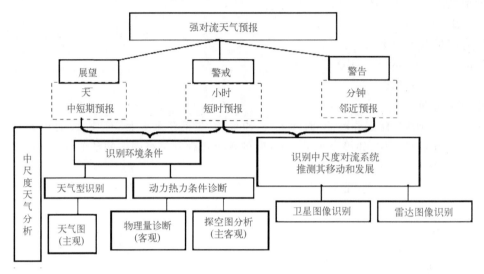

图 6.7　强对流天气预报流程

② 强对流天气预报分析内容

在常规天气图分析基础上，针对强对流性天气发生发展的必要条件（水汽、不稳定、抬升和垂直风切变条件），分析各等压面上相关大气的各种特征系统和特征线，最后形成中尺度对流性天气发生、发展大气环境场"潜势条件"的高空和地面综合分析图。在高空关注风、温度、湿度、变温、变高等的分析，在地面关注气压、温度、湿度的细致分析，以及上述要素及风、湿度、云、天气现象等要素的不连续线分析。

i）高空分析内容

水汽条件：湿舌、干舌，低层分析为主、中层辅助；

不稳定条件：低层和中层的温度及其温度递减率、变温；

抬升条件：中低层切变线（辐合线）、低层干线（露点锋）、高低空急流；

垂直风切变条件：高、中、低空急流；

分析物理量场：风场、温度场、湿度场、变温、温度递减率、变高；

分析等压面：对流层低层、中层和高层（东部 925、850、700、500、200 hPa）；

分析间隔：12 h；

分析资料：高低空观测和数值模式输出场。

ii）地面分析内容

中尺度抬升条件：地面锋、风、温度、气压、湿度、天气区、云覆盖等水平不连续分布造成的中尺度边界线（辐合线、干线、出流边界等）；

分析物理量场：气压场、变压场、风场、温度场、湿度场、天气区、云；

分析间隔:3 h,1 h;

分析资料:地面观测。

6.4.3　个例分析

(1)天气实况及天气背景

2002 年 5 月 14 日 19—21 时常德市的石门、临澧、澧县、津市和桃源 5 个县境内分别遭受强对流天气的袭击。当日 19 时 11 分—19 时 28 分石门县维新、蒙泉等 11 个乡镇先后出现冰雹、大风天气,瞬间最大风速达 23 m/s,冰雹最大直径 20 mm;其后临澧县文家乡、太浮镇出现冰雹、大风;19 时 20 分—19 时 40 分澧县县城附近出现大风天气,瞬间最大风速达 26 m/s;其后 20 时 20 分左右津市李家铺、白衣、灵泉、新州 4 个乡镇出现大风,白衣村 1 妇女被大风卷入湖中淹死,水桶粗的树木被连根拔起。20 时 20 分—20 时 30 分桃源县泥窝潭乡出现龙卷和大冰雹,冰雹最大直径 30 mm,3 人被大风卷到半空摔成重伤。

当日 08 时 500 hPa 图上低槽位于西安、宜昌、重庆到昆明一线,槽后为一致的西北气流,并有强温度槽与之配合。槽前桂林、长沙至南昌一线出现 24 m/s 以上的西南急流,急流轴呈东北—西南走向。700 hPa 低槽经郑州、汉口、长沙到桂林一线,长沙、南昌至衢州一线为 16 m/s 以上的西南偏西风急流。地面冷空气主体位于鄂西和重庆以西,常德处在相对的暖低压区内。本次系列强对流天气是高空低槽、低层西南急流、地面冷空气和地面暖低压共同作用的结果,强对流天气发生的位置在 500 hPa 和 700 hPa 槽线之间,高、低空急流轴的左侧(图 6.8,图中粗实线和虚线分别为 500、700 hPa 槽线;实心和空心箭头分别为 500、700 hPa 急流位置;三角形为强对流天气发生的大致区域。850 hPa 湖南、湖北均在宽广的湿区中;500 hPa 干中心在贵州北部,干舌从贵州北部伸向湖南西北部;700 hPa 干中心在重庆境内,干舌伸展到湖南西部。常德区域内低层为湿层,对流层中部非常干燥,下湿上干分布表明较强的对流不稳定性。

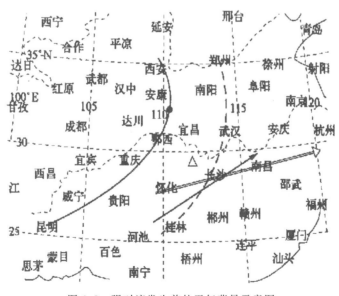

图 6.8　强对流发生前的天气背景示意图

图 6.9 为雷暴生成区附近宜昌站 5 月 14 日 08 时的速度矢端图。可以分析出 2 个有利于强对流天气发展的因素:一是低层(925~700 hPa)为暖平流(风向随高度顺转),中高层(700~

100 hPa)为深厚的冷平流(风随高度逆转),低层暖平流高层冷平流极大地增强了气层的不稳定性,二是低层到高层为强的垂直风切变,低层风切变明显强于中层,速度矢端图的曲率也较大,有利于有组织的强对流风暴的产生和发展。

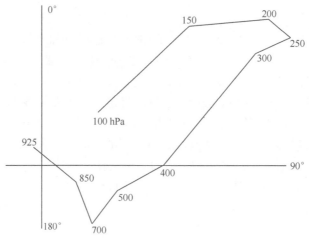

图 6.9　宜昌站 2002 年 5 月 14 日 08 时速度矢端图

(2)多普勒雷达资料分析

使用雷达强度回波图来跟踪对流风暴生消路线,表明常德市境内的多处强对流天气主要是由 3 个对流风暴活动所导致的(图 6.10)。风暴 1(图 6.11)为影响石门、临澧县的对流风暴。该风暴 17 时 18 分左右在石门县城北偏西 65 km 处生成,随后沿南偏东方向移动,途经石门、临澧、鼎城,在鼎城区境内减弱消亡。生成时风暴核心最大强度为 45 dBz,18 时 27 分强度达 65 dBz,回波中出现三体散射现象(三体散射现象是指由于云体中大冰雹散射作用非常强烈,由大冰雹侧向散射到地面的雷达波被散射回大冰雹,再由大冰雹将其一部分能量散射回雷达,在大冰雹区向后沿雷达径向的延长线上出现由地面散射造成的虚假回波,称为三体散射回波假象),此时风暴已发展成为超级单体。18 时 40 分风暴核心最大反射率因子达 70 dBz,19 时 11 分左右该风暴影响石门县城,19 时 23 分三体散射明显减弱,风暴继续影响石门东南部及临澧西北部。图 6.11 为 19 时 05 分风暴云影响石门县城附近时的多普勒雷达观测资料。图 6.11a 和 6.11b 分别为 1.5°和 3.4°仰角基反射率因子图,图 6.11c 和 6.11 d 为 1.5°和 6°仰角的基速度图(文中所用到的多普勒雷达速度产品其方向均为负速度代表离开雷达,正速度朝向雷达),图 6.11e 为反射率因子剖面图。1.5°仰角反射率因子图(图 6.11a)上超过 65 dBz 的高反射率因子核的东南部的反射率因子高梯度区为风暴的入流区,在相应的速度图上(图 6.11c)对应一个中气旋(方位 330°,距离 60 km)。风暴高层有强的辐散(图 6.11 d)。3.4°仰角的反射率因子核的值超过 70 dBz(图 6.11b)。特别值得一提的是,在 1.5°和 3.4°仰角的反射率因子图(图 6.11a 和 6.11b)和 1.5°仰角的速度图上(图 6.11c)均可见明显的三体散射现象(沿西北方向雷达径向的长钉状突出物)的泥窝潭,强度回波及速度场出现三体散射现象和龙卷涡旋特征,表明此时风暴已具有龙卷超级单体特征。20:31 三体散射现象结束,强度减弱为 65 dBz,并继续向东南方向移动减弱消亡。表明此时对流风暴中存在大冰雹。正如 Lemon 所指出的,三体散射的出现是大冰雹存在的充分条件和非必要条件。他进一步指出,三体散射出现后 10~30 min 往往会产生最大的地面降雹和大风。该风暴首先于 18 时 27 分出现三体散射,可惜的是在该风暴最强盛的 18 时 45 分(反射率因子超过 75 dBz),缺少相应的地面报告。19 时 11 分左右影响石门县城时,气象站报告超过 20 mm 直径的降雹和 23 m/s 的瞬时大风,实际最大降雹尺寸可能超过 20 mm,观测事实与 Lemon 的提法较为一致。沿雷达径向穿过三体散射区的反射率因子垂直剖面图(图 6.11e)显示存在明显的弱回波区和悬垂回波,超过 70 dBz 的强反射率因子核位于 2.8 km 高度。综合各种因素可以判定该风暴已具有超级单体风暴的结构特征。

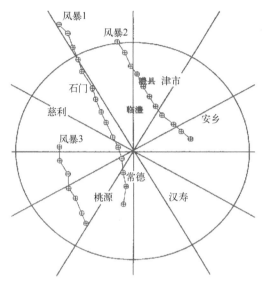

图 6.10　对流风暴生消路径图

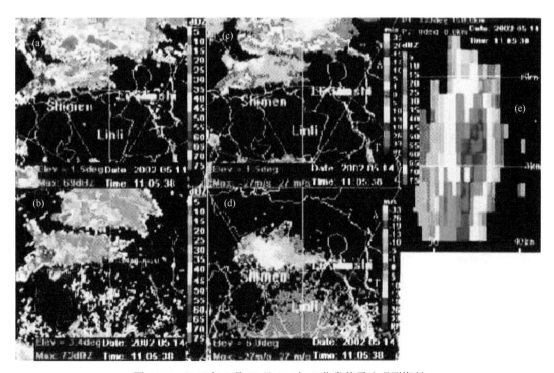

图 6.11　2002 年 5 月 14 日 19 时 05 分常德雷达观测资料
(a)、(b)分别为 1.5°、3.4°仰角反射率因子图,(c)、(d)分别为 1.5°、6.0°仰角基本速度图,(e)为反射率因子剖面图。

18 min 以后的 19 时 23 分三体散射特征依然可见,但明显减弱(图 6.12)。对流风暴 2 于 16 时 53 分生成在湖北长阳附近,生成时为几个小的单体,在向南偏东方向移动过程中发展合并成带状(飑线),移经澧县、津市、安乡,在安乡县境内减弱消亡,主要影响澧县。初生时回波强度25 dBz,为小块状,18 时 52 分中心强度达 60 dBz,50 dBz 以上回波区开始合并,并于 19 时 11 分发展成带状飑线,19 时 42 分回波中心带断裂,强度少变,面积减小,向东南移动过程中影响津市境内的几个乡村。图 6.11 中北边的飑线即为该风暴。此时(19 时 05 分),飑线中部断裂的泥窝潭,强度回波及速度场出现三体散射现象和龙卷涡旋特征,表明此时风暴已具有龙卷超级单体特征。20 时 31 分三体散射现象结束,强度减弱为 65 dBz,并继续向东南方向移动减弱消亡。分为东西两段,东段较为狭长,飑线低层前沿有明显的气流辐合。18 min 之后(图 6.12),1.5°仰角上该飑线东段变得更加狭长(图 6.12a)。狭长的高反射率因子区的北边有一个明显的后侧入流槽口,对应风场图上为 13～19 m/s 的强入流气流(图 6.12c)。高层 3.4°仰角的强度回波上有 3 块强的反射率因子核(图 6.12b)。强度垂直剖面图存在明显的弱回波区(略)。该飑线低层前沿对应辐合气流带(图 6.12c),飑线前沿中高层为明显的辐散气流区(图 6.12d)。飑线于 19 时 30 分左右影响澧县县城,导致狂风大作,气压突升,气温骤降,30 min 降雨量达 24 mm。对流风暴 3 于 18 时 27 分在慈利西南部距慈利县城大约 10 km 处生成,随后向南略偏东方向移向桃源,造成较大灾害。生成时中心强度为 55 dBz,19 时 23 分中心强度加强到 70 dBz,并以雷达站为中心沿50 km 等距离圈移动,20 时 13 分移近桃源境内的泥窝潭,强度回波及速度场出现三体散射现象和龙卷涡旋特征,表明此时风暴已具有龙卷超级单体特征。20 时 31 分三体散射现象结束,强度减弱为 65 dBz,并继续向东南方向移动减弱消亡。

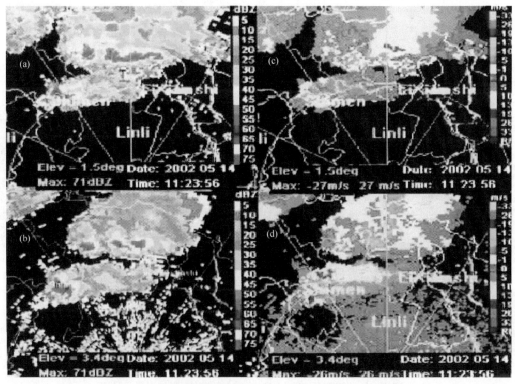

图 6.12 2002 年 5 月 14 日 19 时 23 分常德雷达观测资料
(a)、(b)分别为 1.5°、3.4°仰角基本反射率因子图,(c)、(d)分别为 1.5°、3.4°仰角基本速度图。

　　图 6.13 为 20 时 13 分对流风暴 3 影响桃源县泥窝潭时多普勒雷达所观测到的资料。1.5°～3.4° 3 个仰角的反射率因子和相应径向速度图均可见三体散射现象,即从最大反射率因子核心区沿雷达径向向西南方向(220°)伸展的长钉状突出物。三体散射回波假象在 3.4°仰角的反射率因子图上最为突出。低层 1.5°反射率因子图展现一个位于对流风暴右后侧的不太典型的钩状回波(图 6.13a)。若以沉水作参照,比较 1.5°、2.4°和 3.4°仰角的反射率因子图,可以看出低层的弱回波区和中高层的回波悬垂(overhang)结构。图 6.13g 为沿雷达径向经过三体散射区(220°)的反射率因子垂直剖面。由于采用的是 VCP21 的体扫模式,4.5°以上相邻仰角的间隔较大,所以垂直剖面的分辨率较粗。在该垂直剖面内,反射率因子核强度达 70 dBz以上并存在一个明显的穹隆(现在一般称为有界弱回波区 BWER)和悬垂(overhang),表明

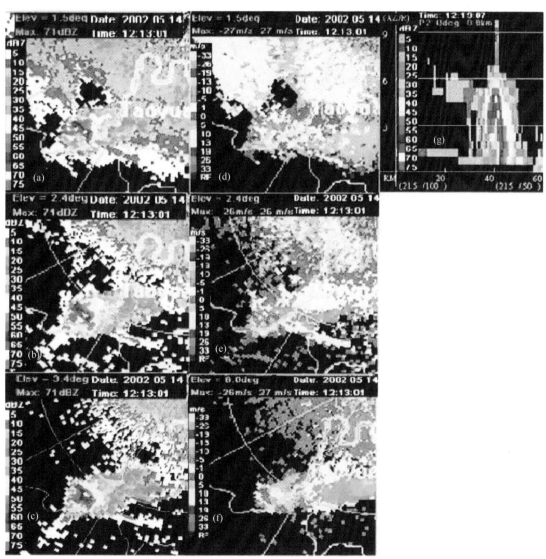

图 6.13　2002 年 5 月 14 日 20 时 13 分常德雷达观测资料
(a)、(b)、(c)分别为 1.5°、2.4°、3.4°仰角基本发射率因子图,
(d)、(e)、(f)分别为 1.5°、2.4°、6.0°仰角基本速度图,(g)为反射率因子剖面图。

上升气流非常强烈。此外,三体散射造成的回波假象在垂直剖面图上也清晰可见(回波体的左上部)。对应低层反射率因子图上风暴的弱回波区,相应径向速度图上存在一个像素到像素的强烈的气旋式切变(方位 220°,距离 56 km),在沿方位角方向不到 1 km 的距离内,径向速度从 -16 m/s 变到 16 m/s(图 6.13 d),相应的气旋式涡度值达到 $4 \times 10s^{-1}$。Brown 和 Lemon 最早发现这种小尺度涡旋结构特征并将其命名为龙卷式涡旋特征(TVS),它的出现往往意味着龙卷即将或已经发生。6°仰角的径向速度图上显示了明显的风暴顶辐散(图 6.13f)。从反射率因子图上的三体散射回波假象、穿降和悬垂回波结构,和径向速度图上中低层龙卷涡旋特征以及高层风暴顶辐散,可以判定该对流风暴在影响桃源泥窝潭时已发展成龙卷超级单体风暴,几乎具有强烈对流风暴的所有雷达回波特征。这与龙卷、大风和超过 30 mm 直径的大冰雹的地面气象报告是一致的。

参考文献

张培昌,杜秉玉,戴铁丕,2001.雷达气象学[M].北京:气象出版社.

廖玉芳,俞小鼎,郭庆,2003. 一次强对流系列风暴个例的多普勒天气雷达资料分析[J].应用气象学报,**14**(6):656-662.

俞小鼎,姚秀萍,熊廷南,等,2005.多普勒天气雷达原理与业务应用[J].北京:气象出版社.

古金霞,2004.双多普勒天气雷达联合探测大气风场技术进展[J].气象科学,**24**(2):247-251.

程庚福,曾申江,1987.湖南天气及其预报[M].北京:气象出版社.

湘中中、小尺度天气系统试验基地暴雨组,1988.中尺度暴雨分析和预报[M].北京:气象出版社.

冯业荣,2006.广东省天气预报手册[M].北京:气象出版社.

廖玉芳,潘志祥,2006.基于单多普勒天气雷达产品的强对流天气预报预警方法[J].气象科学,**26**(5):564-570.

中国气象局科教司,1998.省地气象台短期预报岗位培训教材[M].北京,气象出版社.

胡明宝,高太长,汤达章,2000.多普勒天气雷达资料分析与应用[M].北京.解放军出版社.

Burgess D W,Lemon L R,1990. Severe thunderstorm detection by radar//Radar in Meteorology. American Meteorological Society:619-647.

第7章

常德其他高影响天气

7.1 雷电

雷电为积雨云中所发生的激烈放电现象。虽然其生命史短暂,影响范围较小,但经常伴随短时暴雨、大风、冰雹等灾害性天气。近些年来由雷击导致的人员伤亡和经济损失十分严重,而同时想要提前预报雷击事件难度相当大。

7.1.1 雷暴日的时间分布特征

(1)雷暴日的年际变化

常德市雷电活动较为频繁,全市年平均雷暴日 40.9 d,年平均雷暴日数在 25.3~69.0 d 之间,最多出现在 1973 年,最少出现在 1999 年。1961—2010 年 50 年间全市年雷暴日数在 20 世纪 60、70 年代经历了一个高峰期,而后呈现出逐渐递减的趋势,特别是进入 20 世纪 90 年代以后下降趋势愈加明显。2001—2010 年 10 年间仅有 3 年年雷暴日数在平均值之上,如图 7.1。

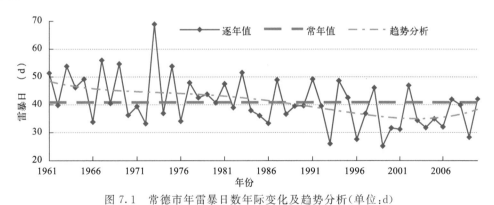

图 7.1 常德市年雷暴日数年际变化及趋势分析(单位:d)

表 7.1 常德市雷暴日的年代际分布

	常德	澧县	石门	临澧	安乡	汉寿	桃源	平均
1961—1970	45.9	43.4	52.5	41.7	38.0	50.4	51.6	46.2
1971—1980	48.7	38.7	43.4	40.1	40.2	48.1	50.1	44.2
1981—1990	43.1	37.7	43.5	38.1	34.7	46.3	44.1	41.1

续表

	常德	澧县	石门	临澧	安乡	汉寿	桃源	平均
1991—2000	37.4	33.2	40.6	33.8	30.3	44.3	42.2	37.4
2001—2010	36.1	32.4	42.0	37.3	27.6	42.4	37.2	36.4
30年平均	43.1	36.5	42.5	37.3	35.1	46.2	45.5	40.9
倾向率	−3.1	−2.8	−2.4	−1.5	−3.1	−2.0	−3.7	−2.6

注:表中所列项目单位,雷暴日:d,倾向率:d/10a。

如表 7.1,对常德各地雷暴日做年代际统计分析发现,各地雷暴日的年代际分布与全市平均雷暴日的年代际分布基本一致,50 年间全市雷暴日的总体趋势是减少的,平均倾向率为−2.6 d/10a,各地也均呈现减少的趋势,其中桃源减势最强,达−3.7 d/10a。

(2)雷暴日的月季变化

常德市全年皆有雷暴发生,只是每月雷暴发生的频率不同,如图 7.2。雷暴的活跃期起始于春季 3 月,在夏季的 7—8 月达到高潮,9 月开始明显下降,到 12 月降至最低。从季节分布来看,春季 3—5 月雷暴日数占全年雷暴日的 39.2%,其中 4 月为 15.4%,5 月略有下降,而夏季 6—8 月雷暴日数占全年雷暴日的 48.0%,其中 7、8 月分别达到了 19.0% 和 17.8%,到了 9月突减至 4.3%。由此可见,常德市的雷暴活动呈明显的双峰分布,主峰在 7—8 月,次峰在 4月,总体而言春夏季多、秋冬季少。

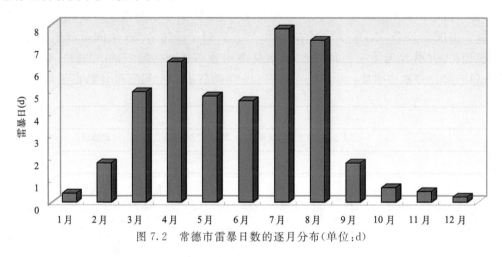

图 7.2 常德市雷暴日数的逐月分布(单位:d)

7.1.2 雷暴日的空间分布特征

雷暴作为一种中小尺度的强对流天气系统,由于地形、热力和动力等触发条件或机制的差异,在不同地区的分布亦不尽相同。按行政区域分析,汉寿和桃源年平均雷暴日数最多,分别为 46.2 d、45.5 d,常德市城区和石门次之,分别为 43.1 d、42.5 d,以上地区年平均雷暴日数均在 40 d 以上,属于多雷暴活动区。而临澧、澧县和安乡三地年平均雷暴日数较少,分别只有37.3 d、36.5 d 和 35.1 d,属于相对的少雷暴活动区。

从图 7.3 可知,常德市雷暴空间分布上呈现从西北、西南向东北逐渐递减的分布态势,最强活动带位于雪峰山脉向东部平原过渡地区,次活动带位于武陵山余脉一线,而澧阳平原、东部湖区为少雷暴活动区。山地、丘陵的雷暴日明显多于平原和湖区。

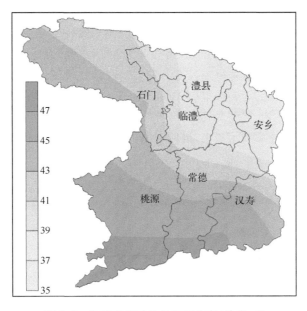

图 7.3　常德市雷暴日的空间分布(单位:d)

7.1.3　初终雷暴日的气候特征

(1) 初、终雷暴日的变化趋势

资料分析表明,1961—2010 年近 50 年来常德市各地雷暴初、终日的变化趋势基本一致,用各地的平均状况即可表征常德市雷暴初、终日的变化趋势。

由图 7.4 分析可知,① 常德市终雷暴日的变化呈"M"字形分布,20 世纪 60 年代在 10 月 8 日,70 年代推迟到 10 月 20 日,80 年代又提前至 10 月 5 日,其后 90 年代推迟至 10 月 30 日,21 世纪 10 年代又提前至 10 月 16 日;② 初雷暴日的变化趋势在 60—80 年代与终雷暴日基本相同,呈倒"V"字形分布,80 年代以后与终雷暴日的变化趋势刚好相反,呈正"V"字形分布;③ 从常德市初、终雷暴日的变化趋势可以发现,在 20 世纪 90 年代由于初雷暴日最早(2 月 8 日),终雷暴日最晚(10 月 30 日),雷暴的初终间隔即雷暴期为最长。

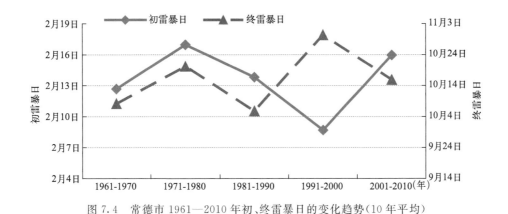

图 7.4　常德市 1961—2010 年初、终雷暴日的变化趋势(10 年平均)

（2）初、终雷暴日的绝对变率

绝对变率是用来描述某种事件出现的稳定程度,绝对变率越大,稳定度就越差,相反稳定度就越好。如图 7.5 分析可知,常德市初、终雷暴日的稳定性,在地域分布上差别不是很大。初雷暴日稳定性的排列顺序是:常德＞汉寿＞安乡＞澧县＞桃源＞临澧＞石门,终雷暴日稳定性的排列顺序是:常德＞桃源＞澧县＞汉寿＞临澧＞安乡＞石门。即常德市城区在初、终雷暴日的稳定性均最好,而山区在初、终雷暴日的稳定性上较其他各地都要差。同时各地初雷暴日的绝对变率比终雷暴日的绝对变率要小得多,说明常德市各地的初雷暴日较终雷暴日要稳定的多。

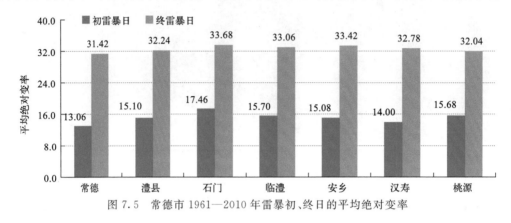

图 7.5　常德市 1961—2010 年雷暴初、终日的平均绝对变率

7.1.4　基于单多普勒天气雷达的雷电预警指标

新一代多普勒天气雷达的应用,大大提高了雷暴等中小尺度灾害性天气系统监测的时空分辨率。结合常德 7 个地面观测站的雷暴资料以及收集的雷电灾情信息,应用常德多普勒天气雷达产品中的基本反射率、回波顶高、垂直积分液态水含量、组合反射率因子初步制定了基于单多普勒天气雷达的雷电预警指标。

雷电预警中,对于基本反射率的应用,近距离可以使用较高的仰角,一般 100 km 内,可以使用 0.5°、1.5°、2.4°、3.4°这 4 个仰角的产品,如果＞100 km,用 0.5°仰角产品较好。一般情况下,以 0.5°基本反射率因子的回波强度为主要指标,同时参考回波顶高、垂直积分液态含水量、组合反射率产品。在基本反射率达到相应阈值以后,如有任意一个二次产品(回波顶高、垂直积分液态含水量、组合反射率产品)达到设定的阈值即可进行雷电预警。

如:0.5°基本反射率回波强度春季 45 dBz 以上,夏季 50 dBz 以上;回波高度春季 9 km 以上,夏季 10 km 以上;垂直积分液态水含量春季 25 kg/m² 以上,夏季 35 kg/m²,则可预报相应区域有强雷暴天气产生(见表 7.2)。

表 7.2　基于单多普勒天气雷达的雷电预警指标

二次产品名称	判断区间		预报结论
	春季	夏季	
组合反射率	35	40	弱雷暴天气
基本反射率	30	35	
回波顶高	6	7	
垂直积分液态含水量	15	20	

续表

二次产品名称	判断区间		预报结论
	春季	夏季	
组合反射率	40	45	中等雷暴天气
基本反射率	35	40	
回波顶高	8	9	
垂直积分液态含水量	20	25	
组合反射率	45	50	强雷暴天气
基本反射率	40	45	
回波顶高	9	10	
垂直积分液态含水量	25	35	

注:单位,组合反射率、基本反射率:dBz,回波顶高:km,垂直积分液态含水量:kg/m²。

7.2 高温

日最高气温≥35℃,单独出现时为高温日,连续5 d或以上,称为高温期或一次高温天气过程。高温热害分为三个等级:日最高气温≥35℃连续5～10 d为轻度高温热害;日最高气温≥35℃连续11～15 d为中度高温热害;日最高气温≥35℃连续16 d或以上为重度高温热害。

7.2.1 高温的时空分布特征

(1)高温的时间分布

常德全市年平均高温日17.7 d,最多37.0 d,出现在2009年,最少6.3 d,出现在1968年,如图7.6。高温日数在20世纪60年代处于下降通道内,70年代至80年代前期在低谷徘徊,80年代后期至90年代交错上升,进入21世纪,常德高温日数呈现明显的上升趋势,2001—2010年10年中仅2002年的高温日数略低于常年值。

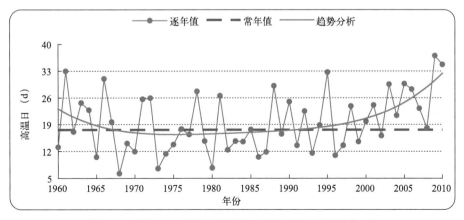

图7.6 常德市年高温日的历年变化及趋势分析(单位:d)

从月际分布来看,常德的高温日主要集中在夏季6—8月,全市夏季平均高温日数占到全年高温日总数的92.9%,最多占96.3%(安乡),其中尤以7月最多(9.3 d),8月次之(5.8 d),

如表 7.3。可见高温日主要集中在夏季,尤以盛夏 7—8 月最为突出。

表 7.3 常德市夏季逐月高温日统计(1971—2000 年平均,单位:d)

	常德	澧县	石门	临澧	安乡	汉寿	桃源	平均
6 月	1.6	0.9	1.4	0.7	0.5	1.3	2.4	1.3
7 月	10.8	8.3	9.5	8.1	6.1	10.8	11.9	9.3
8 月	6.5	5.3	6.2	5.4	3.8	6.3	7.1	5.8
6—8 月	18.9	14.5	17.2	14.2	10.4	18.4	21.4	16.4
全年	20.3	15.5	18.7	15.2	10.8	19.9	23.3	17.7
夏季/全年	92.9%	93.3%	91.8%	93.2%	96.3%	92.6%	91.9%	92.9%

（2）高温的空间分布

常德年高温日数呈西南多东北少的分布态势,桃源最多,为 23.3 d,安乡最少,仅 10.8 d,如图 7.7a。这种分布特点同常德地理地形、下垫面植被、海拔等都有密切关系。桃源处雪峰山余脉,西、南、北三面地势较高,而东面为沅水下游,地势较低,连晴增温后,热量不易流散,而安乡处湖区,湖面宽广,水的热容量较土壤大的多,加之地势平坦开阔,空气流通,因此成为少高温区。

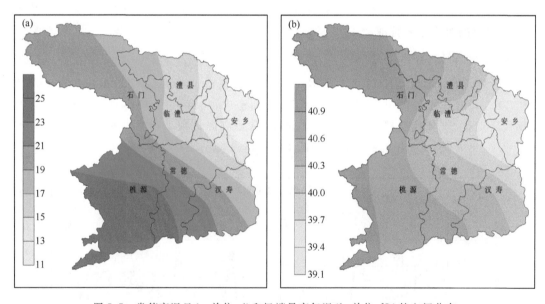

图 7.7 常德高温日(a,单位:d)和极端最高气温(b,单位:℃)的空间分布

7.2.2 极端最高气温的分布特征

根据 1960—2010 年资料统计分析表明:空间分布上,西北部、南部等地的极端最高气温要明显高于中东部地区,如图 7.7b。常德 7 个站点中年极端最高气温达到 40℃以上的有 5 个站,39~40℃之间的有 2 个站,石门于 1972 年 8 月 27 日出现 40.9℃的高温,为全市最高,安乡于 2010 年 8 月 4 日出现 39.1℃的高温,为全市最低,如表 7.4。

表 7.4　常德市极端最高气温统计（1960—2010 年）

	常 德	澧 县	石 门	临 澧	安 乡	汉 寿	桃 源
极端最高气温(℃)	40.3	40.5	40.9	39.8	39.1	40.5	40.7
出现年份	2010	1972	1972	1961	2010	1961	2010
日　期	8 月 4 日	8 月 27 日	8 月 27 日	7 月 23 日	8 月 4 日	7 月 24 日	8 月 4 日

7.2.3　高温天气的预报

对常德盛夏 7—8 月的高温天气进行统计发现,按 500 hPa 图上副高演变特点基本可分为两种主要类型,其中 75% 的过程为青藏高压东出合并类,另外 25% 的过程为副高西进类,此类过程多出现在 8 月。

(1) 青藏高压东出合并类

① 基本特征

青藏高原上有暖高压东移,在我国东部地区与西太平洋副热带高压相合并,促使副热带高压加强,并稳定控制长江中下游地区,常德出现连晴高温过程。这类过程开始前,中高纬形势一般都较稳定,没有明显的槽脊加深、加强,东亚锋区基本维持在 40°~50°N 附近,呈西南—东北走向;西太平洋副高一般都不强大,且脊线位置都较偏南,约在 25°N 或以南;青藏高原有反气旋环流或 588 线闭合的暖性高压(由北非副热带高压分裂并东移进入高原,或中亚高压经南疆移入高原,也可以是在高原上形成的高压);随着青藏高压的东移和西太平洋副高打通合并,副高增强,脊线北跳到 30°N 附近,常德处在 588 线或 592 线的控制下,高温过程便开始。

本类过程大多为雨季结束后的第一次高温或盛夏低槽降水结束后的高温过程。有时一次高温过程中有两次或以上的青藏高压东移和西太平洋副高的合并。有时副高脊线北跳到 30°N 的过程是出现在第二次两高打通合并之后。1971 年 7 月 12—27 日常德的长达半个月的高温天气是典型例子之一,资料分析表明:两高合并、副高北跳和高温过程的关系极为密切。在高温过程前即 7 月上旬,500 hPa 副高在 110°~120°E 范围内的平均脊线位置在 25°N 以南、第 3 侯副高脊线北跳到 30.3°N,并持续半个月,形成了高温过程。第 6 侯副高平均脊线南撤到 25°N,高温过程即告结束。

② 预报着眼点

此类过程预报着眼点在于西风带环流的演变及常德上游地区系统的变化:

i)当欧亚中纬度西风带槽脊没有明显的发展,东亚锋区呈西南—东北走向(或东西向)时,有利于副热带高压成纬向带状分布,这时青藏高原如有 588~592 dagpm 的闭合高压东移,将与西太平洋副高合并,促使西太平洋副高西进加强,脊线北抬;

ii)如果巴湖附近有低槽东移至河套一带转向东北方向移动,强度减弱,将有利于青藏高压东移合并,促使西太平洋副高西伸加强;

iii)当青藏高原出现 588 线的闭合高压时,未来 3~5 d 常德地区开始出现高温过程的可能性较大,但也有例外。

(2) 副高西进类

① 基本特征

这类过程多数出现在西风带为阻塞形势和副热带为经向环流的条件下。阻塞高压一般位于乌拉尔山到叶尼塞河地区,巴湖附近维持稳定的长波槽,并有明显的锋区。此时由于中高纬西风带环流形势和热带辐合带或台风等系统的影响,西太平洋副高向西挺进,强度加强,当副高进入大陆时,平均脊线达到30°~35°N附近,低纬15°~20°N有热带辐合线。整个常德地区受588线的高压或高压脊的控制而形成连晴高温过程。

② 预报着眼点

此类高温天气预报要从有利于副高588线稳定控制长江中游的条件来考虑:

i）当乌拉尔山附近维持稳定的阻塞高压时,其前部的冷平流有利于高原附近长波槽稳定和我国东部副高的西进和加强;

ii）西风带中如有高压脊东移和西太平洋副热带高压合并,能促使副高的加强和西进;

iii）台风的活动对副高的位置和强度变化有明显的影响,当台风向西或西北方向移动时,其后副高也随之西移;当台风越过副高脊线转向东北后副高将西伸加强;当台风很强大、而副高呈带状时,台风转向能引起副高暂时分裂,随后又西伸加强,因此可以从台风的路径和位置来定性地判断副高的西进及影响常德的时间;

iv）副高发生季节性跳跃之后,将有5 d以上的高温过程发生,最长可维持20 d左右;

v）在卫星云图上副高控制区内如晴空区西移、扩展,则副高也西进加强。另外,从梅雨锋枝状云系的移动也可判断副高脊线位置的变化。

7.3　干旱

干旱是由多种因素综合影响形成的,它不仅与降水、气温、蒸发等气候因子有关,而且与地质结构、土壤性质、森林植被、水利设施、耕作制度以及人类活动等因素密切相关。干旱四季皆可发生,按出现季节可分为:春旱、夏旱、秋旱、冬旱以及夏秋连旱、秋冬连旱、冬春连旱等。气象部门评估干旱多用降水量或无雨日数来判定干旱有无和等级。

常德降水量年际变率大,降水的季节和地域分配不均匀,特别是雨季结束后进入盛夏晴热少雨季节,经常容易引发干旱。干旱严重时溪河断流,塘坝、水库干涸,对农作物、航运、水电等产生严重影响,人畜饮水也会发生困难。史料对旱灾造成的影响有详尽的描述,常德早在西晋咸宁六年(公元280年)就有"武陵三月旱,伤麦"的记载。之后如"田禾枯焦,赤地千里,种植几绝,溪河断流,井涸泉枯"的记录屡见不鲜。1972年常德全市大部分地区出现夏秋连旱,5—9月全市平均降水量仅362.3 mm,史称"百日大旱",干旱导致全市农作物受灾面积达60.33千公顷,其中仅在桃源县早稻就失收1973.3 hm²,中稻失收66.7 hm²,晚稻失收3333.3 hm²,棉花受旱面积9000 hm²,旱粮受旱面积7000 hm²,大部分乡镇人畜饮水困难,经济损失严重。

气象干旱的标准:

春旱时段:3月上旬至4月中旬。春旱标准:3月上旬至4月中旬降水总量比常年偏少4成或以上。

冬旱时段:12月至次年2月。冬旱标准:12月至次年2月降水总量比常年偏少3成或以上。

夏旱时段:雨季结束至"立秋"前,出现连旱。

秋旱时段:"立秋"后至10月,出现连旱。

夏秋连旱时段:雨季结束至10月。

连旱:在连续 20 d 内基本无雨(总降水量≤10.0 mm)才作旱期统计;40 d 内总雨量<30.0 mm,41~60 d 内总雨量<40.0 mm,61 d 以上总雨量<50.0 mm;在以上旱期内不得有大雨或以上降水过程;山区各干旱等级降低 10 d,滨湖区各干旱等级增加 10 d。

气象干旱的等级:

一般干旱——出现一次连旱40~60 d;出现两次连旱总天数 60~75 d。以上二条,达到其中任意一条。

大旱——出现一次连旱61~75 d;出现两次连旱总天数76~90 d。以上二条,达到其中任意一条。

特大旱——出现一次连旱76 d 以上;出现两次连旱总天数 91 d 以上。以上二条,达到其中任意一条。

7.3.1 干旱的季节性分布

常德市干旱频繁,旱情较重,一年四季皆可出现干旱,但主要集中在夏季和秋季,多夏秋连旱。其他季节虽有干旱,但一般受旱范围小,持续时间短,旱情较轻。夏旱始于雨季结束后的 6 月下旬或 7 月上旬,个别年份始于 6 月上中旬。规律性的秋旱始于 8 月中下旬。春旱一般维持 20~40 d,夏旱一般维持 30~50 d,秋旱一般维持 40~60 d,夏秋连旱一般维持 70 d 以上,少数旱年维持时间在 100 d 以上。

春旱:1960—2010 年共 51 年中,局部或以上地区出现春旱的年份仅 10 年,其中 1962、1983、1997 年受旱范围小、持续时间短、旱情轻,其他年份波及范围较广,1988、2004、2005 年均为全市范围的春旱。

夏秋连旱:1960—2010 年共 51 年中,局部或以上地区出现夏秋连旱的年份共 28 年,其中 11 年仅 1 个观测站出现夏秋连旱,其他均 3 个观测站或以上出现夏秋连旱,1966、1974、1997、2009 年出现全市范围的夏秋连旱。

冬旱:1960—2010 年共 51 年中,局部或以上地区出现冬旱的年份共 21 年,其中 1965、1969、1980、1993 年仅 1 个观测站出现冬旱,1987、1995 年仅 2 个观测站出现冬旱,全市范围内出现冬旱的有 1967、1976、1978、1983、1998、2009 年共 6 年。

7.3.2 干旱的地域性分布

常德市干旱的地域性差异比较显著,局地干旱发生的比重较大。从空间分布来看,澧水流域气象干旱明显多于沅水流域,这与全市年降水量澧水流域少于沅水流域的空间分布比较吻合。如表 7.5,常德市特大干旱年平均每 3 年一遇,大旱年平均每 5 年一遇,大旱以上干旱年全市有 2 个高频中心,分别位于石门和安乡,安乡虽然气象干旱较多,但位于湖区,抗旱灌溉能力较强,旱情一般较轻,而石门属山区,蓄水灌溉能力较差,经常导致"半月无雨便有旱"的局面发生,旱情较重。全市一般干旱年平均每 10 年三遇,无旱年平均每 6 年一遇。

表 7.5　1960—2010 年常德气象干旱评估(单位:a)

	常德	澧县	石门	临澧	安乡	汉寿	桃源	平均
特大旱	17	18	21	22	25	11	11	17.9
大旱	11	10	11	8	8	13	8	9.9
一般	16	16	15	16	12	15	14	14.9
无	7	7	4	5	6	12	18	8.4

7.3.3 干旱成因分析及预测

（1）干旱成因分析

常德干旱的成因主要有：大气环流的影响，降水量与农业阶段需水量的不平衡，气温高、蒸发大、降水和蒸发的不平衡，地形地貌的差异，社会因素的影响等。

① 大气环流的影响大气环流的规律性运动和异常是形成我市干旱的主要原因。常年 6 月下旬至 7 月上半月，受西伸北抬的西太平洋副热带高压控制，我市雨季结束进入盛夏，天气晴朗，气温增高，南风加大，蒸发增强，具备了诱发干旱发生的气候背景。

大气环流异常，如前期副热带高压很弱，脊线位置偏南，导致我市冷暖空气交汇少，雨季降水不足，后期副热带高压过强、过早并长时间控制我市，则会出现长期无雨或少雨的现象，引起严重干旱。

② 降水量与农业阶段需水量极不平衡，常德市是农业大市，早稻本田期需水量一般小于同期降水量，但在少数 5—7 月少雨的年份和渗漏严重的地区仍有亏缺。而晚稻本田期需水量一般大于同期降水量，大多入不敷出。7—9 月是中、晚稻分蘖、孕穗、抽穗的需水关键阶段，需水量大，这时也是棉花结桃、柑橘壮果的关键期，此时若出现干旱，如果没有良好的水利灌溉条件，对各类农作物危害极大。

③ 气温高，蒸发大，降水和蒸发不平衡夏秋季节正值我市气温较高时段，各地日最高气温 ≥35℃ 的酷暑期也大多集中在夏秋季节。这一时期蒸发量最大的可达同期降水量的 4 倍以上。故降水和蒸发不平衡造成的水分短缺是形成干旱的又一原因。

④ 地形地貌的差异地形地表特征也是影响干旱的重要因素之一，常德市西部山区的石灰岩地质区土层薄，不利于蓄水保水，十天半月无雨，就容易发生干旱。

⑤ 社会因素的影响随着社会发展，自然灾害所造成的损失一直呈上升的趋势。虽然原因是多方面的，但社会因素的影响越来越显著：一是人口急剧增长，耕地急剧减少，复种指数提高，加重了干旱的发生和发展；二是森林植被遭破坏，生态失去平衡，水土流失日趋严重，人类生存的自然环境恶化，抗御自然灾害的客观条件脆弱；三是水利工程老化失修，水利基础设施的局限性和发展的不平衡使抗旱能力降低；四是经济建设的高速发展，工农业生产和人民日常生活需水成倍增加，同时水质下降、水源污染严重，少水、缺水的程度正不断加剧，近年来使得被称为"水窝子"的常德由于干旱造成的损失和影响也越来越大。

（2）干旱的预报预测

① 中期预报着眼点

500 hPa 环流平均场：i）欧亚中高纬度环流呈两槽一脊型，我国东部沿海地区为负距平，江南为偏北气流控制，是常德少雨的典型环流形势；ii）亚洲中纬度环流平直，环流纬向度偏强，不利于冷空气的南下；iii）低纬度孟加拉湾东部我国大范围为正距平，这种正距平分布说明南支槽不活跃，水汽输送条件差，不利于我市降水的产生。

西太平洋副热带高压：副热带高压持续强盛，副高长时间稳定偏强、偏西，是造成常德持续干旱天气的主要因素。所以副高脊线的位置、副高强度和副高西脊点位置是预报常德干旱的重要指标。

鄂霍次克海阻塞高压：鄂霍次克海高压是梅雨期亚洲东岸高纬度上空持久性的阻塞高压。

鄂海阻高位置偏北,我国夏季雨带一般维持在黄淮流域,此时位于长江中游地区的常德降水一般明显减少。当乌拉尔山和鄂霍次克海地区附近无持续性阻塞高压,这种环流形势利于常德干旱的发生、发展。

低层冷空气活动频率:冷空气势力不强,冷暖空气交绥主要在我国中西部地区,也不利于常德降水的产生。

西风带低槽位置:由于中高纬纬向环流占优势,西风带低槽位置偏北,即使北部冷空气活动频繁,但南下势力较弱,不易在常德地区造成冷暖势力的交汇,导致干旱少雨。

中低层西南气流强度:在中低层,江南到华南没有西南气流建立或西南气流偏弱,且空气湿度低,缺少足够的水汽条件,不会在常德地区产生降水,或者只有弱降水。

台风生成的频率和移动路径:台风是缓解常德夏季干旱的一个重要系统。台风的路径、位置和强度预报等,都是判断干旱缓解的重要因素。一般而言,由于受副高影响,台风的路径偏东或者偏南,此类台风对缓解常德干旱作用不大。

② 干旱预报方法及经验指标

物理统计天气学方法:即综合考虑大气环流形势背景、影响天气系统及演变转折的天气气候学特点,从中发现气象干旱前兆信号,并据此建立预测模型。通过对干旱气候成因、环流场特征及对干旱年、非干旱年 500 hPa 平均流场特征、高空锋区和急流带位置、距平场特征的分析,可以探索干旱气候特点和规律。

气象要素综合预报方法:综合考虑常德各气象站点连续无雨日数、降水量低于某一临界值日数、降水量距平的异常偏少、连续高温日数以及其他各种相关的大气参数,通过逐步回归法,建立干旱预报数学统计模型。

干旱指数预报方法:目前常用的干旱指数包括:

ⅰ)降水距平百分比。降水距平百分比是一个地区最简单的降水度量之一。它的算法是把实际降水量与常年降水量的差值再除以常年降水量,再乘上 100%。常年降水量,通常取 30 年降水均值。计算的时间尺度可以任选,从代表一个特定降水季节的一个或几个月到一年或几年不等。

ⅱ)归一化降水指数(SPI),对多时间尺度上的降水短缺进行量化。这些不同的时间尺度反映了干旱对不同水源供给能力的影响。例如土壤湿度状况对应一个相对较短时间尺度的降水异常,而地下水、地表径流和水库蓄水对应一个较长时间尺度的降水异常。任何地点任何尺度上的归一化降水指数计算都必须基于长期的降水记录。这个长期的降水记录对应于一个概率分布,将该概率分布转化为正态分布使该地点该时间尺度上的归一化降水指数均值为 0。正的归一化降水指数值表示大于降水中值,而负的归一化降水指数值表示少于降水中值。因为归一化降水指数是归一化的,湿润的和干燥的气候可以用同样的方法来表示,多雨的时段也可以用 SPI 来进行监测。这种归一化使 SPI 可以用来确定当前的干旱是多少年一遇(如 50年一遇、100 年一遇等),也可以确定要结束当前的干旱需要多少降水百分率。

ⅲ)帕尔默干旱指数(PDSI)。该指数提供一种标准化的水分状况测量方法,以便于对不同地区之间的指数及不同月份之间的指数进行比较,是一种气象干旱指数,它反映天气状况的干湿异常情况。例如,当天气状况由干燥转为正常或潮湿时,用该指数表示的干旱状态即结束,而不考虑地表径流、湖泊水库水位以及其他长期的水文影响。该指数具有 3 个特点:a)它为决策者提供了一种衡量一个地区近期天气异常情况的度量;b)能够从历史的角度来考察当前的状况;c)对过去发生的干旱提供一种时间和空间的表现方法。

土壤水分预测方法:土壤水分是水分平衡的组成部分,是作物耗水的主要直接来源,其变化可在一定程度上反映洪涝干旱的演变过程。土壤水分变化涉及下垫面特性(土壤结构、植被)、前期降水量分布、天气状况等多因素的综合影响,各地地域性差异较大。依据土壤湿度观测资料,综合气象条件、土壤特性和植被状况,建立时间序列的分区域、分季节土壤水分预测模型,建立土壤水分平衡方程,可以有效反应土壤墒情对气象要素变化的响应,为开展干旱预警服务提供科学依据。

气象遥感监测法:针对常德市的区域环境特点和干旱特点,采用 NOAA/AVHRR 反演植被指数,进而建立干旱监测模型。利用卫星遥感资料,通过土壤在不同湿度情况下由于湿度条件影响造成的在不同光谱波段上辐射特性的差异,可知当土壤干燥时,地表土壤昼夜温差大,而土壤含水量高时,地表土壤昼夜温差小,从而获得 1 d 内土壤的最高温度和最低温度,通过计算模型就可以获得土壤含水量。主要方法包括热惯量法和亮温反演土壤湿度法。

7.4 大雾

大雾是指在近地面的空气层中悬浮大量的水汽凝结物使水平能见度降低到 1 km 以下的自然现象。在我国南方,这些水汽凝结物主要是小水滴,通常称其为雾滴。浓雾时每立方厘米的空间里可有 500 多个雾滴,能够反射各种波长的光,因此雾常呈乳白色。大雾是常德的主要高影响天气之一,对社会的危害相当严重,大雾形成的恶劣能见度对交通运输影响甚大,特别是对航空、高速公路运输以及航运等,经常引发严重交通事故。

7.4.1 大雾与灰霾的区别

(1)组成物不同

霾是由大量极细微的干尘粒组成,大雾则是由近地面气层中悬浮的水汽凝结物组成。

(2)能见度不同

霾是使大气水平能见度<10 km 的空气普遍现象,大雾则是使水平能见度降低到 1 km 以下的自然现象,霾的能见度大于雾。

(3)颜色不同

霾呈黄色、橙灰色,雾呈乳白色或青白色。

(4)相对湿度不同

大量观测事实和众多专家的研究表明:霾的相对湿度<80%,雾的相对湿度>90%,相对湿度在 80%～90%之间时是霾和雾的混合物共同造成的,但其主要成分是霾。

(5)厚度不同

霾的厚度比雾大,霾的厚度一般在 1～3 km,雾的厚度在几十～几百米。

(6)粒子尺度不同

霾的粒子尺度为 0.001～10 μm,雾为 1～100 μm,霾的粒子尺度小于雾。

7.4.2　大雾的时空分布特征

（1）大雾的时间分布

常德属中亚热带向北亚热带过渡的湿润季风气候区,植被丰富多样,有利于大雾的生成和维持。全市各地大雾多年平均日数为 24.9 d,最多为 44.9 d,出现在 1980 年,最少为 9.6 d,出现在 2001 年。从大雾日数的年际分布来看,20 世纪 60 年代处于缓慢上升通道,70 年代到 80 年代前期逐渐升至波峰,随后逐渐下降,进入 21 世纪,大雾日数始终在低谷徘徊,如图 7.8。

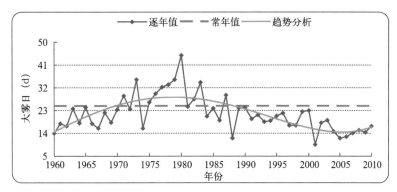

图 7.8　常德市大雾日数的历年变化和趋势分析（单位:d）

如图 7.9,对全市平均年大雾日数进行小波发现,在 20 世纪 70 年代到 80 年代初,频率为 6 时小波系数出现最大值,表明大雾日在此期间出现了最强的正振动,此时大雾日上升至波峰,而 20 世纪后期至 2010 年,频率 5～6 时负值中心最强,表明有最强的负振动,此时对应大雾日处历史较少时期。

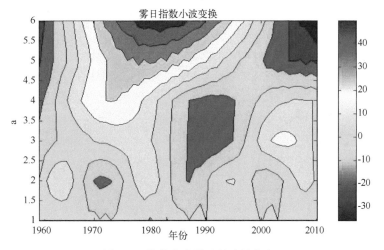

图 7.9　常德市大雾日的小波分布

从大雾的月际分布来看,一年之中夏季大雾日数处低谷,尤以 8 月最少,秋季开始大雾日逐渐递增,11 月至次年 1 月为大雾的多发季节,2—4 月大雾日维持在 2.0 d 左右,如图 7.10。大雾的形成与气温、空气湿度、环境风力等多种因素相关。一般来讲气温越高,空气中所能容纳的水汽相应也就越多,所以夏季出现大雾的几率较小,而秋冬季节晴空辐射降温冷却后较容易导致空气中水汽凝结成雾。

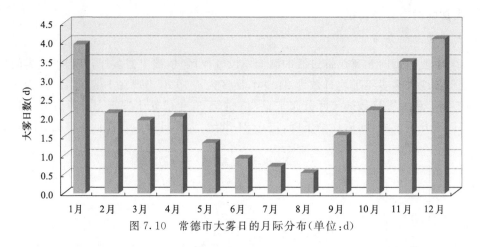

图 7.10　常德市大雾日的月际分布(单位:d)

从大雾的日变化来看,大雾主要出现时段位于 02—10 时,10 时以后急剧减少;在 02—10 时之间不同下垫面其大雾随时间的分布规律有明显的不同,其中常德市城区、石门大雾多出现在 08 时前后,其他地区以 02 时前后开始居多。

(2)大雾的空间分布

从大雾日的多年平均值来看,常德大雾日在空间分布上,中部地区要明显多于周边地区,其中临澧年平均大雾日达 38.2 d,为全市最多,常德市城区次之为 34.6 d,石门最少仅 15.3 d,如图 7.11。究其原因,初步分析临澧为全市最低气温的低值中心,空气中水汽容易达到饱和,而常德市城区空气中的悬浮颗粒较多,为大雾形成提供了足够的凝结核,因此大雾相对较多。而石门海拔较高,平均风速较其他地区大,山谷风效应加速了空气的上下层交换和水平流动,因而不利于大雾的形成。由于大雾的生消局地性较强,而所使用资料仅限于 7 个地面观测站点,故对其空间分布还有待进一步研究。

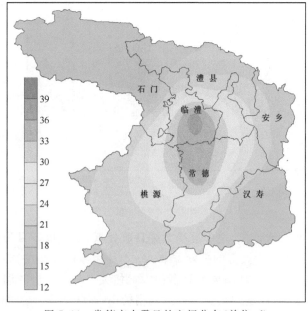

图 7.11　常德市大雾日的空间分布(单位:d)

7.4.3 大雾过程的天气形势特点

根据常德大雾形成的物理机制和天气背景,将常德大雾分为辐射雾、平流蒸发雾、冷锋雾以及其他雾 4 种,常德大雾出现时间主要集中在后半夜至清晨,以辐射雾居多,平流蒸发雾次之,其他两种大雾所占比例较小。

(1)辐射雾

辐射雾形成的天气形势有弱大陆高压(脊)型和西路小高压型两种。

弱大陆高压(脊)型:在 500 hPa 高空天气图上,东亚地区为一槽一脊或两槽一脊,沿海大槽深厚稳定,地面为正在减弱变性的大陆高压控制,有时表现为鞍形场或均压场,随着气团不断变性,增温增湿达到一定程度时,受夜间辐射冷却影响可在后半夜至清晨形成大雾。

西路小高压型:在 500 hPa 高空天气图上,东亚中低纬度为波动形势,在四川有低槽东出,引导地面小高压(即小股冷空气)从四川东移影响常德市。由于常德前期处在高空槽前时已有降水出现,地面湿度已经较大,而四川小高压的强度较弱,降温降湿作用均不明显,当高空槽过后天气转晴的夜间至清晨这段时间内,容易形成大雾。由于这种环流形势下天气系统移动较快,天空状况变化较大,故这类大雾多不具有连续性,但因湿度较大,其浓度也往往较大,造成的危害也较严重。该型多出现在冬、春之交或秋、冬之交的季节里。

(2)平流蒸发雾

平流蒸发雾主要在华南静止锋北抬的天气形势下形成:在 500 hPa 高空天气图上,环流形势较平直且多小波动活动,地面在湘南或湘中有减弱的静止锋维持,锋后变性冷高压主体已东移(或出海),静止锋呈缓慢北抬之势。其次是在静止锋生时形成:常德处在已出海的变性高压后部的倒槽之中,伴随着锋生的明显加强,出现降水而形成了大雾。

(3)冷锋雾

冷锋雾的生成离不开冷锋,但不是所有的冷锋都能生成大雾。一般来说,500 hPa 中纬度有低槽东移,地面锋后冷高压的强度应为中等偏弱,路径应为中路偏东或东路,锋面坡度较小,锋前应有弱的倒槽或鞍形场,湿度较大,14 时锋面位置应在 33°N 附近,这样才可能于后半夜至清晨影响常德。

(4)其他雾

这类雾包括降雪雾、化雪雾、上坡雾、湖滨平流雾,这些雾只生成在特殊的地形、特殊的天气背景下,出现的几率很少,占常德大雾总数不到 1%。

7.4.4 大雾预报方法

(1)资料来源

利用 2002—2004 年冬季(12 月—次年 3 月)7 个地面观测站的观测资料和 T213 数值预报产品及相关资料。预报检验利用 2005 年 9 月—2006 年 1 月常德市 7 个观测站的地面观测资料。

(2)预报方法的建立

通过分析 T213 数值预报产品,选取未来 48 h 每 6 h 不同层次中对大雾生消有影响的气温、相对湿度、垂直速度、散度等关键预报因子,将其插值至各预报站点,应用 MOS 方法建立常德市 7 个县区的大雾预报方程,进行逐县大雾预报。如图 7.12 所示。

(3)预报因子选取

选取预报因子为 1000、925、850、700 hPa 四个层次中 30、36、42、48、54、60、66、72 h 的温度、相对湿度、垂直速度、散度资料。

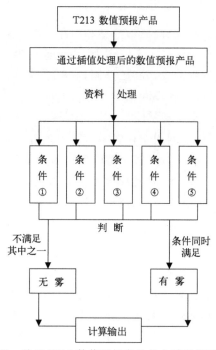

图 7.12　基于 T213 数值预报产品的大雾预报系统框架

(4)预报时次

对应起报日开始的 48 h 预报时效,即 30、36、42、48、54、60、66、72 h 分别对应起报日的上半夜、下半夜、第二天上午、第二天下午、第二天上半夜、第二天下半夜、第三天上午、第三天下午。

(5)预报模型

同时满足以下 5 个条件时预报有大雾天气:

① 当 925 hPa 与 1000 hPa 或 850 hPa 与 925 hPa 之间的温差绝对值<2℃时,表示逆温层或等温层的存在;

② 当 850 hPa 相对湿度较 1000 hPa 相对湿度预报值<20%或以上时,表示在测站上空有暖干盖存在;

③ 当 700 hPa 和 850 hPa 或者 850 hPa 和 925 hPa 即连续两层散度值为正,表示有一定厚度的辐散;

④ 为了表示上升气流较弱、垂直交换小,用 700 hPa 以下至少有一层的垂直速度为正值作为条件;

⑤ 当 1000 hPa 的垂直速度预报值≤5 m/s,表示低层扰动小。

（6）预报系统的建立

根据预报模型建立大雾预报系统,大雾预报系统中包括对 T213 资料初始场的计算、分析、处理、预报结果输出、打印等功能。在资料处理过程中,如数值预报产品资料时次缺失就用前一个时次的资料代替。结果输出有文本和图形两种方式,输出产品直观、简便,可作为预报员对外进行大雾预报服务的参考。

（7）预报检验

利用 2005 年 9 月—2006 年 1 月全市地面大雾观测资料,与大雾预报系统预报产品进行对比检验分析,得出大雾预报制作系统中对轻雾的预报准确率较为理想,在预报时效上 12 h 的预报准确率优于其他时次,其次是 6 h 和 36 h。此次预报产品检验样本为 143 个文件,即检验站点个数为 143×7(站),实况为 2005 年 9 月—2006 年 1 月全市共出现雾 123 d,其中大雾 38 站次,预报准确率达 84%(32/38)。

近年来,基于 T213 的大雾预报方法对常德大雾的预报起到了一定的指导性作用,随着 T639 数值预报模式的不断发展,数值预报产品的时空分辨率以及预报准确率不断提高,已逐渐替代 T213 数值预报模式,因此大雾预报方法中数值预报产品需完成替代工作。

参考文献

程庚福,曾申江,张伯熙,等,1987.湖南天气及其预报[M].北京:气象出版社.
熊德信,郭庆,1988.常德市气象灾害分析与预测[M].常德市气象局.
余高杰,胡振菊,郭蓉芳,2009.近 30 年常德市雷暴日的气候特征[J].高原山地气象研究,B09:116-119.
郭蓉芳,2007.基于 T213 数值预报产品的大雾客观预报系统研究[M].湖南气象,**23**(4).
邱莎,孙弘,仇财兴,等,2006.常德市大雾气候特征及其成因分析[J].湖南气象,**23**(2):39-41.

第8章

数值预报产品检验与释用方法

8.1 数值预报模式产品的初步检验

数值预报产品可以作为预报因子进行统计预报,从而使预报更准确、客观,还可以有效地提高预报时效,可见数值预报产品误差的大小,会直接影响到预报结果,尤其是数值预报释用结果的准确性。欧洲 ECWMF 产品经历了数十年的发展,对中短期天气形势的预报比较客观准确,是世界各国日常业务预报中常用的数值预报产品。我国 T639 数值模式提供的预报产品极为丰富,而且近几年其预报准确率有了很大提高。为了了解这两种数值模式产品的预报性能及准确度差异,以便更好地开展产品的解释应用,提高预报准确率,有必要对欧洲 EC-WMF 和国家气象中心 T639 数值预报产品的环流形势预报场和温度预报场与客观分析场之间的误差进行客观分析检验。

8.1.1 检验参数的确定

考虑到天气尺度系统对常德的影响,因此检验空间区域选择常德及邻近地区($104°\sim119°E,20°\sim34°N$)。根据常德天气气候特点,将 2009 年全年资料分为冬春季(1—4 月)、汛期(5—9 月)、秋冬季(10—12 月)三个检验时段。

预报场与分析场均方根误差(REMS)越小,距平相关系数(R)越高,则预报越准确,否则就越不准确。为此,将检验区 T639(240 个格点)、ECMWF(56 个格点)预报场资料与对应的分析场资料相比较,即当天的 24 h 预报场减去明天的分析场,当天的 48 h 预报场减后天的分析场,依此类推。由以下公式计算。

$$R = \frac{\sum (F - \overline{F})(A - \overline{A})}{\sqrt{\sum (F - \overline{F})^2 (A - \overline{A})^2}} \tag{1}$$

$$RMSM = \sqrt{\frac{1}{N} \sum (F - A)^2} \tag{2}$$

式中 F 为预报值,$\overline{F}$ 为平均值,A 为分析场值,$\overline{A}$ 为分析场平均值,N 为格点数。

对于欧洲 ECWMF 和我国 T639 模式预报产品,利用上述计算公式对 2009、2010 年(分为冬春季、汛期、秋冬季三个时段)常德及相关地区 500 hPa 高度场和温度场进行了定量检验,表8.1 中分别给出了 2009 年冬春季、汛期、秋冬季各个检验参数的平均值。

8.1.2　500 hPa 高度场平均定量检验分析

表 8.1　2009 年冬春季、汛期、秋冬季模式常德关键区相关检验参数

项目	时效	冬春季(1—4月)		汛期(5—9月)		秋冬季(10—12月)	
		ECMWF	T639	ECMWF	T639	ECMWF	T639
R	24 h	0.998	0.994	0.984	0.963	0.998	0.995
	48 h	0.965	0.987	0.851	0.923	0.976	0.993
$RMSE$	24 h	0.763	1.765	0.448	1.609	0.583	1.811
	48 h	2.562	4.940	1.582	3.445	2.168	4.240

从表 8.1 中 500 hPa 高度场的相关系数 R,24 h 预报两个模式均在 0.98 以上,且 ECM-WF 高于 T639,可见在短期业务预报中,ECWMF 对 500 hPa 位势高度场的预报比 T639 模式的准确率和可信度更胜一筹。从季节分布来看,对于 500 hPa 高度场的相关系数 R,无论是 ECWMF 还是 T639 模式,都是在秋冬季最大,冬春季次之,汛期最小。但随着预报时效的延长,各相关系数也逐渐减小,预报准确率也随之降低。

8.1.3　逐日定量检验分析

虽然表 8.1 给出的结果为不同时段内各个检验量的平均值,可以作为对 ECWMF 和 T639 模式预报的预报能力的总的对比分析。但在日常业务预报中我们更需要知道一段时间内各个检验量逐日的变化情况和趋势,这样更利于我们了解这两种模式在各时段的预报能力和优缺点。所以利用上述方法我们每天计算出 24 h,48 h 不同预报时效各个检验参数的值,并给出在一段时间内的变化曲线图,以便于详细的对比分析。

(1)逐日距平相关系数检验

从图 8.1 可以看出两家模式的 24、48 h 预报时效的距平相关系数变化趋势基本一致,但 ECMWF 24 h 的距平相关系数离散度小,而 48 h 的距平相关系数离散度大,且明显大于对应时次 T639 模式的距平相关系数。另外在 4 月中下旬以后,它们的距平相关系数均出现明显减小趋势,且 T639 模式的距平相关系数仍能保持在 0.9 以上,而 ECMWF 模式的距平相关系数只能保持在 0.8 以上,T639 模式的优越性较明显。

从图 8.2 可以看出,在汛期(5—9月)ECMWF 和 T639 模式的逐日距平相关系数值要<冬春季(1—4月)。在 7 月,它们各预报时效的距平相关系数明显减小,波动幅度加大,但 ECMWF 模式 24 h 预报时效的距平相关系数绝大多数仍能保持在 0.96 以上,而 T639 波动较大,24 h 有一部分在 0.96 以下,两家模式 48 h 预报的距平相关系数波动明显大于各自 24 h 预报。可见在汛期,随着天气系统复杂性增加、预报时效的增加,模式预报的难度也在增加,但不管怎样,两家模式 48 h 的距平相关系数均在 0.85 以上,T639 甚至还更胜一筹,这就表明,T639 除了时间、空间分辨率的优势外,其预报的准确性与可信性,更值得我们预报的关注。

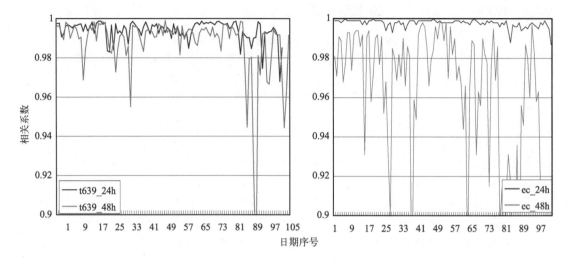

图 8.1　常德关键区 2009 年 1—4 月模式 500 hPa 位势高度场逐日距平相关系数

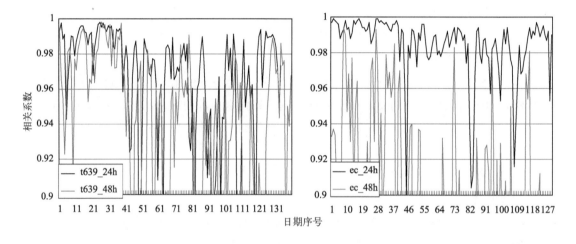

图 8.2　常德关键区 2009 年 5—9 月模式 500 hPa 位势高度场逐日距平相关系数

　　从图 8.3 中可以看出,在秋冬季(10—12 月)ECMWF 模式的逐日距平相关系数值要明显大于汛期(5—9 月),也大于冬春季(1—4 月);它的 24 h 预报时效的距平相关系数值均在 0.98 以上,而且离散度较小,48 h 预报时效距平相关系数离散度较大。T639 模式 24 h 预报时效的距平相关系数值,总体上略小于对应时次 ECMWF 模式的距平相关系数值。而其 48 h 预报时效的距平相关系数值离散度小于 ECMWF 模式。

　　(2)逐日均方根误差检验

　　图 8.4 为 2009 年 1—4 月 T639 和 ECWMF 模式 500 hPa 位势高度场逐日均方根误差的变化曲线,可以看出无论是 ECWMF 模式还是 T639 模式,它们 24 h 预报场均方根误差数值变化都比较平稳,在 1 附近,但 ECWMF 预报的均方根误差在每个时次上都小于 T639 模式的预报值,说明 ECMWF 模式预报的精度比较高,可信度较好。同时,它们预报场的均方根误差随着时效的增加则明显增大,很多介于 2 和 3 之间,可信度降低。

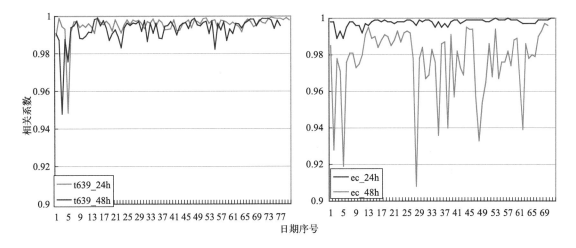

图 8.3 常德关键区 2009 年 10—12 月模式 500 hPa 位势高度场逐日距平相关系数

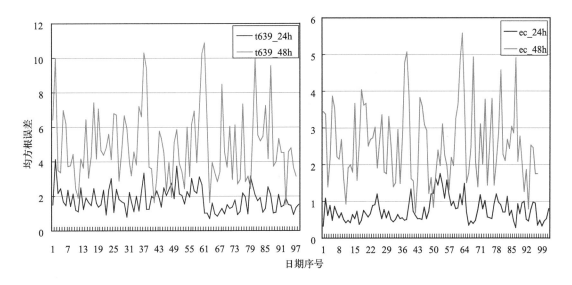

图 8.4 常德关键区 2009 年 1—4 月模式 500 hPa 位势高度场逐日均方根误差

从图 8.5 可以看出，ECWMF 模式 500 hPa 位势高度场逐日均方根误差的变化曲线除 5—6 月波动略大外，其余时段都非常平稳，而其 24 h 预报场均方根误差数值绝大多数都在 1 以内，远小于 1—4 月的均方根误差值，可见就均方根误差来说，在汛期（5—9 月）其预报精度和可信度均好于冬春季（1—4 月）。而 T639 模式逐日均方根误差的变化曲线波动较大，24 h 预报场均方根误差数值在 1 附近，而 48 h 预报场均方根误差数值都大于 1，说明在汛期，T639 模式的预报精度和可信度较 ECWMF 模式有较大的差距。

图 8.6 是 2009 年 10—12 月 T639 和 ECWMF 模式 500 hPa 位势高度场逐日均方根误差的变化曲线。从中可以看出，它们的 24 h 预报场场均方根误差数值变化都比较平稳，而 48 h 预报场均方根误差数值变化幅度逐渐增大；且 2 个时效的 ECWMF 预报的均方根误差都小于相应时效的 T639 模式，说明 ECWMF 模式预报的精度仍然略好于 T639 模式。随着预报时效增加，它们预报场的均方根误差明显增大，可信度降低。

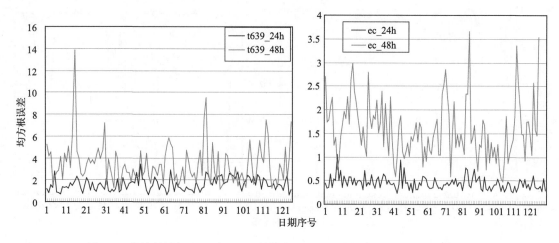

图 8.5　常德关键区 2009 年 5—9 月模式 500 hPa 位势高度场逐日均方根误差

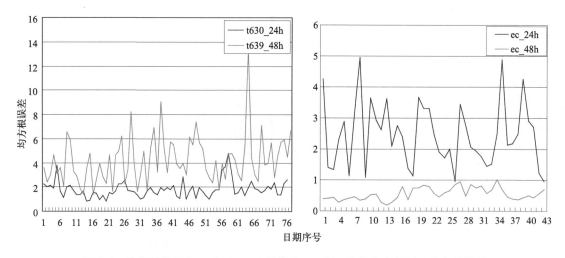

图 8.6　常德关键区 2009 年 10—12 月模式 500 hPa 位势高度场逐日均方根误差

8.2　数值预报产品释用方法

目前,数值预报产品的释用技术已经得到很大发展。最主要有几类:一类是动力—统计预报方法,包括完全预报方法(PP 法)和模式输出统计方法(MOS 法)两种;另一类是数值模式预报(M)、天气学经验预报(E)以及诊断分析(D)三者相结合的分析方法;还有用数值产品进行再分析诊断的方法及卡尔曼滤波方法等。

下面简单介绍常德市气象台基于数值预报产品释用的降水预报方法。该方法以T106L19(简称 T106)数值预报产品为基础,根据天气动力学原理引入物理量的强度指数与面积指数的概念,并运用强度指数与面积指数导出综合指数与暴雨的量值关系,通过与 T106 的降水预报产品相集成,制作出常德市区域及分县(落点)24～96 h 的暴雨定量预报。通过1998、1999 年的应用,证明该技术对区域和落点暴雨预报有很强的预报能力。

8.2.1 释用资料选取

降水量的大小直接与水汽条件、垂直运动条件、大气层结不稳定条件以及降水持续的时间有关。T106 模式提供了与这些条件有关的具有较高空间分辨率及时间分辨率的物理量产品。本方法所选取的产品资料有：

(1)T106 降水预报产品(12 h 累积雨量)；

(2)500、700、850 hPa 涡度；

(3)500、700、850 hPa 垂直速度；

(4)500、700、850 hPa 水汽通量散度；

(5)200、850 hPa 散度；

(6)500 hPa 高度；

(7)K 指数。

8.2.2 释用模型

(1)关键区的选择取

常德市地处 $29°\sim30°N,111°\sim112°E$，作为数值预报产品的一种同时效释用，确定了 $28°\sim30°N,110°\sim113°E$ 为第一关键区；同时考虑到周边地区的影响系统对预报地区可能产生的作用，选取了 $26°\sim31°N,105°\sim116°E$ 为第二关键区。

(2)有关特征量的约定

面积指数(SZH)：第一关键区内某物理量的各格点预报值满足给定条件的格点数与关键区内总格点数之比。比值的大小间接反映出该物理量对降水持续时间的贡献。

强度指数(PZH)：将第一关键区内某物理量满足给定条件的所有格点预报值分别减去条件值，再对差值求和，然后除以一经验常数。其大小间接反映出降水的强度。中心强度指数(CPZH)：第一关键区内某物理量满足给定条件的各格点预报值中的最大或最小值与经验常数之比，其大小反应降水强度的大小。

以预报站点为中心，所在经纬度值加减 1 个经纬度的范围为第一关键区；常德市地处 $29°\sim30°N,111°\sim112°E$，考虑到周边地区的影响系统对预报地区可能产生的作用，选取了 $26°\sim31°N、105°\sim116°E$ 作为第二关键区。

(3)计算方法

① 暴雨预报综合指数的引入

$$ZH_t = \sum_{i=1}^{k} ZS_{i,t}$$

其中 ZH 为暴雨预报综合指数；下标 $t=24,48,72,96$ 为预报时段；$i=1,2,\cdots,7$ 为分指数序号；ZS 为分指数(分别为垂直速度指数、水汽通量散度指数、涡度指数、水平散度指数、K 指数、副高面积指数、低槽强度指数)。

i)垂直速度指数的计算

$$ZS_{i,t} = (ZS_{i,t0} + ZS_{i,t1})/2 \quad (-1.0 \leqslant ZS_{i,t} \leqslant 3.0)$$

$$ZS_{i,t0} = SZH_{i,t0} + PZH_{i,t0} + CPZH_{i,t0}$$

$$ZS_{i,t1} = SZH_{i,t1} + PZH_{i,t1} + CPZH_{i,t1}$$

其中 $t0$，$t1$ 为与预报对象的预报时段相邻的数值预报产品资料的两个预报时效（$t0=24$，$48,72,96$；$t1=48,72,96,120$）。

采用二个相邻预报时效的平均值既可以减小数值预报产品对影响系统在时间上的预报偏差，又可间接的反映出影响系统的移动速度。

$SZH_{i,t0}=K_0÷K$　　（K_0 为所选关键区内 $S_{j,t0}<0$ 的总格点数）

$SZH_{i,t1}=K_1÷K$　　（K_1 为所选关键区内 $S_{j,t0}<0$ 的总格点数）

$S_{j,t0}=(X_{j,t0})850+(X_{j,t0})700+(X_{j,t0})500$

$$S_{j,t0}=\begin{cases} S_{j,t1}, & \text{当 } S_{j,t1}<0 \text{ 时} \\ 0 & \text{当 } S_{j},t1\geq0 \text{ 时} \end{cases}$$

$S_{j,t1}=(X_{j,t})850+(X_{j,t})700+(X_{j,t})500$

$$S_{j,t0}=\begin{cases} S_{j,t1}, & \text{当 } S_{j,t1}<0 \text{ 时} \\ 0 & \text{当 } S_{j,t1}\geq0 \text{ 时} \end{cases}$$

其中 X_j 为第一关键区内某层次某时效垂直速度的格点预报值，$j=1,2,\cdots,K$ 为格点序号。

$$PZH_{i,t0}=\sum_{j=1}^{k}S_{j,t0}/\text{经验常数}$$

$$PZH_{i,t1}=\sum_{j=1}^{k}S_{j,t1}/\text{经验常数}$$

$CPZH_{i,t0}=$ 关键区内 $S_{j,t0}$ 的最小值 $÷$ 经验常数

$CPZH_{i,t1}=$ 关键区内 $S_{j,t1}$ 的最小值 $÷$ 经验常数

ⅱ）水汽通量散度指数、水平散度指数、K 指数的计算（略）

ⅲ）副高面积指数的计算

$ZS_{i,t}=(ZS_{i,t0}+ZS_{i,t1})÷2$　　$(-2.0\leq ZS_{i,t}\leq0.0)$

$ZS_{i,t}=(ZS_{i,t0}+ZS_{i,t1})÷2$　　$(-2.0\leq ZS_{i,t}\leq0.0)$

$ZS_{i,t0}=SZH_{i,t}$

$ZS_{i,t1}=SZH_{i,t1}$

$SZH_{i,t0}=$ 经验常数 $×(K_0÷K_1)$

$SZH_{i,t1}=$ 经验常数 $×(K_1÷K)$

其中 K_0、K_1 分别为所选关键区内 $X_{j,t0}>588.0$ 的格点数和 $X_{j,t1}>588.0$ 的格点数。

ⅳ）、低槽强度指数的计算

$ZS_{i,t}=(ZS_{i,t0}+ZS_{i,t1})÷2$　　$(0.0\leq ZS_{i,t}\leq4.0)$

$ZS_{i,t0}=DZH_{i,t0}$

$ZS_{i,t1}=DZH_{i,t1}$

$DZH_{i,t0}=4×$（第二关键区内各纬度存在低槽的纬度数）$÷6$

$DZH_{i,t1}=4×$（第二关键区内各纬度存在低槽的纬度数）$÷6$

② 综合指数与预报区内降水量的关系

综合指数的 7 项分指数从不同的角度（如垂直运动、涡度、水平辐合、水汽辐合、大气层结稳定度以及副高、低槽等）反映出了暴雨产生的机制，且已约定所占权重基本相同。因此，根据

各分指数的取值范围和统计结果,将综合指数≥7.0 定为有暴雨(50.0 mm),最大值 19.0 定为有特大暴雨(250.0 mm),从而得出综合指数与区域降水量(RZH_t)的关系式为:

$$RZH_t = 50.0 + 50.0 \times (ZH_t - 7.0) \div 3.0$$

i)基于 T106 数值预报产品的降水预报产品的释用

T106 降水预报产品为 12 小时的累积雨量,先将其累加为 24 小时的累积雨量,然后分别将各时效的累积雨量预报值内插到常德市的 7 个站点。则可得出 T106 降水预报产品在各县的释用值。其内插方法为 9 点距离加权插值。

$$RX_{t,p} = (X1 \div S21 + X2 \div S22 + \cdots + X9 \div S29) \div (1 \div S21 + 1 \div S22 + 1 \div S23 + \cdots + 1 \div S29)$$

其中 $X1, X2, \cdots, X9$ 分别为($28° \sim 30°$N,$111° \sim 113°$E)9 个格点上的雨量预报值;$S1, S2, \cdots, S9$ 分别为各格点到插值点的距离;$R_{t,p}$ 为 T106 降水预报产品在某个县站某预报时效的雨量内插预报值,$p = 1, 2, \cdots, 7$。

ii)基于 T106 数值预报产品的暴雨预报的制作

区域暴雨预报的制作:先求出 T106 降水预报产品在各县释用值中的最大值 RR_t,当 $RZH_t \geqslant 50.0$ mm 或 $RR_t \geqslant 50.0$ mm 时预报常德市区域内有暴雨,其可能最大降水量为:

$$RX_{t,p} = \begin{cases} 当 RZH_t & RZH_t \geqslant RR_r \ 时 \\ 当 RZH_t & RR_t \leqslant RR_r \ 时 \end{cases}$$

落点降水预报 $RX_{t,p}$ 的制作:根据区域降水预报值并利用 T106 降水预报产品在该区域内的分布值,订正预报到各站点;其订正系为该点的 T106 降水预报值与该区域内的最大值之比;其量值为:

$$RX_{t,p} = RZH_t \times RX_{t,p} \div RR_t$$

$$RX_{t,p} = \begin{cases} R_{t,p} & 当 R_{t,p} \geqslant RX_{t,p} \ 时 \\ RX_{t,p} & \end{cases}$$

8.3　业务运行方法

运行分为四部分:资料录入、资料解码、方法运行、结果输出。这四部分的运行程序均由 MICAPS 系统的定时控制程序自动控制,因此,预报方法每天都是自动运行,预报结论也是自动定时上网,完全无需人工操作。市、县预报员每天通过应用界面或 MICAPS 系统直接从网络上获取预报信息。

8.4　质量评定办法与应用效果

按中国气象局下发的《重要天气预报质量评定办法》评定 TS,评分分区域和本站。其计算公式为:

$$TS = 正确次数 \div (空报次数 + 漏报次数 + 正确次数) \times 100\%。$$

8.4.1　区域评分情况

在 7 个站点中挑选出最大雨量预报值及最大降水实况值进行评定 TS,表 8.2 和表 8.3 分别为直接使用和应用释用方法作区域暴雨预报准确率,从表 8.2 和 8.3 可以看出释用方法的预报质量明显高于直接法的预报质量,释用方法的 24 h 暴雨、大暴雨预报质量 5—8 月平均达

62%和67%,4个月中暴雨预报质量除5月只有40%以外,其他3个月均在50%或以上,且基本上无漏报,暴雨、大暴雨的48~72 h预报也达到了较为理想的预报水平。但对96 h的暴雨预报能力较弱。

表8.2　直接应用 T106 数值预报产品制作区域暴雨预报准确率 TS(单位:%)

月份	暴雨				大暴雨			
	24 h	48 h	72 h	96 h	24 h	48 h	72 h	96 h
5 月	33	0	0	33	—	—	—	—
6 月	33	0	25	0	0	0	33	0
7 月	11	11	0	0	0	0	0	0
8 月	100	0	0	0	—	—	—	—
平均	44	3	6	8	0	0	17	—

8.4.2　站点评分情况

表8.3　数值预报产品释用制作区域暴雨预报准确率 TS(单位:%)

月份	暴雨				大暴雨			
	24 h	48 h	72 h	96 h	24 h	48 h	72 h	96 h
5 月	40	13	0	14	—	0	—	—
6 月	50	14	40	0	67	50	100	—
7 月	58	47	56	—	67	50	50	—
8 月	100	0	50	0	—	—	—	—
平均	62	19	37	4	67	33	75	—

先评定每个站点的 TS,再求平均,其结果与区域预报相似,即暴雨、大暴雨的48~72 h预报也达到了较为理想的预报水平,但对96 h的暴雨预报能力较弱。

8.5　应用个例

1998年6月23日、6月24日、7月23日常德市出现了全市性的暴雨,该方法的24 h预报极为成功,其报结果见表8.4。

表8.4　分县24 h降水预报与实况检验应用个例(单位:mm)

日期	项目	常德	石门	澧县	临澧	安乡	汉涛	桃源
1998-06-22	实况	89.5	77.8	79.7	83.8	86.8	93.3	87.3
	预报	114.3	59.4	125.3	52.3	36.6	85	97.2
1998-06-23	实况	131.8	70.3	103.9	113.5	142	148.3	109
	预报	103.1	82.4	136.1	154.4	15.1	103.3	93.6
1998-07-22	实况	86.5	62.7	107.3	94.3	113.3	91.3	67
	预报	86.5	205.3	130.5	157	130.3	23.7	95

　　综上所述：应用结果所反映出的无论是区域还是落点暴雨预报，释用方法所制作的 24～72 h 暴雨预报质量比直接应用 T106 的降水预报产品要高，且 24 h 暴雨基本上做到了无漏报。这说明直接应用 T106 的降水预报产品制作强降水预报其预报能力偏弱，必须加入产品中的其他因子进行释用才能达到理想的效果，同时也从另一方面说明了 T106 数值预报产品的可信度高。

　　通过把 T106 产品中物理量的格点预报值计算成面积指数和强度指数，并导出反映降水量大小的综合指数，实践证明这一释用思路是成功的。综合指数所反应的是某一区域内多层次、多时效、多个物理量对暴雨预报的综合贡献，从而具有较强的稳定性。

　　预报方法运行自动化程度低是许多预报方法不能长久应用的重要原因之一，我们充分利用 MICAPS 的定时控制功能，使得整个预报制作流程完全自动化，预报员只要通过应用界面或 MICAPS 调阅结论即可。

　　数值模式更新快也是很多数值预报产品释用方法不能长久应用的重要原因之一。在该释用方法的运行程序设计时考虑了方法对模式变更的适应性，即将关键区的起止经纬度、网格点数以及经验常数等以文本方式保存成参数文件，释用方法运行时从参数文件中获取处理数值预报产品资料所需的信息。当模式更新只要对参数文件中的内容稍加修改就可适应新的模式运行，从而很容易达到继续应用的目的。

参考文献

游性恬,张兴旺,1992.数值天气预报基础[M].北京:气象出版社.

田永祥,沈桐立,葛孝贞,陆维松,1995.数值天气预报教程[M].北京:气象出版社.

周毅,刘宇迪,桂祁军,李昕东,2002.现代数值天气预报[M].北京:气象出版社.

朱盛明,曲学实,1988.数值预报产品解释技术的进展[M].北京:气象出版社.

中国气象局科教司,1998.省地气象台短期预报岗位培训教材[M].北京:气象出版社.

蔡树棠,刘宇陆,1993.湍流理论[M].上海:上海交通大学出版社.

杨大升,刘余滨,刘式适,1983.动力气象学[M].北京:气象出版社.

赵鸣,苗曼倩,王彦昌,1991.边界层气象学教程[M].北京:气象出版社.

皇甫雪官,2002.国家气象中心集合数值预报检验评价[M].应用气象学报,**13**(1):29-36.

张立祥,陈力强,周小珊,2001.中尺度数值预报中不同初值方案的检验对比[M].气象,**27**(7):8-12.

中央气象台,2002.天气预报方法与业务系统研究文集[M].北京:气象出版社.

郭秉荣,丑纪范,杜行远,1986.大气科学中数学方法的应用[M].气象出版社.

廖洞贤,王两铭,1986.数值天气预报原理及其应用[M].北京:气象出版社.

俞小鼎,2002.数值天气预报技术概要,中国气象局培训中心科技培训部.

廖玉芳,陈长生,郑克猛,2000.物理量综合指数与暴雨客观预报[J].四川气象,**20**(3):30-32.

第9章

多普勒天气雷达短时临近预警技术

9.1 暴雨

9.1.1 暴雨的多普勒速度场分型及降水特征

暴雨是常德地区常见的一种灾害性天气,它是在大尺度的环流背景条件下,由中尺度天气系统直接造成的,在多普勒速度图上,各种类型的暴雨有不同的速度场。为更好预报各种短时强降水,构建短时暴雨经验模型,统计了常德市7个观测站2002年和2008年出现的85站次暴雨过程(根据中国气象局《重要天气预报质量评定办法》中的降水等级划分表及GD~01电码中重要天气发报规定将日降雨量≥50 mm或3 h雨量≥25 mm定义为一个暴雨日)的多普勒速度场,把暴雨多普勒速度场分成以下5种类型:(1)切变线型,占9.7%;(2)辐合线(带)型及逆风区型,占34.2%;(3)冷平流型,占8.5%;(4)暖平流型,占18.2%;(5)急流型,占29.4%。各种类型分别见图9.1~9.5。需要说明的是,统计过程中,同一个暴雨过程有多种类型时,根据情况归为一种类型,例如,冷暖平流型暴雨常伴随急流、逆风区、切变线等。

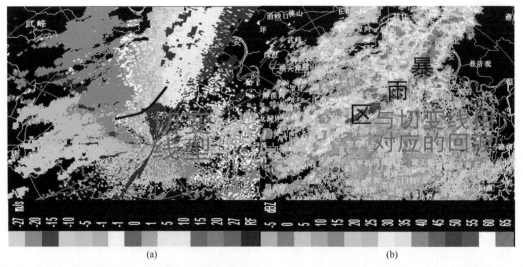

(a)   (b)

图9.1 切变线型暴雨2008年07月23日澧县北京时00—06时累计降水量达123 mm,(a)代表仰角1.5°的
V27速度图,冷色表示风吹向雷达,暖色代表风离开雷达,图中黑色曲线表示切变线,
(b)代表CR37组合反射率,其速度值和反射率值分别对应下面色标。

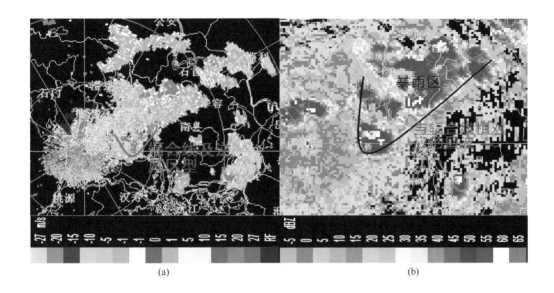

(a)　　　　　　　　　　　　　　　　(b)

图 9.2　辐合线及逆风区型暴雨 2008 年 06 月 22 日安乡北京时 18—21 时累计降水量达 57.2 mm，
(a)代表仰角 1.5°的 V27 速度图，冷色代表风吹向雷达，暖色代表风离开雷达，图中紫色曲线
表示辐合线，(b)代表 CR37 组合反射率，其速度值和反射率值分别对应下面色标。

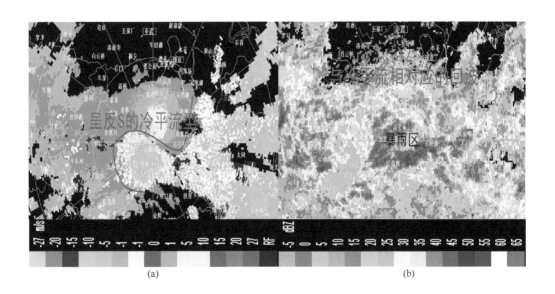

(a)　　　　　　　　　　　　　　　　(b)

9.3　冷平流型暴雨 2002 年 06 月 27 日常德、桃源、汉寿北京时 0—8 时累计降水量分别达 107 mm、
57 mm、63 mm，(a)代表仰角 1.5°的 V27 速度图，冷色代表风吹向雷达，暖色代表风离开雷达，
图中紫色曲线表示零速度线呈反 s 型，雷达资料分析中，把零速度线呈反 s 型变化定义为
冷平流，(b)代表 CR37 组合反射率，其速度值和反射率值分别对应下面色标。

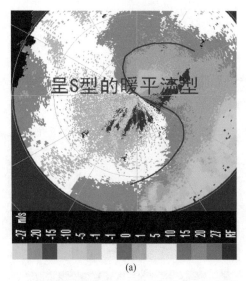

(a)   (b)

9.4　暖平流型暴雨 2002 年 08 月 19 日汉寿、安乡北京时 0—12 时累计降水量分别达 66 mm、60 mm，
(a)代表仰角 1.5°的 V27 速度图，冷色代表风吹向雷达，暖色代表风离开雷达，图中紫色曲线表示
零速度线呈 S 型，雷达资料分析中，把零速度呈 S 型变化定义为暖平流，(b)代表 CR37 组合
反射率，其速度值和反射率值分别对应下面色标。

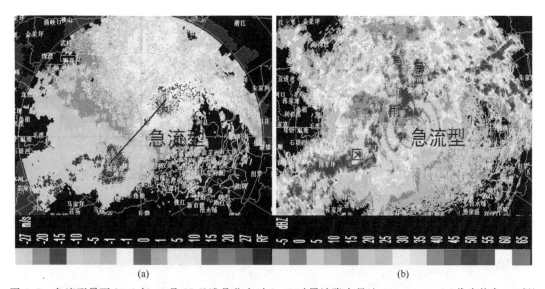

(a)   (b)

图 9.5　急流型暴雨 2008 年 05 月 27 日澧县北京时 2—8 时累计降水量达 100.9 mm，(a)代表仰角 1.5°的
V27 速度图，冷色表示风吹向雷达，暖色代表风离开雷达，图中黑色直线表示急流轴，
(b)代表 CR37 组合反射率，其速度值和反射率值分别对应下面色标。

统计分析研究表明，不同的暴雨速度场其降水率和落点有较大的差别，因而产生的累积降
雨量和落点也不同。暖平流型暴雨主要发生在负速度区，降雨时间长，强度不大；急流型暴雨
出现在急流轴附近，降雨持续时间长，当回波整体由北向南压时（与之相对应的天气系统由北
向南压），急流中心强度逐渐加强为暴雨加强信号，背风而立暴雨区位于急流轴左侧，急流中心
强度达到最强，暴雨位于急流轴两侧附近，急流中心强度逐渐减弱，背风而立暴雨区位于急流
轴右侧，暴雨强度逐渐减弱，当回波整体由南向北抬时（与之相对应的天气系统由南向北抬），

急流中心强度逐渐加强为暴雨加强信号,背风而立暴雨区位于急流轴右侧,急流中心强度达到最强,暴雨位于急流轴两侧附近,急流中心强度逐渐减弱,背风而立暴雨区位于急流轴左侧,暴雨强度逐渐减弱;冷平流型暴雨出现在反"S"南侧的辐合带上,降水时间少于暖平流型和急流型暴雨,辐合带的出现为降水加强信号;辐合线(带)型及逆风区型,切变线型暴雨其位置均与辐合线及逆风区、切变线位置相对应,降水持续时间与辐合线(带)及逆风区、切变线的维持时间成正相关,辐合线型暴雨一般为短时强降水,同时急流型和切变线型暴雨回波有时具有典型的列车效应。在以上各种暴雨类型中,冷、暖平流及急流型暴雨的降水回波以层积混合性降水回波为主,暴雨区与 40 dBz 以上回波的位置相对应,50 dBz 回波的出现是降雨强度加强的信号;其他则以对流性降水回波为主,暴雨位置与 50 dBz 回波的位置相对应,若两条对流回波带一条追赶上另一条时,其交界处将为强降雨中心发生地。通过研究暴雨速度场,构建暴雨经验模型,有助于提高暴雨定点定量预报的准确率。

9.1.2 垂直累积液态含水量在暴雨预报中的应用

垂直累积液态含水量(VIL)定义为某底面积的垂直柱体中的总含水量,其计算公式为:

$$VIL = \int_{\text{底高}}^{\text{顶高}} 3.44 \times 10^{-3} z^{4/7} \, \mathrm{d}h$$

其中 z 为反射率因子,h 为高度。

VIL 产品反映降水云体中,在某一确定的底面积(4 km×4 km)的垂直柱体内液态水总量的分布图像产品。它是判别强降水及其降水潜力,强对流天气造成的暴雨、暴雪和冰雹等灾害性天气的有效工具之一,统计常德市 7 个观测站 2002 年和 2008 年出现的 85 站次暴雨过程中,其 VIL 中心值都在 45 kg/m² 以下。VIL 值是区分暴雨和冰雹的重要判据指标之一,特别是用来区分局部强对流天气中的局地暴雨和冰雹,对应的速度场分型中的辐合线型暴雨。

9.1.3 VAD 风廓线在暴雨预报中的应用

VAD 风廓线图反映的是雷达站周围 60 km 范围内的风场结构。利用 VAD 风廓线图对于暴雨的预报主要有以下作用:

(1)利用 VAD 风廓线可以有效地判断各层的低槽、切变及冷锋是否已过本站。根据大量的观测事实,发现 VAD 风廓线资料对于本站西风带降水有很好的指示作用:当风向随高度顺时针转动,并且在 1.5~3 km 有 >12 km/s 的急流存在时,降水在雷达站的西部和北部;风速在 8~10 km/s 或有低层的风转北风时对于本站及周边站点的降水有指示意义。

(2)利用 VAD 产品还可以判断低空急流的演变情况,当 3 km 以下的西南风增大时,低空急流增强,预示降水加强。对于大尺度的北推型、南压型、南北摆动型暴雨的量级和落点预报有很好的指示意义,主要应用于冷暖平流型、急流型、切变线速度场型暴雨。

(3)VAD 风廓线产品不适用于局地强对流天气的风场结构判断。

9.2 冰雹

9.2.1 冰雹云雷达产品结构特征

冰雹是常德地区春、夏季重要的灾害性天气之一。为了研究冰雹云的雷达产品结构特征,统计了 8 个冰雹个例,分别从雷达回波结构特征、速度特征、回波顶高、垂直液态水含量产品来阐述,其雷达产品统计特征具体见表 9.1。

表 9.1　常德冰雹雷达产品特征统计

冰雹过程 2002 0514

项目	9:45	9:51	9:57	10:03	10:09	10:15	10:21	10:27	10:34	10:40	10:46	10:52	10:59	11:05	11:11	11:17
ET	8	8	8	8	8	8	8	8	7	7	7	7	8	8	7	8
VIL	36	31	35	33	28	35	38	33	33	33	37	38	33	38	31	33
CR	70	69	71	70	65	68	73	72	70	71	75	72	71	72	70	70
0.5°速度最大值 m/s	12	12	17	17	12	12	17	17, −12	12	12, −7	12, −7	17, −12	17, −7	24, −12	24, −12	24, −7
回波形态			线状回波	线状回波		MCS(TVS)	有	雷雨大风	有	三体散射	有		V型缺口	无		
移向	东南															

冰雹过程 2003 0603

项目	8:55	9:01	9:07	9:13	9:19	9:25	9:32	9:38	9:44	9:50	9:56	10:02	10:08
ET	11	11	11	11	10	11	11	13	13	14	14	13	13
VIL	38	34	34	38	43	50	45	60	57	57	57	52	47
CR	64	65	68	71	75	77	75	73	75	74	73	71	69
0.5°速度最大值 m/s	−17	−17	12, −17	12, −17	12, −12	12, −12	12, −12	−24	−17	−24	12, −17	−12	−24
回波形态			钩状回波	钩状回波		MCS(TVS)	有	雷雨大风	有	三体散射	有		
移向	南												

冰雹过程 2004 0429

项目	6:58	7:04	7:11	7:17	7:23	7:29	7:35	7:41	7:48	7:54	8:00
ET	16.2	16	16	16	14	13	13	13	14	14	14
VIL	71	76	77	66	69	68	48	50	55	57	50
CR	69	71	70	72	71	69	62	61	62	63	63
0.5°速度最大值 m/s	12, −12	12, −12	12, −12	12, −12	17, −12	17, −7	17, −7	17, −7	17, −7	17	17
回波形态			钩状回波	钩状回波		MCS(TVS)	有	有	三体散射	V型缺口	无
移向	东										

续表

冰雹过程 2007 0629

时间	7:05	7:11	7:17	7:23	7:29	7:36	7:49	7:55	8:01	8:09	8:15	8:21
ET	14.9	13.7	13.1	14.6	15.8	15.2	14.3	14.9	14.9	12	11	10
VIL	28	28	38	38	43	28	48	38	33	18	8	8
CR	59	59	61	64	58	58	68	62	60	53	48	43
0.5° 速度最大值 m/s	12	12	12	12	12	12	12	12	12	12	7	7
回波移向	北偏东											
回波形态			线状回波			MCS(TVS)		雷雨大风	有	三体散射	无	V型缺口 无

冰雹过程 2007 0727

时间	15:21	15:27	15:33	15:40	15:46	15:52	15:58	16:05	16:11	16:18	16:24	16:30	16:37
ET	16	14	13.7	14	14	14	14	14	14.6	12.2	11	11	11
VIL	63	47	47	43	47	55	48	61	45	47	45	39	38
CR	58	58	58	58	58	59	57	60	57	57	57	53	55
0.5° 速度最大值 m/s	7, −7	17, −7	17, −7	17, −7	24, −12	17, −12	12, −12	17, −17	12, 17	7, −7	7, −7	3, −7	3, −17
回波移向	东北												
回波形态				弓形回波		MCS(TVS)	有	雷雨大风	有	三体散射	无	V型缺口	无

冰雹过程 2008 0603

时间	11:53	11:59	12:05	12:12	12:18	12:24	12:30	12:36	12:42	12:48	12:55	13:01	13:07	13:13
ET	13.7	14.6	14.9	16.8	16.8	15.8	16.2	15.2	18	16.5	16.2	16.5	16.5	15.2
VIL	75	68	73	80	80	80	80	80	80	80	80	77	77	73
CR	71	71	72	72	77	76	76	78	78	78	79	76	76	75
0.5° 速度最大值 m/s	7, −7	7, −12	12, −12	12, −12	12, −24	12, −27	7, −27	7, −27	7, −24	12, −24	7, −17	12, −17	7, −17	12, −17
回波移向	南													
回波形态			钩状回波			MCS(TVS)		雷雨大风	有	三体散射	有		V型缺口	有

续表

冰雹过程 2011 0722

时间	8:01	8:07	8:13	8:19	8:25	8:31	8:37	8:44	8:50	9:08
ET	14	14	13	13	14	14	14	14	16	10
VIL	58	53	48	38	53	73	48	58	43	28
CR	68	66	65	63	66	72	68	63	63	48
0.5°速度最大值 m/s	12	12,−7	12,−7	12,−7	12	12,−7	12,−7	12,−7	12,−7	12,−7

回波形态	MCS(TVS)	雷雨大风	三体散射	V型缺口	移向
钩状回波	无	无	有	无	西北

冰雹过程 2011 0727

时间	17:01	17:07	17:13	17:19	17:26	17:32	17:38	17:44	17:50	17:56	18:02	18:09	18:15	18:21	18:27	18:33	18:39	18:46	18:52	18:58	19:04
ET	17.7	18	18	17.7	17.7	17.1	17.1	17.4	18	18	17.1	18	18	18	17.5	18	17.1	15.8	14	14	14
VIL	48	52	52	65	59	52	57	64	59	57	67	60	57	62	71	60	65	56	50	43	38
CR	60	63	63	67	62	63	66	64	63	64	63	63	66	63	63	70	64	63	67	64	63
0.5°速度最大值 m/s	−17	−17	−24	−24	17,−24	−24	−24	−24	−24	−27	−24	7,−24	12,−27	12,−27	12,−27	12,−24	−27	−27	−27	−27	−27

回波形态	MCS(TVS)	雷雨大风	三体散射	V型缺口	移向
线状回波	无	有	有	无	东偏南

（1）三体散射现象（TBSS）

统计的 8 个个例中，有 6 次观测到三体散射现象，雷达回波中的三体散射现象是冰雹云特有的特征，也是产生冰雹的充分条件。下面以一个具体个例来说明。

2002 年 5 月 14 日 19 时 11 分—19 时 28 分常德石门县 11 个乡镇先后出现冰雹、大风天气。风暴影响石门县城的时间在 19 时 11 分左右，石门县测站降雹直径 20 mm，瞬间最大风速 23 m/s。图 9.6 为 19 时 05 分风暴云影响石门县城附近时的多普勒雷达观测资料。左图为 1.5°仰角基本反射率因子图，图中可见明显的三体散射现象（沿西北方向雷达径向的长钉状突出物），表明此时对流风暴中存在大冰雹；右图为 1.5°仰角基本速度图（因软件原因其方向为负速度代表离开雷达，正速度朝向雷达），与 1.5°仰角反射率因子图上＞65 dBz 的高反射率因子核的东南部的反射率因子高梯度区相对的速度图上对应一个中气旋（方位 330°，距离 60 km）。

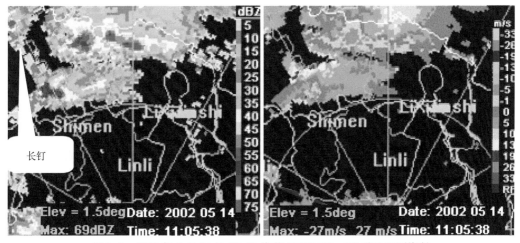

图 9.6　2002 年 5 月 14 日 19:05 常德 CINRAD—SB 雷达观测资料

（2）钩状回波

统计的 8 个个例中，4 次出现钩状回波，可见钩状回波也是冰雹云的常见回波结构特征之一，下面以一个个例做具体说明。

2004 年 4 月 29 日 15 时 45 分前后洞庭湖区安乡县境内 8 个乡镇遭受大风、冰雹袭击，最大风力 8 级，冰雹最大直径 10 mm 左右。多普勒天气雷达在对此次强风暴的探测过程中，探测到了经典超级单体风暴回波特征（钩状回波）及与钩状回波相联系的速度图上的中气旋。图 9.7 为 2004 年 4 月 29 日 15 时 35 分常德 CINRAD—SB 雷达观测资料，左图为 1.5°仰角基本反射率因子图，右图从左至右、自上而下分别为 0.5°、1.5°、2.4°、3.4°、4.3°、6.0°仰角风暴相对径向速度图。图中距离圈间距为 50 km，方位角划分线间隔 30°，安乡县位于雷达站东北东方向 56 km 处。基本反射率因子图上最显著的回波特征是钩状回波，风暴相对径向速度图上表现出与钩状回波相联系的中气旋。从图中可以看出中气旋位于 2～5 km 高度之间（1.5°～4.3°仰角），1 km 左右高度（0.5°仰角）为辐合，7 km 左右的高空（6.0°仰角）为强的辐散。通过计算可得出中气旋平均最小核半径为 2.0 km，最大平均旋转速度 18.1 m/s，垂直伸展厚度达 4 km 左右，距雷达站径向距离 56 km，符合中等强度中气旋判据。

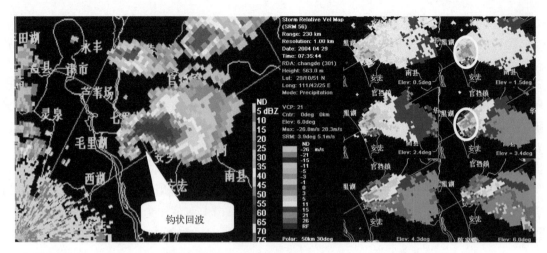

图 9.7 2004 年 4 月 29 日 15：35 常德 CINRAD—SB 雷达观测资料

（3）线状回波

统计的 8 个个例中。3 次出现线状回波,可见线状回波也是冰雹云的常见回波结构特征之一,下面以一个个例做具体说明。

2011 年 7 月 27 日凌晨 1 时 50 分,慈利县高峰土家族乡,双星、南井等村受冰雹和大风突袭,造成 3300 多人受灾,烤烟 206.7 hm² 受灾,其中绝收面积 66.7 hm²；玉米 438 hm² 受灾,绝收面 133.3 hm²；冰雹灾害还造成 66.7 hm² 反季节辣椒和 1000 m 道路受损严重。伴随冰雹的降落,还发生了风灾和雷击,风灾造成 12 栋房屋倒塌,雷击造成多处线路受损,损坏电线杆 10 根,线路 500 m,多户农户电表因雷击受损,1 人遭雷击伤,雷击造成全乡大面积停电,近 2000 烤烟户烤烟烘烤受阻,这次冰雹和大风持续时间达 1 h 以上,该超级单体结构为线状飑线系统,产生的最大风速达 27 m/s,见图 9.8。

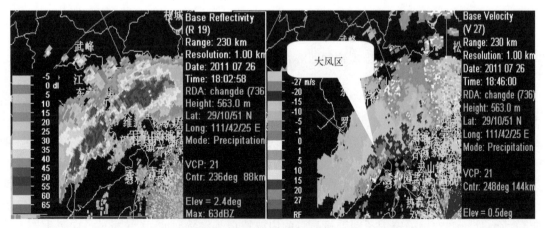

图 9.8 左边为 2.4°仰角反射率产品,右边为 0.5°仰角速度产品

（4）弓形回波

统计的 8 个个例中,1 次出现弓形回波,可见弓形回波也是冰雹云的常见回波结构特征之一,需要说明的是,在一次具体个例中,冰雹云的回波结构特征可能钩状特征、弓形特征、线状

特征同时并存,分类并没有统一标准。下面以一个个例具体说明弓形回波结构特征。

2007 年 7 月 27 日凌晨,石门县夹山镇、二都乡、易家渡镇、楚江镇、子良乡、秀坪园艺场、石门经济开发区、夹山管理处以及蒙泉镇等部分地区遭受雷电、狂风夹杂冰雹灾害袭击。龙卷风平均风速达 26 m/s,局部达到 10 级狂风标准,冰雹最大直径达 4～6 cm。多普勒天气雷达在对此次强风暴的探测过程中,探测到了超级单体风暴的弓形回波特征,见图 9.9。

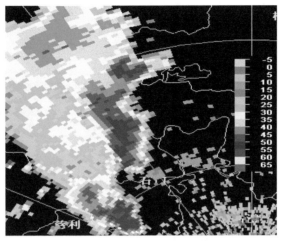

图 9.9 2007 年 7 月 27 日 00:52 常德 CINRAD－SB 雷达观测资料

(5)回波悬垂(有界弱回波区)

统计的 8 个个例中,回波垂直结构都具有悬垂结构特征,可见回波悬垂是冰雹云特有的结构特征,下面以一个个例具体说明。

2003 年 6 月 3 日 17 时 00 分—19 时 30 分,湘西北张家界市大部分地区遭受大风、冰雹袭击,冰雹最大重达 0.5 kg,冰雹铺地厚约 30 mm,最大风力达 11～12 级。

多普勒天气雷达在此次强风暴探测过程中,探测到了 TBSS、有界弱回波及速度图上的中气旋。图 9.10 为过雷达中心沿 330°径向方向回波强度垂直剖面图,图中显示出了明显的有界弱回波特征。它也是大冰雹发生潜势的有价值的指标,大冰雹通常落在与 BWER 相邻的反射率因子的高梯度区,冰雹云的回波悬垂结构也是区别暴雨云的一种方法。

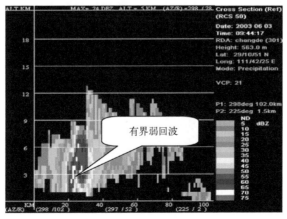

图 9.10 2003 年 6 月 3 日 17:44 常德 CINRAD－SB 雷达观测资料

（6）高 VIL 值、高反射率值和高回波顶高

VIL 值表示将反射率因子数据转换成等价的液态水值，并且假定反射率因子是完全由液态水反射得到的。冰雹反射率因子是非线性的，并且会导致不可靠的高值，因此 VIL 值被用来作为冰雹潜势预报的指标。根据统计的 8 个个例表明：当 VIL 值＞48 kg/m² (图 9.11 说明：20020514 个例中 VIL 最大值为 38 kg/m²，VIL 值存在一定偏差，经查阅雷达运行参数，当时雷达标定数据存在偏差)，则风暴体中存在着冰雹，且一般有高反射率因子值区相对应（60 dBz 以上）和高回波顶（11 km 以上）。分析 8 个个例降雹时间，当 VIL 值突变小时，降雹开始。

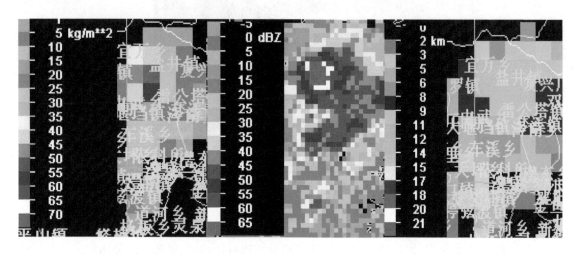

图 9.11　左为 VIL 产品，中为 CR 产品，右为 ET 产品，时间为 16:31

（7）"V"形缺口

统计的 8 个个例中，1 次出现"V"形缺口回波特征结构，"V"形缺口也是冰雹云的常见回波结构特征之一，下面以一个个例具体说明。

2008 年 6 月 3 日晚 9 时，澧县遭遇冰雹袭击，期间夹杂着龙卷风和暴雨，持续时间长达 20 min，为历史罕见。全县共有 15 个乡镇 30 万人受灾，倒塌房屋 1223 间，全县因灾损失 1.08 亿元，其中农作物直接经济损失 8500 万元。从澧县通往受灾最严重的金罗镇路上，沿途到处是被折断的大树，树成麻花状，而路边的田地里都是残枝败叶，整个棉花地里的棉杆都成了光杆。金罗镇的桃园完小因冰雹而停课，教学楼屋顶全部被掀掉。常德新一代多普勒天气雷达对此次强风暴进行了全面跟踪和服务，探测到了冰雹的三体散射、"V"形缺口等回波结构特征，见图 9.12。

（8）速度产品特征

统计的 8 个个例中，有 7 次出现雷雨大风，5 次出现中尺度气旋或龙卷涡旋特征，统计数据表明冰雹和大风几乎同时出现。在统计的 8 个个例中，速度产品都表现为低层辐合、高层辐散，当气旋小核直径为 4～8 km，正负速度差值达 24 m/s，垂直伸展厚度达 4 km 左右，就有由于中尺度气旋或龙卷涡旋特征产生的大风。具体个例见图 9.13。

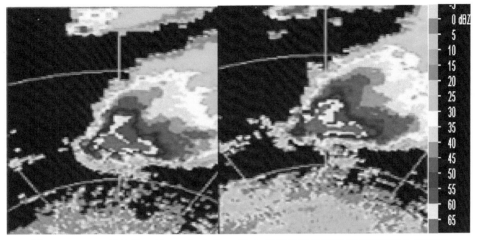

图 9.12　2008 年 6 月 3 日 19 时 41 分 0.5°、1.5°仰角反射率因子呈"V"形入流槽口

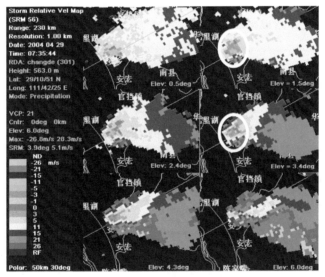

图 9.13　从左至右、自上而下分别为 0.5°、1.5°、2.4°、3.4°、4.3°、6.0°仰角风暴
相对径向速度图,图中圆圈代表中气旋

9.2.2　冰雹预报方法和指标

对以上统计的 8 个冰雹个例取 6 个预报因子,构建冰雹概率预报方程,进行线性方程回归,得到如下冰雹概率指数 H 方程:

$$H=0.1X1+0.25X2+0.2X3+0.25X4+0.1X5+0.1X6$$

其中各项的意义及计算方法如下:

$X1$:是否存在弱回波区或有界弱回波区(WER/BWER)。通过分析不同方位的基本反射率因子垂直剖面产品(RCS)或弱回波区产品(WER)获得,当存在时 $X1=1$,否则取 0。

$X2$:强回波中心强度最大值。其值等于中心强度最大值/100。

$X3$:回波顶高,其值等于回波顶高值/10。

$X4$:垂直积分液态水含量。其值等于垂直积分液态水含量/100。

$X5$：是否有 MCS(TVS) 特征，当存在时 $X5=1$，否则取 0。

$X6$：是否有三体散射特征，当存在时 $X6=1$，否则取 0。

冰雹概率指数 H 如果≥0.66，表示冰雹发生的可能性很大，应立即发布冰雹预报预警。需要说明的是，如果观测到三体散射、弱回波区或有界弱回波区和 MCS(TVS) 特征现象，也应该立即发布冰雹预报预警。

9.3 雷雨大风

冰雹一般与雷雨大风并存，因此冰雹在雷达回波图上的表现特征同样适用于雷雨大风，但雷雨大风还有其自己的另外一些特征，如弓形回波、线性回波、飑线、低层强风等。

9.3.1 雷雨大风回波结构特征

(1)弓形回波大风

2004 年 5 月 10 日 15 时 52 分—15 时 55 分湘西北张家界市出现雷雨大风天气，测站瞬间最大风速达 29 m/s，为建站以来的最强风。图 9.14 为常德雷达 16 时 11 分观测资料，左图为组合反射率因子，右图为风暴相对径向速度图，图中距离圈间距为 50 km，方位角划分线间隔 30°，张家界市位于雷达站 267°、119 km 处。从左图可以看出风暴在多普勒天气雷达回波上的表现特征是弓形回波，在弓形回波前沿存在高反射率因子梯度区，后侧存在弱回波通道，与之对应的速度图(右图)上是 19 m/s 以上的后侧入流急流。回波移速超过 100 km/h，移向 60°(由计算得出)。张家界大风就产生在弓形回波的尖峰上。

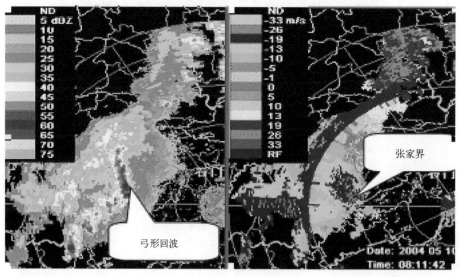

图 9.14　2004 年 5 月 10 日 16 时 11 分常德 CINRAD－SB 雷达观测资料

(2)线性回波大风

图 9.15 为 2004 年 5 月 10 日 16 时 42 分常德 CINRAD－SB 雷达观测资料，左图为组合反射率因子图，右图为 0.5°仰角风暴相对径向速度图，石门县城位于雷达站 325°、58 km 处。从左图可以看出明显的线性回波特征，大风区对应于后部下沉入流急流区(右图)；该线性回波由影响张家界市的弓形回波演变发展而成，移向东北东。

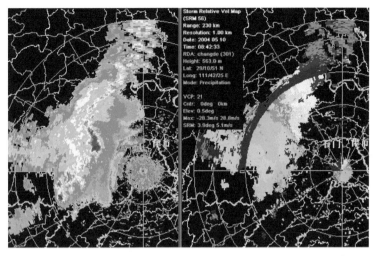

图 9.15　2004 年 5 月 10 日 16：42 常德 CINRAD－SB 雷达观测资料

（3）低层强风型

2003 年 7 月 20 日 17 时 43 分—17 时 53 分常德测站出现雷雨大风,瞬间最大风速 22.9 m/s。图 9.16 左图为组合反射率因子图,右图为 0.5°仰角风暴相对平均径向速度图。

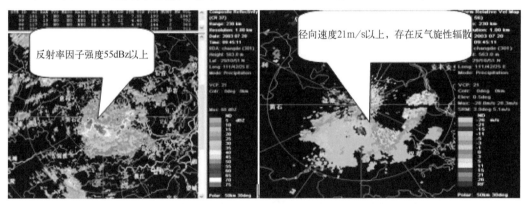

图 9.16　2003 年 7 月 20 日 17：45 常德 CINRAD－SB 雷达观测资料

该风暴在雷达回波图上的主要表现特征是与强反射率因子(50 dBz)区相对应的 0.5°仰角速度图上强风区的存在(径向速度在 21 m/s 以上),并表现为辐散性的反气旋流场结构。正是由于这种低层强烈辐散(径向正负速度差 24 m/s 以上)导致了本次的地面大风天气。

9.3.2　雷雨大风预报指标

（1）当预报有冰雹时,应发布雷雨大风预警。

（2）当低仰角速度图(主要指 0.5°)出现 15 m/s 的大风区,同时对应的大风区有≥50 dBz 以上的强对流回波,应发布雷雨大风预警。

9.4　龙卷

龙卷风简称"龙卷",系自积雨云中下伸的漏斗状云体,常伴有强雷暴和大冰雹,是一种破坏力极强的小尺度涡旋状风暴。根据常德1971—2010年四十年地面观测气象资料统计,各县没有龙卷天气现象记录。常德新一代多普勒天气雷达于2002年4月投入业务使用,从建站至今,根据常德雷达产品资料分析和出现的灾情相结合统计,常德地区发生2次典型的龙卷风。

9.4.1 龙卷雷达产品结构特征

图9.17为2002年5月14日20时13分发生在桃源县泥窝潭镇的一组龙卷雷达产品资料。1.5°~3.4°3个仰角的反射率因子和相应径向速度图均可见三体散射现象,三体散射回波假象在3.4°仰角的反射率因子图上最为突出,低层1.5°反射率因子图展现一个位于对流风暴右后侧的不太典型的钩状回波(图9.17a)。图9.17g为沿雷达径向经过三体散射区(220°)的反射率因子垂直剖面,在该垂直剖面内,反射率因子核强度达70 dBz以上并存在一个明显的穹隆(现在一般称为有界弱回波区),表明上升气流非常强烈。相应径向速度图上存在一个

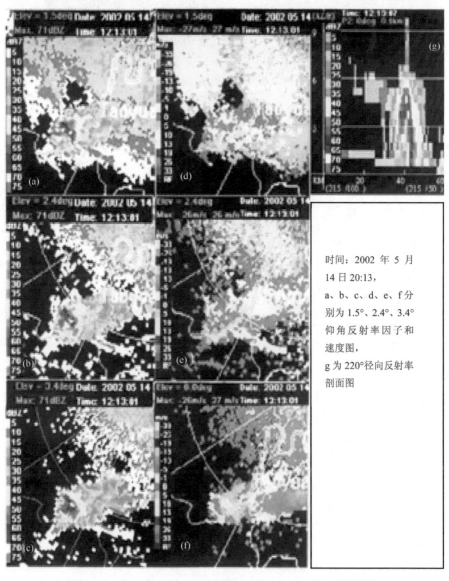

时间:2002年5月14日20:13,a、b、c、d、e、f分别为1.5°、2.4°、3.4°仰角反射率因子和速度图,g为220°径向反射率剖面图

图9.17　2002年5月14日常德CINRAD—SB雷达观测资料

像素到像素的强烈的气旋式切变（方位 220°，距离 56 km），在沿方位角方向不到 1 km 的距离内，径向速度从－16 m/s 变到＋16 m/s（图 9.17 d），相应的气旋式涡度值达到 $4×10 s^{-1}$，即龙卷式涡旋特征（TVS）。6.0°仰角的径向速度图上显示了明显的风暴顶辐散（图 9.17f）。

图 9.18、图 9.19 为 2008 年 6 月 3 日发生在澧县的两组龙卷雷达产品资料。18 时 58 分，在澧县北部的两个单单体风暴迅速发展合并成带状回波，向南移动。19 时 41 分"V"形入流槽口初现（图 9.18a 黑色"V"字处）。20 时 12 分在低层反射率因子图（0.5°仰角）上出现了明显的钩状回波，高层（4.3°）最强反射率因子区域正好对应低层的弱回波区（图 9.18a 黑色"＋"字处），即出现了明显的有界弱回波区，相同时次的雷达径向剖面图上也表征明显的有界弱回波区（图 9.19c～d），且在低层径向速度图（0.5°仰角）上，方位 352.1°，径距 78.2 km 处一个气旋式辐合首次清晰可见，该特征向上伸展，在 1.5°仰角出现了气旋，最大旋转速度达 25 m/s（图 9.18 d～e 红色圆圈内），中高层（4.3°仰角）开始出现辐散；高层（6.0°仰角）出现了反气旋式辐散（图 9.18g～h 红色圆圈内），20 时 36 分上述特征达到最强盛。此外在 1.5°反射因子图上分别于 20 时 30 分和 20 时 42 分观测到了三体散射（TBSS，如图 9.19a）。把不同时次的 1.5°仰角的反射率因子核提取放置在其原来位置上叠加制作出该风暴的移动路径图（图 9.19a）上可以看出，该风暴是属于右移风暴。从 20 时 12 分开始到 20 时 48 分的 7 个体积扫描的反射率因子分层显示叠加图（图 9.19a）和各个时次的风廓线图（图 9.19b）可以清晰地看到此超级单体的整个演变过程，20 时 18 分风暴发展成为超级单体风暴，其完整的超级单体风暴结构持续了 42 分钟，20 时 36 分，超级单体发展到最强盛。沿着低层入流方向通过有界弱回波区中心的反射率因子垂直剖面（图 9.19c，d）可以看到典型的有界弱回波区 BWER（穹隆）和其上的强大的回波悬垂以及有界弱回波区左侧回波墙，有界弱回波区的水平尺度约为 8～9 公里。超级单体的回波顶高接近 15 公里，沿剖面方向的水平尺度约 40 公里。

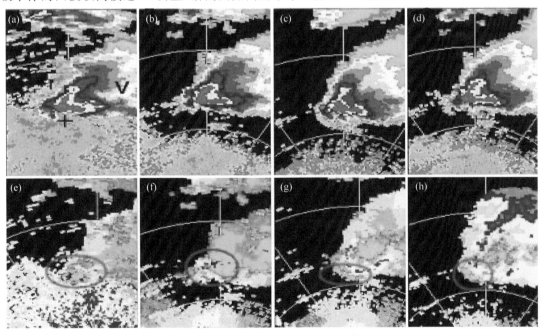

图 9.18　20 时 36 分 0.5°、1.5°、2.4°仰角反射率因子和经向速度图（上图从左到右为 0.5°、1.5°、4.3°、6.0°仰角反射率因子，下图从左到右为 0.5°、1.5°、4.3°、6.0°径向速度）

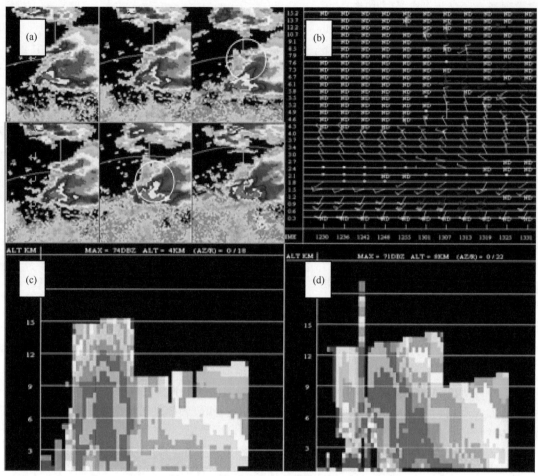

图 9.19　1.5°仰角的反射率因(a)和垂直风廓线(b)和沿风暴低层入流方向并通反射率因子核心的反射率因子垂直剖面(c,d)

说明：a 上从左到右依次为 20:12,20:18,20:30；a 下从左到右依次为 20:36,20:42,20:48；c 和 d 分别为 20:18,20:24

9.4.2　龙卷预报指标

根据目前的探测资料事实,龙卷一般与冰雹并存,并且通常伴随直径较大的冰雹,在应用雷达回波资料预报龙卷时,如果判断强风暴单体有冰雹发生,且同时又有 MCS 和 TVS 特征,这时应发布龙卷预警。

9.5　超折射回波

9.5.1　超折射回波定义

非降水回波有多种,例如,晴空回波、地物杂波等,常德新一代多普勒天气雷达由于探空环境好,没有由于地形阻挡产生的地物杂波,非降水回波主要以超折射回波为主。超折射回波是由于雷达发射电磁波在大气传播过程中向下弯曲到地面,经地面反射产生的地物杂波称为超折射回波。超折射回波与三体散射回波都是由于电磁波的非正常传播引起，是影响雷达定量估算降水质量和其他产品质量的重要因素。

9.5.2　超折射回波的特征

超折射回波在雷达各种产品上主要表现为以下特征：

（1）超折射回波的反射率因子值为不连续分布状态，回波形态呈波束状，而降水回波为光滑的连续分布回波（见图 9.20a）。

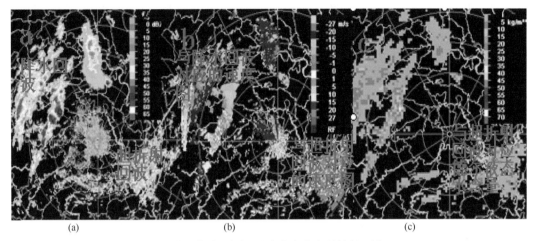

图 9.20　超折射回波反射率、速度、垂直液态水含量特征　时间：200707270145

（2）超折射回波主要发生在反射率因子 0.5°仰角上，强度值通常在 30～55 dBz，通常在 1.5°仰角以上的放射率产品回波消失。

（3）与超折射回波区对应的径向速度图和相对风暴平均径向速度均基本成片为零，降水回波的径向速度图和相对风暴平均径向速度图速度可能存在零速度线，但不可能表现为成片的零速度区（见图 9.20b）。

（4）超折射回波区的垂直累积液态水含量通常在 10 kg/m² 以下，在低仰角（0.5°）相同强度值的回波所对应的垂直累积液态水含量值远远大于超折射回波所对应的垂直累积液态水含量值（见图 9.20c）。

9.5.3　超折射回波形成的气象条件

超折射回波形成的气象条件主要分为 3 种情况：

（1）陆上晴朗的夜晚，由于地面辐射，使近地层降温强烈而形成辐射逆温。特别是当地面潮湿时，由于逆温存在水汽不能向上输送，形成水汽压随高度增加急剧减少，这时就容易发生超折射现象，按其生成原因，可称为辐射超折射。

（2）暖而干的空气移到冷水面上时，使低层空气冷却，同时温度增加。在这种情况下，会产生很强的波导层。它常在大陆上干燥而炎热的空气吹向海面时发生，称为平流超折射。

（3）雷暴消散期，其低部下沉辐散气流也是造成地面层附近几百米高度处逆温，从而形成超折射，习惯上称它为雷暴超折射。因为雷暴是一种具有强烈垂直混合的不稳定的天气现象，故低层稳定的垂直递减率存在时间短促，大约为 30 min 到 1 h。只要仔细监视雷达反射率产品，根据地面目标物数目的突然增加与减少以及探测范围的扩大与缩小，就容易发现超折射传播条件的建立和破坏过程。

9.5.4 常德及周边地区超折射回波时空分布特征

统计分析常德及周边地区 2007 年 5—7 月出现的 18 d 超折射回波发现,出现超折射回波的 18 d 中,当天基本无降水发生,且伴随有雾或轻雾,超折射回波空间分布主要出现在常德东部平原西洞庭湖区,超折射回波强度在 25～60 dBz 范围内变化,一般强度为 45 dBz 左右,时间分布 08—14 时、14—20 时、20—08 时分别为 10、2、6 d,具有夜生日消的特点。超折射回波时空分布特征表明常德及周边地区超折射回波属于平流超折射,其形成具有典型的地理地貌局地特征。

9.5.5 超折射回波对降水预报的指示意义

超折射回波对降水预报具有指示意义,通常情况下,超折射回波夜生日消的地区预示该地区当天天气比较晴好,且伴随雾或轻雾,当降水回波移向的后方或前方新生出现超折射回波指示降水回波移向的后方降水过程结束或前方不利于降水的发生。例如 2007 年 7 月 27 日石门冰雹天气过程,7 月 26 日 21 时,雷达反射率产品在常德西南部有强对流回波发展,回波向东北方向移动,同时在长沙地区也有强对流回波发展,回波向西北北方向移动,但同时在回波移动前进的方向也有超折射回波发展,且呈加强趋势,7 月 27 日凌晨,在常德西南部发展的强对流回波移到石门县后产生冰雹天气过程,在长沙地区发展的回波在移动过程中逐渐消亡。在 2007 年 9 月 8 日天气过程中,受高空低槽东移与地面冷空气南下共同影响,湘西北地区出现连阴雨天气,直到 9 月 11 日 15 时多,常德雷达反射率产品开始出现超折射回波与降水并存的现象,且超折射回波成加强趋势,该种回波特点表明降水过程将结束。

综上所述可以得出:

(1)超折射回波可以综合雷达反射率产品、速度图、垂直累积液态水含量等产品进行识别。

(2)常德及周边地区超折射回波空间分布主要出现在常德东部平原西洞庭湖区,具有夜生日消的特点,西部山区很少有超折射回波发展。

(3)超折射回波对降水预报具有指示意义,出现超折射回波预示该地区当天天气比较晴好,且伴随雾或轻雾,当降水回波移向的后方或前方新生出现超折射回波指示降水回波移向的后方降水过程结束或前方不利于降水的发生。

9.6 个例分析

利用多普勒雷达资料和闪电定位资料对 2006 年 8 月 24 日晚常德西北地区的局部特大暴雨成因进行分析,结果表明:MCU 的不断生成和合并维持 MCC 的生命史,三个 MCC 组成一个有组织的 MCS,中尺度辐合线是造成特大暴雨的主要原因,回波的生成和发展趋向暖湿气流流入的方向,中低层东南暖湿气流为特大暴雨提供充足水汽,闪电活动的开始指示强降水的开始,南北向地性的抬升作用有利于回波的维持和加强,提高回波的降水效率和延长降水时间。

9.6.1 天气实况、环流形势和大气层结条件分析

(1)降水实况

2006 年 8 月 24 日晚上,常德西北地区发生局部特大暴雨,石门站 9 h 内累计降水量达 207.6 mm(表 9.2),降水主要集中在 24 日的 21 时—23 时(80.6 mm)和 25 日的 01 时—03 时(108.5 mm)两个时段,具有典型的中尺度降水特征,特大暴雨造成整个县城进水和电力中断,

直接经济损失约 20 万元,常德市气象台预报员利用雷达产品资料先后 9 次为党政部门对这次强降水过程进行汇报和服务。

表 9.2 石门站(57562)8 月 24 日 21 时—8 月 25 日 06 时降水实况　　　　　单位:mm

21—22 时	22—23 时	23—00 时	00—01 时	01—02 时	02—03 时	03—04 时	04—05 时	05—06 时	合计
14.9	45.6	20.1	9.4	61.7	46.8	2.6	2.7	3.8	207.6

(2)天气形势分析

从 2006 年 8 月 24 日 20 时地面实况图(图略)分析,石门县境内存在一弱的风向辐合区,500 hPa 高空图上,常德地区位于副热带高压边缘 588 线西部,850、700 hPa 高度上为 2～6 m/s 不稳定东风气流,500 hPa 以上为 4 m/s 的西南气流,形成风随高度的垂直切变,T213 数值预报产品(图略)850、700 hPa 高度场和风场预报常德地区中低层无切变线或低槽发展或经过,500 hPa 高度场预报副高呈继续西进加强,850、700 hPa 中低层相对湿度值实况和预报产品都不满足特大暴雨发生的指标。分析周边地区(长沙、怀化、宜昌)的探空资料 850、700 hPa 的 $T-T_d \leqslant 2℃$,500、400、300 hPa 的 $T-T_d \geqslant 5℃$,从低层到高层形成上干下湿有利于对流发展的不稳定大气层结,分析长沙站 $T-\ln p$ 图不稳定能量 EK 从 8 月 23 日 20 时的 -1970.4 J/m^2 增加到 8 月 24 日 8 时的 -2622.2 J/m^2,再增加到 8 月 24 日 20 时的 -2814.4 J/m^2(图 9.21),能量的积累有利于对流的发展和维持,K 指数均维持在 36℃ 以上,以上天气形势和大气层结条件指标表明常德及石门地区处于有利于阵性降水的形势条件下,但难以分析出有暴雨或特大暴雨发生。

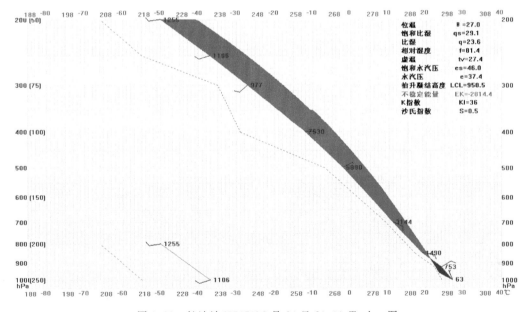

图 9.21　长沙站(57679)8 月 24 日 20:00 $T-\ln p$ 图

9.6.2　多普勒雷达资料分析

(1)MCS 的分析

国内外一些学者利用 MCU、MCC、MCS 之间的相互关系研究暴雨等中小尺度灾害性天气的形成和发展机制，利用雷达资料或结合其他资料（例如闪电定位仪）研究暴雨等中小尺度灾害性天气得出了许多有意义的结论。2006 年 8 月 24 日 20 时 23 分第一个由几个在澧县西部、石门县东部的 MCU 组成的 MCC（图 9.22，标为 A，）开始发展，椭圆状的 MCC 在东风不稳定气流引导下向西移动，在 MCC 移动方向左侧和前方不断有新 MCU 生成并合并到 MCC 中去，强度维持在 35～48 dBz，21 时 19 分 MCC 开始影响石门县城，并且在石门县城上空逐渐发展，强回波中心区域面积不断加大，强度略有加强，40～50 dBz 的强回波中心区域在石门县城上空维持大约 1.5 h，造成石门县城 3 h 内降水累计 80.6 mm。分析速度产品发现 21 时 44 分有一条辐合线位于石门上空对应强回波区，随着仰角抬高辐合区面积逐渐变小，与之相对应的回波强度和面积也变小（图 9.23），22 时 47 分随着该辐合线逐渐消亡第一次强降水过程结束。分析速度产品还表明：高层的东北气流引导回波向西移动，中低层持续的东南暖湿气流有利于在 MCC 移动的前方和左边生成新的 MCU，说明回波的生成和发展趋向低层不稳定暖湿空气流入的方向。22 时左右第二个由几个 MCU 组成的 MCC（图 9.22，标为 B）在澧县东部、津市一带发展并且逐渐加强，在东风不稳定气流引导下向西移动，且移动过程中不断有新 MCU 生成加入合并，8 月 25 日 00 时 21 分与第一个 MCC 连接成一片组成有组织的 MCS，00 时 40 分第二个 MCC 开始影响石门县城，00 时 52 分强度为 45～50 dBz 强回波中心区域影响石门县城，并且在回波的南部不断有新 MCU 生成，使强回波区域面积增大，同时在张家界慈利县也产生强降水，02 时 57 分强回波中心移出石门县城，分析速度产品（图略）发现第二个 MCC 与第一个 MCC 有相同的发展和增长机制。第三个 MCC（图 9.22，标为 C）22 时在常德地区汉寿县北部、益阳地区南部一带开始发展，该 MCC 也由几个 MCU 组成，在东风不稳定气流的引导下在西移过程中回波逐渐加强，第三个 MCC 主要在张家界慈利地区产生强降水。速度产品（图略）表明第三个 MCC 与前面两个 MCC 具有不同的引导气流，但其发展和增长机制相同。02 时 38 分三个 MCC 合并成一个有组织的 MCS（第一个 MCC 已逐渐消亡），使回波发展到最旺盛阶段，在石门和慈利地区产生强降水（慈利：02～04 时降水量达 55.9 mm），05时以后 MCS 开始逐渐消亡，降水逐渐减弱和停止。从回波的垂直剖面图（图略）分析，强回波区域分布在 1.2～4.5 km 高度层上（0℃层以下），即强降水主要产生在该高度层的回波上。分析风廓线产品，04 时 05 分，5 km 高度以上开始受 8～12 m/s 风速加强的西南气流控制，这表明副高开始控制常德地区，指示降水逐渐减弱。

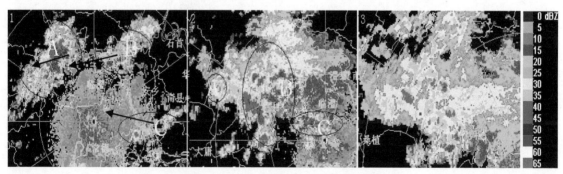

图 9.22　MCS、MCC 演变过程示意图

说明：图 2 中产品类型为组合反射率（CR37），图 1、2、3 分别代表正在发展的 MCS（24 日 22:36）、成熟的 MCS（25 日 2:38）、正在消亡的 MCS（25 日 4:35），图 1、2 中的 A、B、C 分别代表 3 个不同的 MCC。A、B、C 3 个 MCC 组成 MCS，MCU 的标识略，右边为色标，黑色箭头表示 MCC 的移动方向。

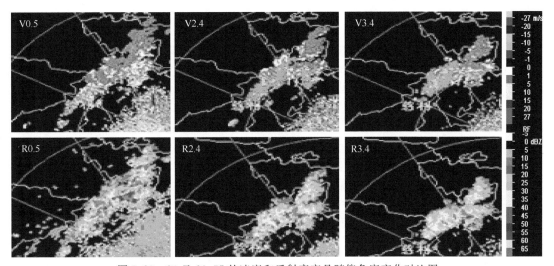

图 9.23　24 日 21:57 的速度和反射率产品随仰角度变化对比图

说明:图中 V0.5、V2.4、V3.4 分别代表仰角为 0.5°、2.4°、3.4°的速度产品图(V27),R0.5、R2.4、R3.4 分别代表仰角为 0.5°、2.4°、3.4°的反射率产品图(R19)。

(2)闪电资料分析

利用常德、衡阳、邵阳闪电定位仪的优化组合资料对这次局部特大暴雨过程中出现的 3 个 MCC 的闪电活动进行分析。第一个 MCC 从开始生成到消亡整个生命史中都无地闪产生。第二个 MCC 在 00 时 39 分之前西移过程中无地闪发生,在 00 时 39 分发生第一次负地闪,表明第二个 MCC 与第一个 MCC 合并后回波在加强,同时也指示强降水即将发生,第二个 MCC 的地闪活动不是很频繁,在 00 时 39 分—00 时 53 分共发生 4 次负地闪。第三个 MCC 与第二个 MCC、第一个 MCC(已经开始消亡)合并组成有组织的 MCS 后产生负地闪 12 次,正地闪 1 次,闪电活动频次明显高于前一个 MCC,说明三个 MCC 合并组成 MCS 后对流活动发展到最旺盛阶段,同时也指示强降水开始,05 时后 MCS 无地闪发生。对于这次局部特大暴雨的闪电活动,正地闪发生 1 次,负地闪发生 16 次(图 9.24),这与许焕斌等得出的中尺度对流系统的暴雨雷电活动负地闪占主导地位的结论相吻合,但从回波强度与雷电活动发生的关系来看,这次特大暴雨过程闪电活动偏少。分析雷达回波顶产品(图略)发现强回波区域回波顶高约 6~9 km,对同一时刻同一地点高空不同仰角反射率产品分析发现强回波区域面积和强度随仰角的抬高而减小,说明由于回波顶的偏低,不易形成地闪发生的 3 个高度层。

时间	强度	时间	强度
0:39:55	-20.4	3:39:02	-11.4
0:39:55	-20.4	3:58:30	-14.5
0:42:27	-19.6	4:13:57	-16.2
0:52:02	-16.3	4:15:24	-10.4
2:38:17	-12.9	4:19:29	-22.2
2:40:47	-14.1	4:19:29	-9.7
3:01:00	-9.6	4:24:39	-15.3
3:19:37	-12.3	4:25:16	-36.3
		4:52:29	56.2

图 9.24　地闪随时间序列发生分布图

（3）地形的作用

丑纪范院士指出,地球上各种不同尺度地形,对大气中从行星尺度到次天气尺度的各种不同系统的运动都有着重要作用。地形对降水的影响主要包括两种作用,即动力作用和热力作用。当大气在地表上空运动时,必然会受到地形动力作用的影响。地形动力作用所引起的大气垂直运动主要由两部分组成,一是地形强迫抬升引起的垂直运动;二是摩擦作用引起的垂直运动,

即

$$\omega = \omega' + \omega''$$

其中

$$\omega' = -\rho g V \cdot \nabla Z$$
$$\omega'' = -\rho g K \zeta$$

其中 ω 为地形动力作用引起的总垂直运动,ω' 为地形强迫抬升造成的垂直运动,ω'' 为摩擦造成的垂直运动,V 为水平风速,Z 为地形高度,ζ 为地面实际风涡度。由上式可见,当气流过山时,在迎风坡有强迫和摩擦作用产生气流上升运动,即 $\omega < 0$。国内外的研究也表明虽然地形抬升引起的垂直运动伸展高度比较小,但当大气低层湿度较大时,也可能造成较大降水。常德地区西部为山区,山脉呈南北向分布,海拔高度在 1000～2000 m,东部地区为平坦的洞庭湖平原。对于这次特大暴雨过程,常德地区受不稳定东风气流控制,700 hPa 以下的温度露点差都在 2℃ 以下,表明中低层湿度大,由于地形抬升作用,当回波移到石门县境内后回波得到维持和加强,并长时间停留在石门县境内。前面对这次特大暴雨中的 3 个 MCC 闪电活动分析表明闪电活动都在 MCC 合并后发生,这很可能是地形作用有助于回波加强和维持,对流活动加强后,MCC 就发生在其他地区没发生而在慈利、石门一带发生的闪电活动。因此,地形在这次强降水过程中的主要作用为:由于地形的阻挡使回波在石门、慈利一带维持和加强,从而降水加强,减慢回波的移动速度使回波长时间在该地区停留,延长了降水时间。

综上所述可以得出:

（1）在回波开始发展阶段 MCS 呈分散、无组织的系统,在 MCS 演变过程中,MCU 不断发展和生成,且合并于 MCC 中,使 MCC 的生命史能够维持和发展,3 个 MCC 最终合并成一个有组织的 MCS 系统,使回波发展到最旺盛阶段,强降水持续维持,降水效率最高。

（2）速度产品表明中尺度辐合线是造成特大暴雨的主要原因,中低层东南暖湿气流为特大暴雨提供充足水汽,同时也指示回波的生成和发展方向,风速不大的不稳定东风气流引导回波缓慢移动,延长降水时间,有利于降水在同一地方维持产生局部强降水。

（3）南北向的山脉地形对东风流场的阻挡有利于气流的抬升和辐合,这有助于回波加强和维持,地形的阻挡还使回波移动速度减慢,使得降水在同一个地方维持产生局部强降水。关于地形对常德西北地区降水的定量影响,还需通过数值模拟进一步探索和研究。

（4）闪电定位资料表明,雷电活动以负地闪占主导地位,闪电开始指示强降水开始,从回波强度与雷电活动发生关系来看,闪电活动偏少,这可能是由于对流活动不剧烈,回波顶偏低。

（5）常规气象资料很难对这次特大暴雨做出分析判断,雷达和闪电资料弥补了常规气象资料在预报方面的不足和缺陷,对这次特大暴雨进行了准确的监测、预报和优质的气象服务。

参考文献

许焕斌,段英,刘海月,2004.雹云物理与防雹的原理和设计[M].北京:气象出版社.

丑纪范,1989.数值模式中处理地形影响的方法和问题[J].高原气象,8(2):114-120.

范广洲,吕世华,1999.地形对华北地区夏季降水影响的数值模拟研究[J].高原气象,18(4):659-667.

胡明宝,高太长,汤达章,2000.多普勒天气雷达资料分析与应用[M].北京:解放军出版社.

张沛源,陈荣林,1995.多普勒速度图上的暴雨判据研究[M].应用气象学报,6(3):373-378.

张培昌,杜秉玉,戴铁丕,2001.雷达气象学[M].北京:气象出版社.

周雨华,黄培斌,刘兵,等,2004.2003 年 7 月上旬张家界特大暴雨山洪分析[J].气象,30(10):38-42.

尹宜舟,沈新勇,陈渭民,等,2008.雷暴天气过程中地闪分布的诊断分析[J].气象科学,28(5):521-527.

罗霞,陈渭民,李照荣,等,2007.雷暴云电结构与闪电关系初探[J].气象科学,27(3):280-286.

姚叶青,魏鸣,王成刚,等,2004.一次龙卷过程的多普勒天气雷达和闪电资料分析[J].南京气象学院学报,27
　　(5):587-594.

易笑园,张义军,李培彦,等,2007.MCS 中地闪活动特征与雷达资料相关个例分析[J].气象科技,35(5):
　　665-669.

Rodger,ABrown,VTWood,1985.作为强风暴预报指标的单多普勒雷达速度标志[M].王慕维译.北京:气象
　　出版社.

Robert,MRabin,1985.单多普勒雷达在雷暴发展前的观测[M].吴晓华译.北京:气象出版社.

赵桂香,程麟生,常素萍,2007.山西中部一次罕见暴雨的中尺度特征分析[J].气象科技,35(4):519-523.

Ronald,ERinehart,1985.横向风运动及冰雹的探测[M].吴晓华译.北京:气象出版社.

伍志方,易爱民,叶爱芬,等,2006.广州短时大暴雨多普勒特征和成因分析[J].气象科技,34(4):455-459.

HolleRl,ALWatson,RELopez et al,1994. The lifecycle of lightning and severe weather in a 3－4 June 1985
　　PRE－STROM mesoscale convective system[J]. *Mon Wea Rev*,**122**:1798-1808.

NielsenKE,RAMaddox,SVVasiloff,1994. The volution of Cloud to Groud lighting with in a portion of the
　　10－11 June 1985 squall line[J]. *Mon Wea Rev*,**122**:1809-1817.

Ge Zhengmo,Yan Muhong,Guo Chang ming et al,1992. Analysis of cloud to Groud lighting characteristics in
　　mesoscale storm in Beijing area[J]. *Acta Meteor Sinica*,**6**:491-500.

Yan Muhong,Guo Changming,1992. Qie Xiushu et al. Observation and model analysis of positive cloud to
　　ground lighting in mesoscal convective system[J]. *Acta Meteor Sinica*,**6**:501-510.

第 10 章

卫星云图在业务中的应用

卫星云图是由气象卫星自上而下观测得到的地球上的云层覆盖和地表面特征的图像,是大气运动状况的直接表征。云分析和识别是预报业务中的重要分析内容。利用卫星云图可以识别不同的天气系统,确定天气系统的位置,估计天气系统强度和发展趋势,能为天气分析和预报提供依据。本章讨论卫星云图在常德预报业务中的应用。

10.1 卫星云图的种类

卫星携带的成像仪在不同谱段测量的辐射转换成不同色调的图像就得到卫星图像,当前,在天气预报业务上常用的卫星云图有三种:可见光云图、红外云图、水汽云图。

10.1.1 可见光云图

卫星观测仪器在可见光波段感应地面和云面对太阳光的反射,并把它显示成一张平面图像,即为可见光云图。图像的黑白程度是表示地面和云面的反照率大小,白色表示反照率大,黑色表示反照率小。天气分析中最为重要的是了解云团的大小、高度及演变趋势,因此必须了解云的平均反射率。厚的云反射率为 $70\% \sim 80\%$,薄云为 $25\% \sim 50\%$,大块积雨云为 92%。当云的厚度在 1000 m 以上时,反射率几乎不变,透过率接近于零;云厚在 100 m 以下时,反射率急速减小,透过率迅速增大,水滴云的反射率比水晶云的反射率大;当阳光斜照在有高低差异的云层时,光照面反射率大,图像明亮,另一面阳光找不到,图像暗黑,因此可根据云的立体感和暗影判断出云的高低。图 10.1 展示了可见光云图上的暗影。

图 10.1　可见光云图上的暗影

由图 10.1 可以看出,可见光云图上,有向西突出的暗影,说明太阳位于东面,且东面云较西面高,因此,在太阳高度角倾斜的条件下,产生暗影,可根据暗影区分可见光云图。

10.1.2 红外云图

卫星在 $10.5 \sim 12.5\ \mu m$ 测量地表和云面发射的红外辐射,将这种辐射以图像表示就是红外云图。在红外云图上物体的色调决定其自身的温度,物体温度越高,发射的辐射越大,色调越暗,因此,红外云图是一张温度分布图。由于大气有吸收及物体发射率不完全为 1,卫星接收到的红外辐射要比实际表面温度发射的黑体辐射要小,故严格地说,红外云图是一张亮度温度分布图。地面的温度一般较高,呈现较暗的色调;由于大气的温度随高度是递减的,故云顶高而厚的云,其温度低呈白的色调。低云的云顶温度较高,与地面相近,故在红外云图上不容易识别。由于各类云的云顶温度的差异较大,在红外云图上可以识别各种高度的云。

红外云图和可见光云图主要区别在于亮度和色调,表 10.1 给出了两种云图在色调上的比较。

表 10.1 可见光云图与红外云图的比较

红外云图	黑	太阳耀斑		夏季沙漠(白)	干土壤	暖湿地	暖海洋
	深灰		层积云	沙漠(白)	晴天积云 沙漠(夜间)	湿土壤	
	灰	层云(厚),雾(厚)	层积云	晴天积云 卷积云	纤维状卷云	青藏高原	高山森林
	淡灰	高层云(厚),浓积云		纤维状卷云	高层高积云(薄)	冷海洋	
	白	密卷云,多层云,积雨云,卷云砧,高山积雪,极地冰雪		单独厚卷云 卷层云	卷云 消失中的卷云砧	单独薄卷云	宇宙空间
可见光云图	白			淡灰	灰	深灰	黑

10.1.3 水汽云图

以 $6.7\ \mu m$ 为中心的吸收带是水汽强吸收带,在这一带内,卫星接收的是水汽发出的辐射,水汽一面吸收来自下面的辐射,同时又以自身温度发射红外辐射。如果大气中水汽含量愈多,吸收来自下面的红外辐射愈多,到达卫星的辐射就愈少。所以由卫星测量这一吸收带的辐射就能推测大气中水汽含量。由这一吸收带得出的图像称水汽图。

在水汽图上,色调愈白表示大气中水汽含量愈多,反之就愈少。比较水汽图和红外云图,发现水汽图有以下特点:

(1)在水汽图上,积雨云和卷云的表现十分清楚,其特征与红外云图类同;

(2)难以在水汽图上见到地表和低云(低于 850 hPa),其发射的辐射被大气全部吸收而不能到达卫星;

(3)在水汽图上的水汽表现远比红外图上的云区要宽广,因为在没有云的地方仍然有水汽存在;因此在水汽图上水汽区比云区要连续完整;

（4）在水汽图上色调浅白的地区是对流层上部的湿区，一般与上升运动相联系；色调为黑区是大气中的干区，相应大气中的下沉运动。

图 10.2 为同一时刻可见光、红外云图和水汽图像。首先从图（c）水汽图上看到，A-B-C 为一条宽的水汽带，A 和 D 处为涡旋，D-E 为另一条水汽带；两水汽带间为一暗区；在 A-B-C 水汽带上镶嵌着雷暴云团，在水汽图上的色调明亮。与红外图像比较，红外图上的 A-B-C 和 D-E 呈现断裂云系，A、D 处涡旋较为清楚。与可见光图像比较，云系断裂更明显。

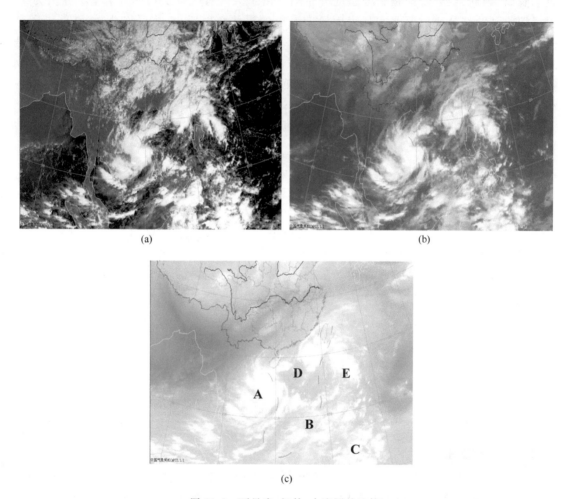

(a)　　　　　　　　(b)

(c)

图 10.2　可见光、红外、水汽图的比较

(a)2011 年 11 月 7 日 FY2E 可见光云图；(b)2011 年 11 月 7 日 FY2E 红外云图；(c)2011 年 11 月 7 日 FY2E 水汽图像

10.2　卫星云图的识别和分析

10.2.1　卫星云图上识别云的六个判据

在卫星云图上，云的识别可以根据以下 6 个判据：结构形式、范围大小、边界形状、色调、暗影和纹理，下面分别说明。

（1）结构形式

在云图上,由于光的反射强度不同所造成的不同明暗程度物像点的分布式样,称为结构形式。卫星云图上云的结构形式有带状、涡旋状、团状(块)、细胞状和波状等。例如锋面、急流、赤道辐合带等在云图上表现为带状云系;气旋、低压、台风的云系具有涡旋结构;洋面上的积云和浓积云常表现为细胞状结构。当有高、中、低云同时存在时,须将三种图像配合判断。分析云图时,要把某一区域不同时刻的图片连续比较,分析其变化,要判断图片上的物像表示的是什么东西。

（2）范围大小

云图上物像的相对大小,直接表明物像尺度。根据照片的比例尺度和照片上认出地面目标物(如湖泊、岛屿等)的大小,就可以大致估计物像的尺度,例如单体,或是云团,或是一大片云。云的单体是卫星云图上可识别的最小云的单元。云图上看到的云,包含有大尺度(500～300 km)的云系如锋面、急流、台风等,也有小尺度(10～100 km)的云系如细胞状云、积雨云等。根据云图上云的形式和尺度的大小可以推论出云的形成物理过程,例如在山脉的背风面,有排列规则的细云线,表示大气中有重力波生成;由卷云砧、卷云的走向可估计风向风速;由细胞状云的状况可估计对流活动区等。

（3）边界形状

云图上的云或地表(如山脉、河流、湖泊等)都具有一定的形状。要区别云图上的物像是云还是地表,或要识别各种不同的云,物像边界是重要的依据。云的边界形状有直线的、弯曲的(如圆形、扇形、盾形、锯齿形等),有些云的边界(如层云和雾的边界)形状和地形(如山脉、海岸线)走向一致;洋面冷锋后部的细胞状云系,其单体分布成指环状"U"字形;冷锋云带的后边界呈气旋性弯曲;高空急流云带的后边界大多呈反气旋性弯曲,有时在边界上出现锯齿状小云线。

（4）色调

色调是指云图上物像的亮度。决定物像色调的因素主要是物像的反射率,太阳高度角以及云对于扫描仪和太阳的相对高度。可见光云图的色调决定于反射率的大小,红外云图的色调决定于温度的高低。

（5）暗影

暗影只出现在可见光云图上,指在一定的太阳高度角下,高的目标物在低而色浅的目标物上的投影。可出现在云区里或云系的边界上,表现为细的暗线或暗的斑点。暗影的高度决定于:① 云的高度,云越厚,暗影越明显,可由暗影来判断云的垂直结构;② 太阳高度角低,暗影愈宽;高度角高,则暗影不清楚;③ 空间分辨率,一般暗影宽度＜ 3～5 km 时,在低分辨率云图上不容易识别出来,但在高分辨率的云图上就较清楚;④ 上午的云图,暗影出现在云的西侧;下午的云图则暗影出现在云的东侧。

（6）纹理

纹理表明云顶表面的粗糙程度。层状云(如雾和层云)的云顶很平,云区内云层的厚度差异很小,纹理光滑和均匀;积状云的云顶高度不一,云区表面多起伏,纹理表现为皱纹或斑点;卷云的纹理是纤维状的。有时在图片上的密蔽云区中有一条条很狭的亮或暗的弯曲(或直线)条痕,这就是纹线。云区中纹线一般平行于 1000～500 hPa 等厚度线,走向一般与风的垂直切变相一致,如低空风速很小,风的垂直切变主要决定于高度风,这时用纹线可以推断高空风向。

10.2.2　卫星云图的识别步骤

在天气分析中要求时间上的连贯性和空间分布的合理性,这些原则在卫星云图的分析中同样适用。

(1)可见光云图的识别步骤

① 识别云和地表;

② 从云图上识别各种云;

③ 从云的大范围分布,判断天气系统的性质、位置、移动和发展;

④ 从云图上推论高低空风场的特征。

(2)红外云图的识别步骤

① 根据色调、大小、形状等识别云的种类和地表;

② 从大范围云系分布,识别对应的天气系统,推论大气中的物理过程;

③ 配合探空曲线,估计云顶的温度和高度;

④ 将红外云图和可见光云图比较,分析云的变化情况,并由云图的连续变化,追逐系统的移动,判断系统的发展情况。

10.3　天气系统的云图特征

直接影响常德天气的主要天气系统有:地面冷锋、准静止锋、高空低槽、横槽切变线、西南低涡、急流和台风等,下面介绍上述天气系统在卫星云图上的主要特征。

10.3.1　冷锋的云图特征

冷锋越过 40°N 时将影响常德天气。冷锋越过 40°N 时有二种发展情况,一种是南移造成常德的冷锋过程,另一种是南段锋消不影响常德,表现为锋面云带趋于减弱,且和南支槽云系分离,两者没有合并的趋势。下面就南移冷锋影响常德天气做具体分析。

南移影响常德的冷锋越过 40°N 后,锋面坡度和移速有减小的趋势,云区逐渐变宽,但云带的宽度与冷锋侵入江南的路径有关。一般情况下,西路冷锋移速较快,云带宽约 2～3 个纬距;北路冷锋云带宽约 3～5 个纬距以上;东路冷锋在进入江南的初期云带一般不宽,但在转为静止锋后,云带宽度可达 5 个纬距以上。

冷锋到达江南前,锋面位置和锋面云带的关系有两种,一种是地面冷锋位于锋面云带的前边界附近;另一种是地面冷锋位于锋面云带的中部附近,这种情况大多出现在南方已另有锋面系统的情况下。

冷锋云带的后边界大多光滑,而前边界多不整齐,往往有积云、层积云、高积云组成的云线与锋面交角<45°,反映出暖湿气流向锋面云带上输送的特点。活跃的冷锋云带一般由厚的卷云、中云及积云或浓积云组成多层云系。通常在 500 hPa 槽前、地面锋后区域内,有浓积云和积雨云组成的活跃对流区,其色调白亮,往往造成常德冷锋暴雨。

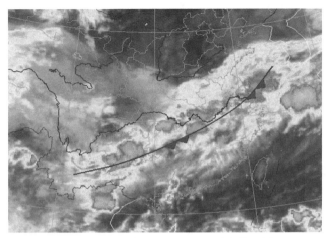

图 10.3　2011 年 6 月 18 日 08 时红外云图

例如 2011 年 6 月 17 日常德一次西路冷锋暴雨过程，17 日 08 时～18 日 20 时，全市有 5 个气象站出现了暴雨，其中，石门和澧县降水量分别为 140.4 mm 和 160.3 mm。整个暴雨带位于湘北一线，呈东—西走向。该过程在红外云图上冷锋云带的特征很清楚，位于冷锋后部的黔东—湘西—常德—岳阳—赣西均有对流云团存在。云图上有 3 个对流活跃云区，云带宽度为 2 个纬距；根据常德雷达站观测，冷锋云带为带状、块絮状回波，其发展和移向与云图和天气实况基本上吻合。如图 10.3 所示。

10.3.2　准静止锋的云图特征

影响常德的准静止锋有华南准静止锋和云贵准静止锋两种。在多数情况下，这两种静止锋连成一体，组成自横断山脉经南岭到西太平洋洋面的东西向锋面云带，绵延 1000～2000 km 或以上。

（1）云贵静止锋的云图特征

云贵静止锋有冷锋转变成的静止锋和高空南支槽东移引起的锋生静止锋两种。静止锋的走向与地形等高线完全一致，位于昆明附近或昆明与贵阳之间。在云图上，静止锋后冷空气一侧表现为一大片很宽的云区，主要由中、低云组成，云顶高度一般在 3～4 km 以下；在红外云图上，为灰—深灰色调，在可见光云图上则为白色，锋前多为晴天少云，因此，在可见光云图上很容易确定出静止锋的具体位置。

（2）华南静止锋的云图特征

冷锋南移或江南锋生转成的华南静止锋，在云图上都表现有宽广的云系，云带宽度一般在 3～5 个纬距以上，在春季湖南连阴雨期间，云带常宽达 10 个纬距以上，一般由中低云组成；在红外云图上成暗灰色调，而在可见光云图上色调较白亮。当高空有高原低槽东移时，槽前的盾状云系叠加于静止锋云系上，云区向北凸起加宽并变得很稠密，形成多层云系，在红外云图和可见光云图上的色调都变得白亮。地面静止锋一般位于云区的前边界或由稠密云区过渡到稀疏云区的边界上。

10.3.3　高空低槽的云图特征

中高纬度的西风带低槽大多与锋面云带相联系。在云图上，对应 500 hPa 的正涡度中心或正涡度平流区有逗点云系、积云稠密区、盾状云系等。对常德来说,影响我市的主要有西风槽和南支槽两种。

统计分析表明,造成我市强降水的西风槽 82% 位于 100°E～120°E、35°N～48°N 区间,79% 有南支槽配合,54% 有高原低值系统配合;造成我市强降水的南支槽 79% 位于 100°E～110°E、25°N～32°N 区间,53% 有高原低值系统配合。

图 10.4 显示了各种高空槽云系,通常情况下,高空槽与地面锋线是同时存在的。有槽位于锋后、位于锋上等两种情况,其均能造成对流云团的生成和发展,造成强降水。

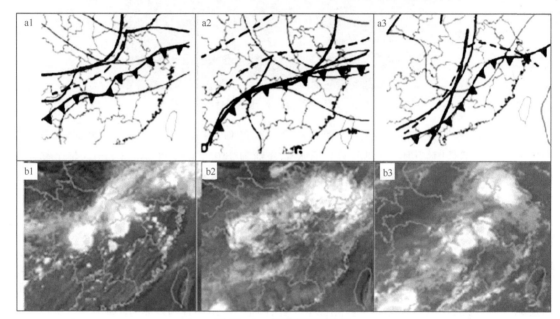

图 10.4　各种高空槽云系

10.3.4　横槽切变线的云图特征

这里指 700 hPa 或 850 hPa 上近于东西向的长江横槽切变线,在一般情况下,横槽切变线大多与地面锋面(如静止锋或缓慢移动的冷锋)相联系,因此,在卫星云图上,表现为东西向的大片云区。在雨季,西南季风云团沿高空西南气流自南海、中南半岛向江南输送,因此,在横槽切变线的云区南侧,多有西南—东北走向的积云线或对流云图出现,边界不整齐。500 hPa 有低槽位于川中、川西时,云区北界扩展到 700 hPa 横切边线以北,高中云的特征清晰,反气旋式的卷云纹线有光滑的后边界。当切变线上有低涡东移时,则在大范围云区中有结构紧密、色调白亮的对流活跃云图(或云区),这在低分辨率云图上稠密云区的细微结构不十分清楚,但从大范围的纹线分布上则表现出涡旋状结构,这是西南低涡沿切变线东移发展的特征。

10.3.5　西南低涡的云图特征

西南低涡在卫星云图上表现为涡旋状云系、近于圆状云区、半环状云系、长条形云系和逗点云系等种类。发展中的低涡云系色调白亮,结构紧密,不发展的低涡云系则结构较松散。低涡云系的尺度一般约 300～400 km。西南低涡的云型有以下 4 种类型。

(1)西北大槽下的低涡云型

中亚西风大槽东移加深,槽前有南北向色调很白的云系,卷云羽呈反气旋性弯曲,有时有丝缕结构,边界光滑,在其东侧低涡处,有积状云呈涡旋状分布,并有对流性降水产生和发展(图 10.5a)。

(2)高原小槽下的低涡云型

高原小槽前辐散状卷云云系东移和高原东部中低云区结合,在结合处出现涡旋状纹线。(图 10.5b)。

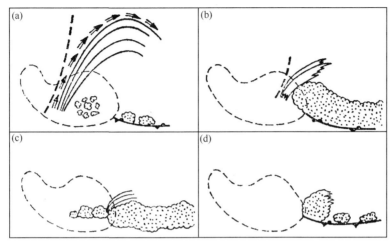

图 10.5　西南低涡云型的示意图

(3)高原切变下的低涡云型

500 hPa 上青海湖附近有一弱切变线,对应的东西向云系东移同其东侧的中低云区结合,在结合区出现涡旋状云型。(图 10.5c)。

(4)江淮横槽切变线上的低涡云型

在 700 hPa 东西向切变线云带的中段开始减弱,云带变窄,而切变线西段云区扩大,云区增厚,结构变得密实而出现低涡云型,(图 10.5d)。

10.3.6　急流的云图特征

常德暴雨常常和急流相伴,高空急流、低空急流及边界层急流相互作用,为暴雨提供热力及动力条件,影响常德的高空急流主要是东亚上空的副热带高空急流,低空急流多以西南气流为主输送水汽和能量,如果有台风低压系统深入内陆则会出现偏东或者偏南急流,边界层急流是低空急流向地面的发展,也对常德暴雨有一定作用。

从云图上可以判断急流轴的位置、高空风向、风速的切变及水平温度梯度方向。在红外云图上,急流卷云色调很白,呈反气旋性弯曲,卷云区集中在急流轴的南侧。急流轴云系在云图上的基本特征有 4 种:

(1)广阔的卷云区或卷云带,北边界很光滑;(2)在 VIS 云图上,在中低云表面或地面上表现为细长条暗影的急流卷云;(3)急流卷云区、卷云带(线)的北边界一般呈反气旋式弯曲或准直线;(4)急流卷云带边界上或云带内有横向波状的梳状云线。

例如,在 2011 年 6 月 17—18 日常德暴雨天气过程中(图 10.6),850 hPa 高度上,桂林—怀化—长沙探空站均有＞12 m/s 的急流形成,对应的卫星云图上有急流云系生成,急流云系自西南向东北方向伸展,宽度与急流的大小成比例。

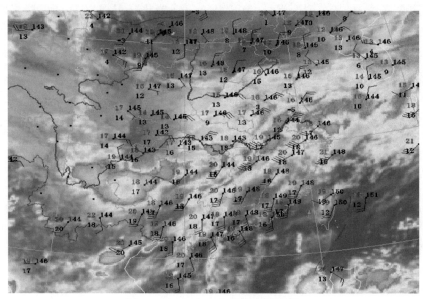

图 10.6　850 hPa 急流与红外云图

10.3.7　台风的云图特征

台风的卫星云图特征随着台风不同的发展阶段和强度而有差异,总的来说,在云图上可以看到大量积雨云区或云带向扰动中心移动,形成大范围的圆形或不对称的椭圆形为中心的密蔽云区,四周云带呈螺旋状旋向中心,而云带和密蔽云区的边界上有弯曲的卷云纹线。台风云区在卫星云图上的色调都很白亮。

图 10.7 给出了一个成熟台风云系的水平和垂直分布,可以看出,台风云系的水平分布表现为三部分:

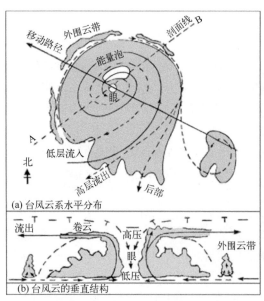

(a) 台风云系水平分布

(b) 台风云的垂直结构

(c) 增强红外图上的台风云型　2007年10月5日23:00

图 10.7　台风云系模式和垂直结构

(1)中心是一黑暗的无云眼区；

(2)围绕眼区的是连续密蔽云区；

(3)环绕密蔽云区的是台风的外围螺旋云带。

台风登陆变成热带低压(对流层中部的暖性结构仍然存在)，结合螺旋形密蔽云区移进湖南，在低压中心移经地区有强烈的对流性降水发生。台风低压中心进入湖南的过程一般较少，通常都是台风登陆后迅速减弱，云系分裂松散，降水很快减小，如果稠密云区继续维持降水强度较大，我市受台风外围云系影响较大。

10.4　卫星云图在常德大雾预报中的应用

表 10.2　风云气象卫星的通道特性及在大雾判识方面的应用表

波段	用途
0.58～0.68 μm	0.58～0.68 μm 通道反射率与雾的光学厚度成正比。
0.84～0.89 μm	分析大雾区域纹理，估算雾光学厚度。
1.58～1.64 μm	对于雾滴的小粒子，反射辐射比云大。
3.55～3.93 μm	在对云雾中粒子大小敏感的同时，对于粒子的形态也十分敏感。
10.3～11.3 μm	用于测量雾顶温度信息。
11.5～12.5 μm	与 10.3～11.3 μm 通道一起用于测量雾顶之上大气中含水量的信息。

常德属中亚热带向北亚热带过渡的湿润季风气候区，植被丰富多样，有利于大雾的生成和维持。全市各地大雾多年平均日数为 24.9 d，最多年为 44.9 d，最少年为 9.6 d。根据常德大雾形成的物理机制和天气背景，将常德大雾分为辐射雾、平流辐射雾、平流蒸发三种，常德大雾出现时间主要在后半夜至清晨，以辐射雾居多，平流蒸发雾次之。各类雾形成的天气形势不同，反映在卫星云图上的云场特征也不同，本节主要讨论卫星云图在常德大雾预报中的应用。

卫星云图上，雾在不同通道上所表现出来的特性不尽相同，在卫星云图上所呈现出来的特征也不相同，表 10.2 列出了不同通道在大雾识别中的应用。

10.4.1　白天大雾的判别

在天空中没有中、高层云的情况下，通过预报人员的主观判断有可能从可见光云图上识别出雾和低层云，但实际上仅用可见光云图试图区别雾和低层云并不容易。这是因为在可见光云图上，雾虽与其他云类，特别是中高层云类具有明显不同的特征，但与低层云却极为相似。以下主要讨论白天大雾在卫星云图上的识别。

通常情况下，在可见光云图上，雾区较暗且亮度变化不明显，雾顶光滑，纹理较均匀，边缘也较清晰光滑。在红外云图上，虽然由于雾与低层云的热对比不很明显，但还是存在一些可辨的差异。由于雾比低层云更接近于地面，雾顶高度也不及底层云顶高，因此雾顶温度也比云顶温度略高，反映在红外云图上两者的亮温有一定的差异，相对而言，雾顶温度更趋近于周围环境。然而，无论是可见光云图还是红外云图，都不能单独分离出大雾，应该综合各种云图及各种通道资料进行分析。如图 10.8 所示。

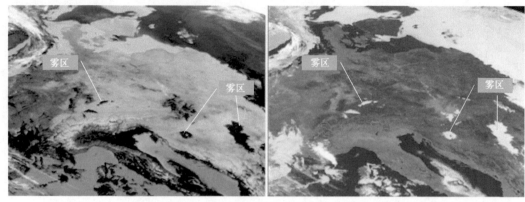

图 10.8 白天雾区在中红外通道和长波红外、中波红外亮温差图像上非常明显

下面将白天雾的云图识别方法归纳如下：

（1）在图像的光谱特征方面，低层云雾和其他各类云在可见光云图上均能较清晰地表现出来。中高云类因反射率高而颜色白亮，且具有明显的结构特征；低层云雾则因反射率较低而颜色较暗，且外形上纹理特征不明显，雾顶光滑、均匀、边缘清晰；

（2）在运动规律方面，雾区在通常情况下不会移动，或者移动速度十分缓慢。辐射雾在生成和发展阶段通常沿水平方向向四周伸展，在消散阶段则由外向内收缩；平流雾及其他云类的移动方向受天气系统的影响而具有明确的方向；

（3）在消散趋势上，因地面加热的不平衡，导致雾区周围气流产生内向混合作用。因此，雾区的消散一般由外缘而向内，轻雾区的消散要快于重雾区，而其他云类的消散则与相应的天气系统密切相关。

10.4.2 夜间大雾的判别

在夜间，没有可见光云图，而仅有红外图像，因此，夜间雾的判别，显得更有难度，我们通常选用红外1(10.3～11.3 μm)和红外4(3.5～4.0 μm)波段，也即热红外与中红外波段作分析。

由于夜间雾与陆地的热对比不很明显，在红外云图上常表现为具有相似的温度结构和纹理特征，因此用单一的红外图像资料来遥感识别夜间的雾，比白天困难得多。国外有学者利用低层云雾与陆地及洋面在长波红外通道和短波红外通道上亮温的差异，来识别夜间的雾，取得了一定的效果。如图 10.9 所示。

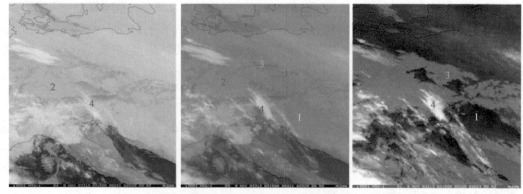

图 10.9 夜间雾区在 IR4－IR1 通道亮温差图像上非常清楚
其中 1 表示雾区；2 表示冷地表；3 表示暖地表；4 表示云区。

10.5 卫星云图在强对流天气预报中的应用

暴雨、冰雹、飑线等强对流天气,是常德主要的灾害性天气过程,其发生、发展都与卫星云图上的对流云团活动相联系,下面将卫星云图在常德强对流天气过程预报中的应用进行归纳,以供参考。

10.5.1 卫星云图在常德强对流天气预报中的分析步骤

运用卫星云图判断常德强对流天气时,要注意以下几点:

(1)要判断强对流天气过程的类别

强对流天气大体可分为两大类,一类是与锋面、台风等天气系统相联系的强对流天气过程,另一类是暖气团内的强对流天气过程。区分上述不同情况,结合天气图分析使用卫星云图,对判断强对流天气的发生将有帮助。

(2)注意关键区内强对流云团的发生

各类天气系统形成的强对流云团有一定的活动特点,根据这个特点和常德的地理位置,可以按天气系统划分为若干个关键区,借以帮助判断强对流天气发生的可能性,即当某类天气系统下的关键区内有强对流云团的活动,需要加强监视和判断。

(3)结合低空风的应用

强对流天气发生前 6~24 h,大多有一支南到西南风的低空急流或边界层急流出现。当单站测风上 300 m、600 m 及 900 m 高度出现 10 m/s 以上的南或西南风,或南岳高山站出现偏南大风时,表明有低空急流出现,意味着低空存在辐合上升运动,在云图上往往出现由中低云组成的云线或云纹线(带),走向与急流轴平行,这时要注意对流性云团及对流天气的发生。

(4)结合雷达回波分析

目前在卫星云图上,还不能具体识别云顶高度,而雷达回波却能直接探测到。雷达所测的各种参数具体、准确,能为云图上云团的分布、移动和发展、云顶高度等,提供及时可靠数据,这些对于强对流天气的分析和预报是必不可少的。

(5)判断强对流云团的移动

① 通过连续几张云图的对比,判断对流云团的移动方向和速度;

② 在同一张云图上,依据对流云团和周围云系亮度及边界形状,可以大体估计云团的移动。一般对流云团中,强对流中心的色调最白亮,离开中心逐渐向白或灰白过渡;强对流云团的后部通常都有下沉气流,边界较整齐,而其前部因有上升气流,而有卷云羽,边界不整齐。

③ 云团通常以"前长后消"的形式向前运动,有时云团的移向和云系的整体移向会有差异,应和单站雷达观测或中南地区雷达回波拼图配合分析。

(6)判断强对流天气落区

① 强对流云团多发区在高空急流云系的右侧、低空急流的左侧,低空有活跃的暖湿气流输送带,水汽充沛,有强的正涡度切变,而高层有负的涡度正切变和辐散,这种底层辐合、高层辐散的机制有利于强对流天气的发生、发展和维持。

② 850 hPa等压面上有西南急流、槽线（或切变线），湿度场与强对流云团多发区关系密切。常德汛期强对流云团多发区，一般出现在距850 hPa急流轴左侧约1～3个纬距到槽线之间，位于湿中心下游。

③ 常德强对流天气主要出现在高空低槽前方，或槽线与地面锋线相交处。

④ 强对流天气多出现在逗点云系西南方倒"U"形缺口的两个尾部，当缺口南侧大的逗点云系尾部向东北移动收缩时，将出现强对流云团。当"U"形缺口北侧云系南压并向西南方伸展、同时地面有锋面南移时将造成强对流天气。这种倒"U"形缺口云系呈反时针方向旋转时，往往能使常德24 h内出现强对流天气。

⑤ 强对流天气多出现在两种云系汇合区域或其附近，这种汇合有两种类型，一种是锋面云系或高空槽前盾状云系同西南季风云团相汇合，另一种是高空槽前盾状云系或锋面云系和长江流域的锋面云系相汇合。

⑥ 冷锋云带的强对流天气，多出现在冷锋云带的前边界附近（锋前一个纬距和锋后3个纬距内）

⑦ 6 h降水中心一般处在云团中心到后边界附近，地面锋后到850 hPa的切变线附近。

⑧ 静止锋云带上积雨云团一般多出现在云带的前边界附近，但在云带中部和后边界附近，也可能有积雨云团出现。

10.5.2　卫星云图在常德暴雨预报中的应用

暴雨是常德地区常见的一种灾害性天气，它是在大尺度的环流背景条件下，由中尺度天气系统直接造成的，因此，利用卫星云图分析常德暴雨，具有非常重要的作用。

（1）暴雨云团的分析步骤

暴雨是一种特定天气尺度环流背景条件下产生的物理机制相当复杂的天气现象，因此，必须有一套系统的预报思路和科学的分析方法和步骤：

① 分析暴雨云团的源地，如四川盆地东南到鄂西南西部（盆地与山地交界处）；宜昌、五峰到常德一带（山地与平原交界处）；

② 分析暴雨云团的先兆，注意圆形、半圆形、新月形、粒形、涡旋形、积云稠密区等暴雨云团的初生形态；

③ 分析暴雨云团发展和减弱，最好能结合常规资料和历史卫星资料进行慎重的周密分析；

④ 分析暴雨云团移动；

⑤ 综合分析暴雨云团能否影响到预报区域和本地，做出降水和暴雨的具体落点、落时、强度和持续时间的预报，重点考虑能否出现大暴雨、特大暴雨、连续暴雨等天气并重复分析暴雨发展、减弱和移动的经验规则，做出暴雨能否结束的预报。

（2）常德地区常见的暴雨云团

① 梅雨锋暴雨云团

i)概念模型

典型梅雨暴雨系统的云系成员主要有4个，即梅雨锋云系、西风带短波槽云系、青藏高原东移云系和南海季风云涌。梅雨锋云系成员是相应的天气系统相互作用的产物，副热带高压决定梅雨锋云系的位置，因此也决定了暴雨云团发生的区域。适当强度的高空槽可以诱生梅雨气旋,产生锋面气旋暴雨。高原东部云系如果受高原槽的引导可以移出高原,同时也诱生西南低涡并移出四川盆地,高空槽和低涡共同作用造成了沿途暴雨。南海和孟加拉湾的季风云涌在副高东退(或印度低压稳定加强)的时候,可以北上和梅雨锋云系连在一起,这同样也是产生暴雨的重要条件。在 850 hPa 上,暖式切变线或梅雨锋稳定位于 $30°\sim34°$N,与之相联系的是梅雨锋云系,成东西向或东北—西南走向,云系西端出现断裂,有零散对流活动。切变线南边是西南急流,急流末端可到达 $30°$N 附近,暴雨云团位于急流的左前方。和季风活动密切相关的季风云涌可到达华南西部,季风水汽羽从孟加拉湾延伸到长江中下游地区,低空急流将大量暖湿气流输送到长江中下游,不但提供了暴雨云团所需的能源,也有利于对流不稳定层结的建立。

当 500 hPa 有短波槽云系在低层切变线的北侧移动,槽底引导弱冷空气南下与暖湿气团相互作用,有利于暴雨云团的产生。副高位置稳定,脊线位于 $22°\sim24°$N,588 线西脊点可到达 $112°$E 以西,暴雨云团发生在副高北部边缘。

200 hPa 主要关注的天气系统是南亚高压,其东部东北气流与低空急流的耦合在长江中下游地区形成强的高空辐散,同样有利于暴雨云团的发生发展。

ii) 暴雨云团发生发展

短波槽云系自西向东移动,其底部和梅雨锋云系相交的地方发展出暴雨云团;西南季风云涌向北发展,与梅雨锋云系相交的地方发展出暴雨云团;暴雨云团可出现在 850 hPa 能量锋区偏南一侧或高能轴附近,低涡切变线、地面低压系统、低空急流等环境场有利于暴雨云团的生成维持。

暴雨云团发生的中尺度特征:a. 在活跃的梅雨锋云带内由一些松散的对流云区组织成暴雨云团;b. 若干个小而旺盛的对流单体逐渐靠近发展成中 β 尺度暴雨云团,有时也可以发展成中 α 尺度暴雨云团;c. 两条单独的长条形对流云带合并或两个云团合并(包括与西南季风里的云团的合并),发展成暴雨云团;d. 由单独的中 γ 尺度云团经过较长时间,逐渐发展成中 β 尺度暴雨云团。e. 由母体(指比较大的云团)中某一部位,分裂出小云区逐渐发展成暴雨云团。在上述 5 种形式中以合并方式为主,对流云顶温度可达 $-78℃$ 以下。

iii) 暴雨云团的移动

暴雨云团有 3 种移动方式:a. 暴雨云团沿梅雨锋自西向东移动;b. 暴雨云团沿梅雨锋上下游以生消替代方式移动,当原来的一个云团发展到特别旺盛之后转而迅速减弱,此时在其上游或下游就有对流发生,并迅速发展成新的强对流云团;如伴随江汉平原低层锋生,鄂西对流减弱而在江汉平原一带迅速发展,从而使暴雨云团发生跳跃性的东迁;c. 暴雨云团原地维持少动,处于同一中 α 尺度云团中,即云团原先部分减弱,后部发展,使整个云团仍停留在原来位置。

② 冷锋云带尾端暴雨云团

i) 概念模型

与涡旋相连的冷锋云带从东北伸向西南方,与 500 hPa 高空槽线相交处云带断裂或稀疏。暴雨云团处在锋面云带的断裂处。在云带断裂处,即高空槽底处的低空为高空槽前的西南暖湿气流及绕副热带高压来自热带的暖湿气流与锋后地面高压前部的偏北气流构成的辐合区,高空为一支强的西北冷平流,地面有冷空气南下。850 hPa 暴雨云团对应有切变线。如图 10.10 所示。

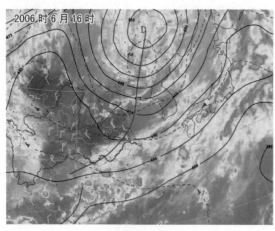
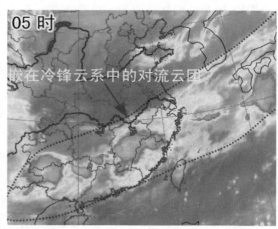

图 10.10　冷锋云带暴雨云团

ii）暴雨云团发生发展

在锋面云带尾端处的暴雨云团的生命期都较长,其原因是在该处对云团的存在有特别的有利条件:a. 云团处的偏南暖湿气流强;b. 云团移入多皱纹、多起伏的积云及浓积云区;c. 在上游方向有卷云带移近,且与活跃的西南季风连接;d. 锋面云带尾端与切变线云带相交。

iii）暴雨云团的移动

这种形式下云团的形成决定于锋面云带的走向和副热带高压的稳定性,其判据有:a. 当副热带高压稳定和锋面云带呈纬向时,暴雨云团则沿锋面云带移动;b. 当副热带高压稳定和锋面云带呈东北—西南走向时,暴雨云团则沿锋面云带向东北方向移动;c. 当副热带高压减弱东退,锋后有明显的高空冷平流,则暴雨云团则沿锋面云带向东南移动,并有大风。

③　副高边缘暴雨云团

6月下旬到9月,当副高在江南东退或西进北抬且低层湿度较大时,常会出现雷雨天气。特别是当西风带低槽和低层切变在副高西部北侧时,则易出现强雷电(高密度地闪)、雷雨大风、短时强降水等强对流天气。

i）概念模型

在副高北侧西南气流中,高空槽云系底部与西南云涌相交触发出暴雨云团。这种类型的强对流天气主要发生在午后到傍晚。在副高北缘的大范围的带状云系中,常常在断裂处和云带南部上午晴空地区,雷暴得到快速发展。图 10.11 为典型副高边缘云团,暴雨云团与副高脊线的位置密切相关,与副高脊线共进退。

ii）暴雨云团发生发展

有利于云团生成和发展的条件:a. 如高空槽云系为盾状卷云,其表示的高空辐散场更为明显。如若卷云的反气旋弯曲越来越明显,卷云纹线越来越清楚,或是卷云线的长度向极一侧越来越长,或是盾状卷云的西北一侧有卷云逼近;b. 在云团的移动方向上云系表现为多起伏、多皱纹和斑点、纹理不均匀的混乱云系为对流不稳定区;c. 副热带高压较强,西侧有强的西南气流,或者西南季风云系十分活跃;d. s 云团移入强辐合区。

iii）暴雨云团的移动

暴雨云团沿副高外围向东北移动。

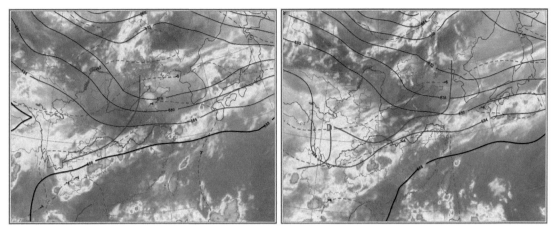

图 10.11 2007 年 6 月 24 日(左)08 时和 25 日(右)08 时 500 hPa 形势和红外云图

④ 台风低压暴雨云团模型

ⅰ) 概念模型

由于副热带高压位置偏北,台风云系登陆之后在偏东气流引导下向西北方向移动。在河套地区有西风冷槽云系东移,在台风倒槽和高空弱冷平流作用下产生暴雨云团。

图 10.12 是 2006 年第 6 号台风"派比安"的红外云图,由于常德市距离沿海较远,通常情况下,常德市主要受台风外围云系的影响。

图 10.12 2006 年第 6 号台风"派比安"云系

ⅱ) 暴雨云团发生发展

暴雨云团位于台风低压外围倒槽中和低空偏东风急流前方;台风在消亡过程中产生一个冷出流线,触发台风外围对流云带产生暴雨云团;地面南下的弱冷空气、中尺度辐合线及向东开口的喇叭口地形均有利于暴雨云团的发展维持。

ⅲ) 暴雨云团的移动

暴雨云团沿台风螺旋云带向偏西或西南方向移动。

10.5.3　卫星云图在常德冰雹预报中的应用

冰雹是常德市一种重要的灾害性天气,是预报服务工作的难点和重点。根据常德 1971—2000 年三十年气象资料统计,各县年平均冰雹日数在 0.4～1.5 d 之间,常德、石门和桃源在 1.0 d 以上,其中常德年平均雹日最多为 1.5 d,其中最多年份可达 4 d(1979、1982 年),给人民生命和财产安全带来了极大的隐患。本节主要讨论卫星云图在常德冰雹预报中的应用。

常德 2—3 月的冰雹过程大多数与静止锋或冷锋云带相联系,3 月下旬和 4 月的冰雹一般出现在冷锋(包括静止锋转为冷锋)云系、高原低槽云系附近和逗点云系尾部。

(1)静止锋云带上的积雨云团:冰雹一般多出现在静止锋云带的前边界附近或云带中部。如 1979 年静止锋云带中部的积雨云团,也形成了冰雹过程,当时湘北处在宽广的静止锋云系的中部(有 14 站出现冰雹),云顶粗糙有暗影,可见有穿透性积状云团存在,但卷云羽不清楚。

(2)冷锋云带上的积雨云团:冰雹一般出现在冷锋云带的尾部,例如 1979 年 3 月 29 日夜湘东、湘北大范围冰雹实例,当时 14 时卢氏气象站处于淮河气旋冷锋云系前边界处有雷雨,云的色调很白亮,气旋中心后部云系稠密,北界卷云羽清晰,此后冷锋和冷锋云带南移进入湖南,造成湘北大范围的冰雹和阵性大风。由静止锋转为冷锋过程的冰雹实例有 1984 年 4 月 4 日的过程。

(3)逗点云系、"U"形缺口云系上的积雨云团:这种云系通常是前一次锋面云系的残存部分,由于大气层结不稳定,加之高空低槽的影响,促成对流云团发展造成强对流天气。此外,逗点云系尾部也可造成我市的冰雹天气。卫星云图上,槽底部云系和涡度逗点尾部云系(斜压扰动云系)重叠部分会发展成多条飑线或大尺度强对流线状云给湖南带来大范围冰雹大风天气,这主要形成在上下一致的大径向度深槽和槽前强盛西南气流的天气形势背景下。图 10.13 是一次冰雹天气过程实例,卫星云图上,产生明显的涡度逗点云系,逗点云系的尾部,产生的飑线出现了冰雹大风等强对流天气。

图 10.13　一次冰雹天气过程的卫星云图

10.5.4　卫星云图在常德局地雷暴预报中的应用

局地强雷暴天气(尤其是龙卷风)的出现要有一定的气象条件。将卫星云图资料和常规资料配合应用,能更好地分析出局地强雷暴出现的条件。从卫星云图可以直观地看出局地强雷暴生成的动力学条件和引起局地强雷暴生成的一些天气尺度和中尺度系统。

（1）根据卫星云图确定飑线

卫星云图上，飑线是一条由雷暴群（或积雨云群）组成的强对流活动线，这些积雨云群相互合并，所以飑线成一条明亮的云带。在云图上如果飑线的形状为头不大、尾部愈来愈细的形状，在这种飑线上对流性天气最为猛烈。飑线云带愈向南愈窄，这是因为在飑线的最南部分是最有利于新的雷暴形成。在这个部位的雷暴都是一些小而没有成熟的系统，而在北面的地方则是一些老而成熟的雷暴。

（2）根据卫星云图分析飑线成长的特征

在卫星云图上常常可以观看到干线上积云形成的情况，它比起雷达最初观测到飑线要早。在卫星云图上飑线前身的云系最早成一条长的细云线，而后，在这条细云线上有一块块小的对流性云区出现，这些小的对流性云区不断长大，并合并成积雨云团，这样就形成活跃飑线的初始阶段。这些强雷暴群可以持续几小时，每个雷暴区与四周环境大气相互有猛烈作用。在云图上每个雷暴区四周可看出是下沉运动区域，这可以从飑线中看到有一条条窄的灰色区域来识别。在飑线发展的初始阶段，在每个雷暴四周一般是晴空区。在以后随着飑线上雷暴群的成长，并与四周环境空气相互作用，雷暴区的卷云砧会叠加在其他种类的云上面，并与其他雷暴区的卷云砧合并。但表现中各个雷暴单体仍可以分辨出来，即在雷暴区的边界处某些地方出现晴空，当飑线上有龙卷出现时，它们是位于某一个雷暴区的低空气流流入区中，并且在雷暴区的任何部位都可能出现冰雹。

（3）根据卫星云图确定强雷暴的威胁区域

根据卫星云图、雷达和地面风资料，可以定出即将会有的龙卷风威胁的局部地区。在确定即将会有雷暴威胁的地区时，第一步定出表现上各个雷暴团的边界；第二步进行地面风场的流线分析，定出低空流线图上气流汇合线（这条汇合线一般是平行于活跃表现的后部边界），并标明每个雷暴团中低空气流的流入区；最后一步，在雷暴团的低空流入区一边定出雷暴团的边界与气流汇合线的交点。在雷暴团中这个交点是有利于龙卷出现的区域。此外，把雷达荧光屏上的回波图或者把传真的雷达天气图上的回波线同低空湿空气流入区相比较，可以进一步把威胁区域范围缩小。我们定出在雷暴团中湿空气流入区域内的雷达回波，在这个回波区的愈来愈细的尾部附近，这是我们所能确定的最小威胁范围。一般说来，威胁区范围不能超出雷达回波面积的二分之一。威胁区出现在边界以内 7.5 km 的地方。威胁区确定以后，我们根据雷达荧光屏上回波的移动，预报威胁区的移动，如果可能的话，应该用前面几张连续的卫星云图，因为雷暴群随着时间会有变化，这种变化会引起威胁区发生变化。

参考文献

陈渭民，2009.卫星气象学．北京：气象出版社．

俞小鼎，周小刚，等，2009.强对流天气临近预报，中国气象局培训中心讲义．

冯业荣，2006.广东省天气预报手册，气象出版社．

第 11 章

常德气象业务与专业气象预报系统

11.1 基于单多普勒天气雷达产品的短时预报预警业务工作平台

11.1.1 平台框架

《基于单多普勒天气雷达产品的短时预报预警业务平台》由雷达产品实时传输、灾害性天气资料库、短时预报学习与培训、信息自动采集处理、气象信息加工分析、短时预报产品制作、气象灾害决策服务、系统管理及灾害预警语音文字自动提示等八部分组成，框架见图 11.1。

图 11.1　短时预报预警业务工作平台界面

11.1.2 平台功能介绍

（1）学习与培训

① 提供短时预报值班制度、观测模式选择、预报职责区、质量评定办法、联防方案等，由

一组 Word 文档构成,可根据上级业务规定及业务服务拓展需要实时对其内容进行更改和完善,操作上只需对文档进行编辑而不需修改管理程序。

② 收集有各类多普勒雷达培训班的授课辅导资料和美国雷达气象专家 Lemon 先生来中国关于多普勒雷达产品应用的讲课辅导材料,材料为 PowerPoint 制作而成,图文并茂,可在较轻松的环境下得到培训和提高。增补该部分的内容更是简单,只需将相应的材料拷贝到相应的目录中即可。

③ 收集有 2003 年以来国内多次多普勒雷达产品应用交流材料及中美强对流天气临近预报技术国际研讨会交流材料,按暴雨和强对流天气分两类归档,材料为幻灯片形式,内容可随时增减。

④ 提供了雷达探测区内暴雨、强对流天气个例分析总结材料,并进行了分类归档,技术总结材料直接以日期和灾害天气名组合命名,用 PowerPoint 制作,方便使用者阅读,也方便使用者通过分析后对技术总结进行修改、完善。增加资料文档同样只需进行拷贝。

⑤ 对有多普勒雷达产品资料的各次暴雨、强对流天气个例进行图例上的分类总结和建档,从而总结出了基于多普勒雷达产品的暴雨、强对流天气(冰雹、大风、龙卷)的图例模型,为国内灾害天气多普勒产品图例提供了极有价值的素材,对发生在湖南北部的灾害性天气在多普勒雷达产品上的表现特征进行了概括性的总结;其内容制作成幻灯片形式,利于模型的不断扩充与完善。

(2)气象信息处理

属计算机后台操作,设置为定时自动处理方式。处理的资料有:6 min 一次的雷达体扫资料不同仰角最大、次大反射率因子强度及位置的检索;6 min 一次灾害预警信息的处理与雷达回波实时移向移速的计算;2 个时次(20 时和 08 时)T213 数值预报产品资料的处理(降水及物理量资料);6 个时次(02、05、08、14、20、23 时)地面观测资料的处理(降雨量及天气状况),2 个时次(08、20 时)高空探空资料的处理(环境风信息)。

(3)灾害天气语音及文字自动预警提示

多普勒雷达每 6 min 可提供一次体扫资料,系统会不间断地检索新的雷达体扫产品,分析其回波的中心强度及次中心强度,当达到预警临界值便对回波进行结构上的分析,区分属强降水回波还是属强对流天气回波(大风、冰雹、龙卷),然后根据分析结果自动提示"请注意,可能出现强对流天气"或"请注意,可能出现强降雨天气";当判断是强对流天气回波时,系统又会自动进行回波质心高度的分析(强灾害天气即将发生的信号),当发现回波质心高度在下降时又会进行语音及文字提示"请注意,回波质心高度在下降"。该功能可使预报预警系统处于全天候监控状态,能有效地对灾害天气进行跟踪监测。

(4)气象信息综合分析

T213 产品、地面实时分析资料、Micaps2.0 及雷达产品显示平台集成,用于制作预报时的环境场分析平台。

(5)预报产品制作与分发

按流程分为 3 步:预报员根据菜单通过人机交互形式输入相关的雷达产品信息制作 0～1 h,0～3 h,0～6 h 的降水预报和强对流天气预报;然后通过人机交互对上述预报结论进行区间或站点修正,最后将最终预报结论上网和分发。

（6）决策服务

预报产品制作完成后得到的是不同预报时效（1、2、3、6 h）不同预报站点的降水预报或不同预报时效（1、2、3 h）不同站点的灾害性天气类型预报,决策服务的功能是将这些预报或灾害性天气类型预报综合成文字材料,生成模版（常规天气预报、重要天气消息或灾害性天气警报）的决策服务产品,提出应对措施和服务方案。

（7）系统管理

其功能是:增加或删除预报员属性;添加修改各种气象信息分析系统所在的主目录、预报产品库目录及实时分析资料的目录;进行值班员注册登记;生成值班日志;进行资料管理、质量评定;计算回波阶段性移向移速;提供雷达回波强度与降雨量参照表;提供平台操作方法;进行最新雷达产品资料的传输。

11.1.3 平台应用个例

2011 年 6 月 17 日晚,常德澧水流域普降暴雨、大暴雨,利用该平台制作和发布了暴雨红色预警,图 11.2 为 3 h 图形预报产品。2011 年 7 月 27 日凌晨 01 时 50 分,慈利县高峰土家族乡,双星、南井等村受冰雹和大风突袭,造成 3300 多人受灾,烤烟 5000 hm² 受灾,其中绝收面积 1000 hm²;玉米 6570 hm² 受灾,绝收面积 2000 hm²;冰雹灾害还造成 1000 hm² 反季节辣椒和 1000 m 道路受损严重。伴随冰雹的降落,还发生了风灾和雷击,风灾造成 12 栋房屋倒塌,雷击造成多处线路受损,损坏电线杆 10 根,线路 500 m,多户农户电表因雷击受损,1 人遭雷击受伤,雷击造成全乡大面积停电,近 2000 烤烟户烤烟烘烤受阻,这次冰雹和大风持续时间达 1.5 h 以上,该超级单体结构为线状飑线系统,产生的最大风速达 27 m/s,利用该平台制作和发布了冰雹和大风短时临近预报预警,图 11.3 为 1 h 图形预报产品。

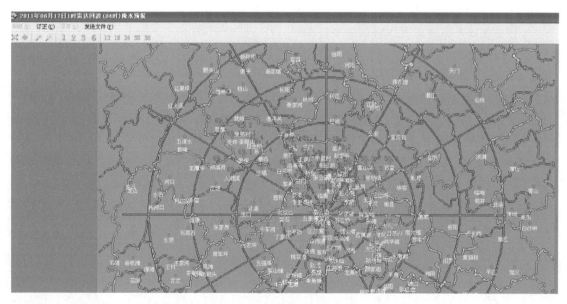

图 11.2　3 h 图形预报产品

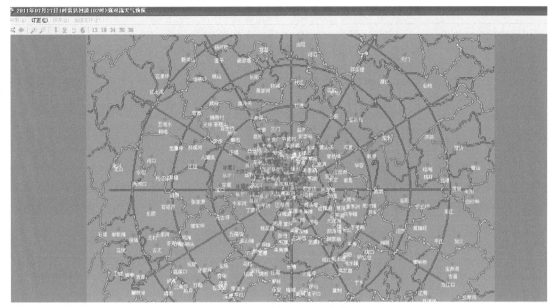

图 11.3　1 h 图形预报产品

11.2　常德交通气象预报预警系统

11.2.1　系统功能简介及框架

常德交通气象预报预警系统有交通概况、灾害性天气预报、预报产品、帮助等菜单功能模块。在交通概况菜单中对常德市的主要交通要道所辖区域有详细的描述,灾害性天气预报菜单中分别有大风、大雾、暴雨和冰冻 4 个多发灾害性天气的预报方法,预报产品菜单存放交通气象预报产品,帮助菜单中有各灾害性天气的预报方法的详细描述。系统预报区域为常德市所辖 7 个县(区、市)所有的交通运输线路,预报时间长度为 24 h,图 11.4 为系统主界面。

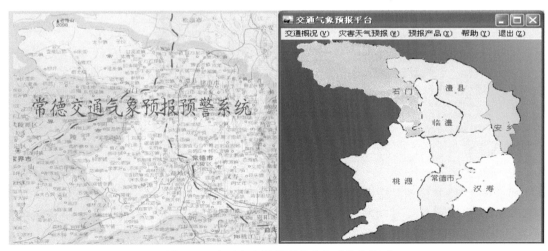

图 11.4　交通气象预报预警业务系统主界面

11.2.2　预报方法介绍

（1）暴雨预报方法

① 预报思路

凡在常德市范围内有一站以上日降水量≥50 mm就算本市有一次暴雨过程。根据多年来暴雨过程发生的物理机制进行统计分析和查找暴雨产生的预报指标。在本方法中用到了常德市天气系统上游的多个站点的气象要素资料，用高度场来分析天气形势的演变，用温度场来分析冷暖空气变化情况。具体做法是读取9210传输的所用站点高空报文资料，然后分离预报方法中所需高度场的位势高度值、温度等。分月（5、6月）选定预报指标，在程序实现中分月进行判别分析，然后确定常德市24 h内会不会出现暴雨过程即暴雨潜势预报。分资料处理、计算分析及产品输出3个步骤。预报时效为24 h，预报形式为24 h内暴雨潜势预报。

② 输出产品

文本产品以时间为文件名，如20110613即为2011年6月13日的预报，文本内容为：

今天是　　20110613

	常德	澧县	石门	临澧	安乡	汉寿	桃源
今晚到明天	暴雨	暴雨	暴雨	暴雨	暴雨	暴雨	暴雨

图形产品只能在当天的预报中查看。图11.5是暴雨预报图形产品。

图11.5　暴雨预报图形产品

（2）大雾预报方法

① 预报思路

通过对T213数值预报输出产品进行深加工，模式输出产品有每6小时的湿度场、风场和气温预报场等，这些要素场和雾的形成关系密切，应用MOS方法对常德市7个所辖县（市、区）站点的大雾进行预报，预报时长为48 h，预报时效为6 h。辐射雾一般出现在地面弱高压中心附近或出现在鞍形场、均压区内。当预报地区未来处于这种形势时，就应该具体地对各种条件进行分析。二是分析近地面层的温度和湿度条件。主要分析预报地区未来有无降温和增湿现象,以及未来的大气层结是否有利于辐射雾的形成。三是利用预报指标。根据辐射雾的形成条件和辐射雾的预报经验,可从云量、风速、湿度三方面来分析。云量和风速可用天气形势场来估计,夜间出现辐射雾时,一般在出现雾的前天傍晚湿度比较大,因此湿度状况可根据 20 h 的相对湿度来确定。图 11.6 为大雾客观预报框架图。

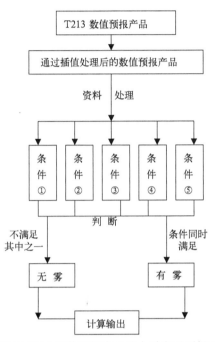

图 11.6　基于 T213 数值预报产品的大雾客观预报系统框架图

② 预报指标:i)用 925 hPa 与 1000 hPa 或 500 hPa 与 925 hPa 之间的温差绝对值<2℃来表示逆温层或等温层的存在;ii)850 hPa 比 1000 hPa 上相对湿度预报值<20％或以上,表示在测站上空有暖干盖存在;iii) 700 hPa 和 850 hPa 或者 850 hPa 和 925 hPa 即连续两层散度值为正,表示有一定厚度的辐散;iv)为了表示上升气流较弱、垂直交换小,用 700 hPa 以下至少有一层的垂直速度为正值作为条件;v)1000 hPa 的垂直速度预报值≤5 m/s,表示低层扰动小。根据气象学原理,通过分析 T213 数值预报产品资料,选取对产生雾有影响的形势场和物理量场,建立雾的预报方程,进行逐县雾的预报。预报时效为 48 h,预报形式为 48 h 内站点大雾预报。

③ 输出产品

预报方法运行后输出图形和文字两种方式的产品,图 11.7 是图形预报产品。

文字预报产品以文本文件保存,文件以时间命名,保存在指定的文件夹中。如 2006 年 1 月 23 日的预报即保存在 20060123. TXT 文件中。下面是 2006 年 1 月 23 日下午的预报产品(文件名为 20060123. txt):

	石门	澧县	临澧	安乡	桃源	常德	汉寿
今天上半夜	有雾	有雾	有雾	有雾	有雾	有雾	有雾
今天下半夜	有雾	有雾	有雾	有雾	有雾	有雾	有雾

明天上午	无雾	无雾	无雾	无雾	无雾	无雾	无雾
明天下午	有雾	无雾	无雾	无雾	无雾	无雾	无雾
明天上半夜	无雾	无雾	无雾	无雾	无雾	无雾	无雾
明天下半夜	有雾	有雾	有雾	有雾	有雾	有雾	有雾
后天上午	无雾	无雾	无雾	无雾	无雾	无雾	无雾
后天下午	有雾	无雾	无雾	无雾	无雾	无雾	无雾

图 11.7　T213 数值预报产品的大雾客观预报系统产品图形输出界面

（3）大风预报方法

① 预报思路

查找常德市出现大风的分月预报指标，10 月出现以下条件之一将有大风天气过程：
i)08 时地面图上，哈密、酒泉、兰州中任意一站与常德的海平面气压差≥11.5 hPa，则未来
24 h 内有一站平均风速≥8 m/s；ii)08 时地面图上，太源或北京与常德的海平面气压差≥
8 hPa，则未来 24 h 内有一站平均风速≥8 m/s；iii)08 时地面图上，哈密、酒泉、兰州中任意
一站与常德的海平面气压差≥8 hPa，且太原或北京与常德的海平面气压差≥8 hPa，则未来
24 h 内至少有一站平均风速≥8 m/s；iv)08 时地面图上，哈密、酒泉、兰州三站与常德的海
平面气压差同时≥15 hPa，则未来 24 h 内有一站瞬时风速≥17 m/s；若有两站与常德的海
平面气压差同时≥15 hPa，则未来 24 h 内至少有一站瞬时风速≥17 m/s；v)08 时地面图上，
哈密、酒泉、兰州中有任意两站与常德的海平面气压差同时≥20 hPa，则未来 24 h 内至少有
一站瞬时风速≥17 m/s；若有一站与常德的海平面气压差≥20 hPa，则未来 24 h 内有一站
平均风速≥8 m/s 或 10 m/s。

11 月出现以下条件之一将有大风天气过程：i）08 时，$P_{酒泉}-P_{常德}\geqslant10$ hPa，$P_{呼和浩特}-P_{常德}$ $\geqslant9.6$ hPa，同时 $P_{兰州}-P_{常德}$ 和 $P_{北京}-P_{常德}\geqslant2.6$ hPa；ii）08 时 $P_{酒泉}-P_{常德}\geqslant14$ hPa，同时 $P_{北京}-P_{常德}\geqslant1$ hPa；iii）08 时 $P_{酒泉}-P_{常德}\geqslant17$ hPa。

12 月出现以下条件之一将有大风天气过程：当西路冷锋越过四川时，i）08 时地面图上，哈密、酒泉、兰州中有任意一站与常德的海平面气压差$\geqslant20$ hPa；ii）08 时 $P_{成都}-P_{常德}\leqslant9$ hPa。当东北冷锋侵入湖南时，08 时 $P_{北京}-P_{常德}\geqslant9$ hPa 且 $P_{成都}-P_{常德}\leqslant0.0$ hPa。当冷锋越过黄河流域时有以下指标，i）08 时 $P_{太原}-P_{常德}\geqslant7$ hPa 且 $P_{太原}-P_{常德}\geqslant P_{兰州}-P_{常德}$；ii）08 时 $P_{成都}-P_{常德}\leqslant2.5$ hPa；或都同时满足以下条件，i）08 时 $P_{西安}-P_{常德}\geqslant9$ hPa；ii）08 时 $P_{太原}-P_{常德}\geqslant6$ hPa；iii）08 时 $P_{成都}-P_{常德}\leqslant7$ hPa。

1 月出现以下条件之一将有大风天气过程：i）08 时 $P_{乌鲁木齐}-P_{常德}\geqslant12.7$ hPa，$P_{呼和浩特}-P_{常德}\geqslant10.7$ hPa；ii）08 时 $P_{乌鲁木齐}-P_{常德}\geqslant13.1$ hPa，$P_{兰州}-P_{常德}\geqslant10.1$ hPa；iii）08 时 $P_{呼和浩特}-P_{常德}\geqslant12.2$ hPa，或者 $P_{乌鲁木齐}-P_{常德}\geqslant13.9$ hPa；iv）08 时 $(P_{乌鲁木齐}-P_{常德})+(P_{呼和浩特}-P_{常德})\geqslant30$ hPa，或者$(P_{呼和浩特}-P_{常德})+(P_{兰州}-P_{常德})\geqslant30$ hPa；v）08 时$(P_{乌鲁木齐}-P_{常德})\geqslant15.1$ hPa，$(P_{呼和浩特}-P_{常德})\geqslant12.6$ hPa；或者$(P_{乌鲁木齐}-P_{常德})+(P_{呼和浩特}-P_{常德})\geqslant27.7$ hPa。

2 月出现以下条件之一将有大风天气过程：i）08 时 $P_{乌鲁木齐}-P_{武汉}\geqslant20$ hPa，同时 $P_{酒泉}-P_{武汉}>4.2$ hPa；ii）08 时 $P_{乌鲁木齐}-P_{武汉}\geqslant10.3$ hPa，同时 $P_{酒泉}-P_{武汉}>10.1$ hPa，$P_{呼和浩特}-P_{武汉}\geqslant10.4$ hPa；iii）08 时 $P_{乌鲁木齐}-P_{武汉}\geqslant10.2$ hPa，$P_{呼和浩特}-P_{武汉}\geqslant10.4$ hPa；iv）08 时 $P_{贵阳}-P_{武汉}\leqslant-4.3$ hPa，$P_{呼和浩特}-P_{武汉}\geqslant10.7$ hPa。

通过预报指标建立大风预报模型，实现方法是通过检索每天的高空报和常德本地各站的地面报，运用预报指标建立预报模型。预报时效为 24 h，预报形式为区域内大风潜势预报。分预报指标读入、订正和运算。

② 预报产品

大风预报产品有文本和图形两种产品表现方式，文本产品文件名命名格式是 jg??!!％％，其中?? 为两位年，!! 为两位月，％％为两位日，预报内容是大风的有无即"未来 24 小时内有一站平均风速大于等于 8 m/s"或"无大风天气过程"。图 11.8 为大风预报图形产品。

图 11.8 大风预报图形产品输出界面

（4）冰冻预报方法

① 预报思路

查找冰冻预报指标：i）昆明、贵阳两站中，任意一站 700 hPa 上连续 2 d 出现 12 m/s 以上的西南风，同时任一站 2 d 气温之和在 8℃ 以上；ii）长沙地面气温低于 5℃，24 h 降温在 4℃ 以上，同时 850 hPa 郑州有 6 m/s 以上的偏北风和 24 h 降温 4℃ 以上。通过预报指标建立冰冻预报模型。实现方法是通过检索每天的高空报和常德本地各站的地面报，运用预报指标建立预报模型。预报时效为 24 h，预报形式为区域内冰冻潜势预报。方法具体运行有资料处理、计算、产品输出。

② 预报产品

预报方法运行后输出文本和图形两种产品，文本文件以时间命名，保存在指定的文件夹中。如 2008 年 1 月 20 日预报产品命名为 20080120.TXT。图 11.9、图 11.10 分别为文本格式和图形产品。

图 11.9　文本格式输出产品　　　　　　　图 11.10　图形产品输出产品

11.3　WRF 精细化产品应用平台

11.3.1　平台功能简介

WRF 精细化产品应用平台以 WRF 模式格点数据为基础，将各乡镇站点转换成平面坐标，通过反距离加权法插值得到乡镇站点的降水、温度值。采用 GIS 系统对各乡镇预报值进行地图、表格、时序图方式显示，可直观、精确的得到 WRF 精细化预报产品。该系统预报时效 72 h，分 13 个时段，每段 6 h，格点数 120×120，格点间距 9 km，有图形和图表两种显示方式，同时可以显示各站点的时序图，对于短时、短期降水趋势和分布、短期温度预报具有一定的指导意义，图 11.11 为应用平台流程图。

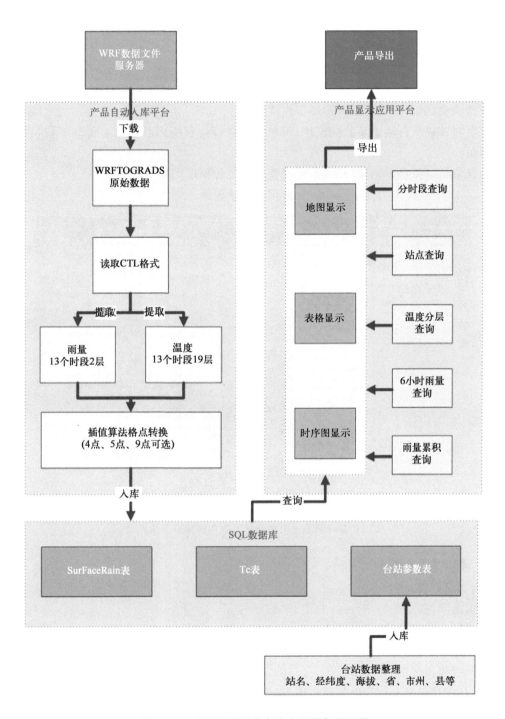

图 11.11　WRF 精细化产品应用平台流程图

11.4　常德电力精细化气象预警预报系统

11.4.1　系统框架介绍

常德电力精细化气象预警预报系统主要包括 3 个模块：

（1）实况数据收集预处理入库系统（电力气象专业数据库系统）：包括电力气象专业数据库建立、数据采集、数据预处理及入库等子模块。

（2）资料传输及自动更新数据模块：气象实况资料与预报产品实时上传与下载，自动更新WEB网页。

（3）气象信息综合显示模块：气象实况资料及各种预报产品实时显示。

图 11.12 为常德电力精细化气象预警预报系统界面。

图 11.12　常德电力精细化气象预警预报系统界面

11.4.2　系统功能介绍

查询实况资料：

（1）温度实况

前一日常德电网所辖变电站所在地平均温度值、最低温度值、最高温度值、02 时温度值、08 时温度值、14 时温度值、20 时温度值的实况信息。

（2）风力风向实况

前一日常德电网所辖变电站所在地（有风向风速观测项目的自动站）02、08、14、20 时的风向风速实况信息，图 11.13 为温度和风向风速实况产品。

（3）雨量实况

① 前一日常德电网所辖变电站所在地降水量实况资料。

② 本市（常德观测站）全年逐日 24 h 实时雨量资料。沅水、澧水流域所有气象站计算的

24 h流域总雨量、分站雨量。

③ 汛期常德观测站每日 02、08、14、20 时的雨量实况。

2011年12月1日11时前三小时实况资料

变电站名	所在地	10时雨量	10时温度	10时风向风力	09时雨量	09时温度	09时风向风力	08时雨量	08时温度	08时风向风力	自动站名
铁山变	常德										
德山变	常德		4.5	北风2级		4.2	北风2级		3.7	北风2级	德山
潭江变	桃源										
盘山变	石门										金鱼岭
窑坡变	津市										金鱼岭
武圣宫变	安乡										安障乡
太子庙变	汉寿		4.5			3.9			3.6		太子庙乡
蔡家溪变	安乡										蔡家岗
创元	桃源										皂市
皂市变	石门										新关
新关变	石门										楚江
东城变	石门										雁池
官渡变	石门										雁池
雁池变	石门										楚江镇
天供变			5.7	东北风2级		5.1	东东北2级		5.1	东东北1级	楚江镇
码头铺变	澧县				0.1						大堰垱镇
楠竹变	澧县				0.1						大堰垱镇
澧县变	澧县										澧澧乡
关心变	澧县										澧澧乡
兰田变	临澧										新安镇
临澧变	临澧										望城乡
合口变	临澧										合口镇
津园变	津市										金鱼岭
桑园变	津市										小渡口
安乡变	安乡										安丰乡
大湖口变	安乡		4.7	东北风1级		3.9	北北东1级		3.2	北北东1级	安康乡
长岭变	汉寿										沧港镇
汉寿变	汉寿										岩汪湖镇
岩汪变	汉寿										岩汪湖镇
蒋家嘴变	汉寿		4.6	静风		3.9	静风		3.5	静风	蒋家嘴
洲口变	汉寿		4.9			4.3			3.8		罐头嘴镇

图 11.13　温度和风向风速 3 h 实况资料

11. 4. 3　综合天气预报

(1)常德市未来 3 d 滚动天气预报，见图 11.14；

常德电力精细化气象预警预报系统

■ 24小时预报　■ 48小时预报　■ 72小时预报　■ 其它预报　■ 实况资料　■ 三天预报统计　■ 实况资料统计　■ 灾害性天气预警

2011年12月1日发布未来三天预报(08时-08时)

站名	24小时天空状况预报	24小时温度预报	24小时风向风力预报	48小时天空状况预报	48小时温度预报	48小时风向风力预报	72小时天空状况预报	72小时温度预报	72小时风向风力预报
石门	阴转多云	03℃-08℃	北风≤3级	雾转晴	03℃-12℃	北风≤3级	多云	04℃-12℃	北风≤3级
澧县	阴转多云	03℃-08℃	北风≤3级	雾转晴	03℃-12℃	北风≤3级	多云	04℃-12℃	北风≤3级
临澧	阴转多云	03℃-08℃	北风≤3级	雾转晴	03℃-12℃	北风≤3级	多云	04℃-12℃	北风≤3级
安乡	阴转多云	03℃-08℃	北风≤3级	雾转晴	03℃-12℃	北风≤3级	多云	04℃-12℃	北风≤3级
桃源	阴转多云	03℃-08℃	北风≤3级	雾转晴	03℃-12℃	北风≤3级	多云	04℃-12℃	北风≤3级
汉寿	阴转多云	03℃-08℃	北风≤3级	雾转晴	03℃-12℃	北风≤3级	多云	04℃-12℃	北风≤3级
铁山变	阴转多云	03℃-08℃	北风≤3级	雾转晴	03℃-12℃	北风≤3级	多云	04℃-12℃	北风≤3级
德山变	阴转多云	03℃-08℃	北风≤3级	雾转晴	03℃-12℃	北风≤3级	多云	04℃-12℃	北风≤3级
潭江变	阴转多云	03℃-08℃	北风≤3级	雾转晴	03℃-12℃	北风≤3级	多云	04℃-12℃	北风≤3级
盘山变	阴转多云	03℃-08℃	北风≤3级	雾转晴	03℃-12℃	北风≤3级	多云	04℃-12℃	北风≤3级
窑坡变	阴转多云	03℃-08℃	北风≤3级	雾转晴	03℃-12℃	北风≤3级	多云	04℃-12℃	北风≤3级
太子庙变	阴转多云	03℃-08℃	北风≤3级	雾转晴	03℃-12℃	北风≤3级	多云	04℃-12℃	北风≤3级
蔡家溪变	阴转多云	03℃-08℃	北风≤3级	雾转晴	03℃-12℃	北风≤3级	多云	04℃-12℃	北风≤3级
创元	阴转多云	03℃-08℃	北风≤3级	雾转晴	03℃-12℃	北风≤3级	多云	04℃-12℃	北风≤3级
皂市变	阴转多云	03℃-08℃	北风≤3级	雾转晴	03℃-12℃	北风≤3级	多云	04℃-12℃	北风≤3级
新关变	阴转多云	03℃-08℃	北风≤3级	雾转晴	03℃-12℃	北风≤3级	多云	04℃-12℃	北风≤3级
东城变	阴转多云	03℃-08℃	北风≤3级	雾转晴	03℃-12℃	北风≤3级	多云	04℃-12℃	北风≤3级
官渡变	阴转多云	03℃-08℃	北风≤3级	雾转晴	03℃-12℃	北风≤3级	多云	04℃-12℃	北风≤3级
雁池变	阴转多云	03℃-08℃	北风≤3级	雾转晴	03℃-12℃	北风≤3级	多云	04℃-12℃	北风≤3级
天供变	阴转多云	03℃-08℃	北风≤3级	雾转晴	03℃-12℃	北风≤3级	多云	04℃-12℃	北风≤3级
码头铺变	阴转多云	03℃-08℃	北风≤3级	雾转晴	03℃-12℃	北风≤3级	多云	04℃-12℃	北风≤3级
楠竹变	阴转多云	03℃-08℃	北风≤3级	雾转晴	03℃-12℃	北风≤3级	多云	04℃-12℃	北风≤3级
澧县变	阴转多云	03℃-08℃	北风≤3级	雾转晴	03℃-12℃	北风≤3级	多云	04℃-12℃	北风≤3级
关心变	阴转多云	03℃-08℃	北风≤3级	雾转晴	03℃-12℃	北风≤3级	多云	04℃-12℃	北风≤3级
兰田变	阴转多云	03℃-08℃	北风≤3级	雾转晴	03℃-12℃	北风≤3级	多云	04℃-12℃	北风≤3级

图 11.14　未来 3 d 滚动天气预报

（2）常德市重要转折性天气预报；

（3）节假日逐日预报；

（4）短时预报。

11.4.4 流域专业天气趋势预报

（1）年度流域天气预报；

（2）季度流域天气预报；

（3）月度流域天气预报；

（4）周天气预报。

11.5 常德地质灾害预报预警系统

11.5.1 系统功能简介

常德地质灾害预报预警系统以地质灾害资料、数值预报产品、单多普勒天气雷达产品和气象信息网络为依托，运用地质灾害知识、天气学、雷达气象学原理及计算机技术，采用模块结构，将地质灾害预报预警业务所涉及的多项工作内容融合到统一的操作界面内，在基本信息流程的引导下，实现地质灾害知识及地质灾害资料库查询、地质灾害预报预警的信息自动采集与处理、分析制作、预报预警、产品分发与服务等功能，做到了作业平台一体化、作业流程程序化、作业方式规范化、作业手段现代化，其程序主界面见图11.15。

图 11.15 常德地质灾害预报预警系统界面

（1）气象地质灾害背景信息

气象地质灾害背景信息主要包括四个方面的内容：地质灾害知识；气象地质灾害等级和常德市气象地质灾害发生的气候规律；诱发常德市气象地质灾害的六种天气形势；地质灾害图片集。

（2）资料查询

① 历史地质灾害信息查询

历史地质灾害信息为 1999 年以来常德市的地质灾害地点、发灾时间、灾害类型、灾害规模、受伤人数、死亡人数、直接经济损失、危害情况等。可以根据指定时间段、指定区县进行查询，查询结果以表格形式显示。

② 地质灾害隐患点信息查询

查询近年来被列入省、市地质灾害隐患点的相关信息（级别、灾害类型，所属区县、危害对象、可能诱发因素、责任单位等）。

③ 气象站雨量信息查询

查询地质灾害点发生灾害时前 0～12 h，前 12～24 h，前 1 d，前 2 d，前 3 d，……，前 15 d 的降雨情况。

（3）气象信息综合处理

① 区域自动气象站雨量自动采集与处理

后台处理程序。区域自动气象监测站网系统中信息采集和传输是按照设定的时间间隔收集区域内的各监测点的各种气象信息资料（包括降水、温度、气压、湿度、风向风速等）和设备运行状态信息（如停电、网络故障、数据采集故障等）。信息收集采用的通信方式是 GPRS。GPRS 特别适用于间断的、突发性的或频繁的、少量的数据传输，也适用于偶尔的大数据量传输。

② 多普勒天气雷达雨量估算

后台运行程序。根据实时多普勒天气雷达监测信息估算所有地质灾害隐患点 6 min、1 h、2 h、3 h、6 h 及任意时段的降水量。

③ 常规气象信息实时采集

后台运行程序。实时处理最新大气探测资料及对数值预报产品资料进行解码，数值预报产品释用方法计算。为预报员提供最新观测时次的天空状况和降雨量资料、2 个观测时次（08、20 时）周边探空站的风场信息（风矢图）及地质灾害隐患点的地面降水信息、空中降水信息和未来降水量预报信息，T213 产品中 08 时和 20 时 2 个时次 8 个物理量 36 小时内（00、12、18、24、30、36 h）6 个预报时效在常德市所辖区内物理量的垂直分布状况及风矢图的分析产品。

（4）降水监测与预报

① 区域自动气象站雨量

基于 GIS 显示区域自动气象站历史或实时的雨情资料插值信息（地质灾害隐患点）。

② 雷达估算降水

基于 GIS 显示多普勒天气雷达雨量估算历史或实时资料信息（地质灾害隐患点）。

③ 雨量预报

提供基于数值预报产品释用的降水预报产品、基于多普勒天气雷达产品的短时降水预报产品。

④ 暴雨预报

基于常德暴雨天气—气候模型的未来 24 h 暴雨预报产品。

(5)地质灾害气象等级预报

基于气象地质灾害灾发模型,通过前期降水信息及未来降水预报信息制作气象地质灾害等级预报。

(6)预报预警服务

针对地质灾害等级预报进行文字综合,形成包含地质灾害等级预报分布图、以县为单位的地质灾害等级信息的文字在内的常规产品,如预报等级≥3级,则还要形成警报产品。

所有地质灾害隐患点的预报等级<3级时,产品只发送至常德气象网、影视中心电视天气预报平台、96121天气预报自动答询系统制作平台、EMAIL至常德市国土局。

当某些地质灾害隐患点的预报等级等于3级时,需生成警报产品,除发送至常德气象网、影视中心电视天气预报平台、96121天气预报自动答询系统制作平台、EMAI至常德市国土局外,还会自动根据所发生的区域生成地质灾害防范责任人手机号码表,一并发送至手机短信发送平台。

当所有地质灾害隐患点的预报等级都>3级时,系统则提示预报人员将预报结果报相关领导,进行审定签发,然后分发到各发布平台。

(7)质量评定

根据中国气象局、湖南省气象局等相关业务的预报质量评定办法,对地质灾害预警评分,并可将单个或多个评分结果叠加查询。

① 实时评定

选择要评定质量的日期,录入地质灾害发生情况,系统会根据相应日期的地质预报情况开始评定指定日期的质量,评定完成后会显示该评定结果。

② 质量查看

选择查看时段,系统会根据已经评定的情况,对指定时段的质量进行综合评定,并显示。

(8)帮助

帮助主题,帮助您快速诊断并解决系统使用中的技术问题。

11.5.2 系统研究技术路线

常德地质灾害预报预警系统以降水为研究基础,通过开展多普勒天气雷达降雨量估算研究获取地质灾害隐患点过去时段的降水量及其数据分析,基于区域自动气象站及国家一、二级气象观测站雨量反距离插值研究获取地质灾害隐患点过去时段的降水量及其数据分析;开展短期预报降水研究,特别是暴雨研究,开展短时临近预报研究,特别是短时强降水研究,获取地质灾害隐患点未来时段降水量;基于地质灾害隐患点过去时段累计降水量和未来时段预报降雨量,选取5个独立因子,建立气象地质灾害灾发模型;根据预警预报产品的不同分发方式,自动生成不同格式的气象地质灾害潜势预警产品,分发至各发布平台;采用经验近似法,将山地滑坡、崩塌、泥石流等的物理性质作为类似水文分析的"黑盒子",这些物理性质包含地形、地质构造和水文学等因素,忽略了地质灾害发生的复杂机制,只通过降雨特征分析探讨滑坡、崩塌、泥石流等发生和降雨的关系,属于隐式统计方法。

11.5.3 系统应用个例

2007 年 6 月 21 日 13 时石门县壶瓶山水溪河村出现 5000 m² 崩塌,崩塌的主要原因为前期的连续强降水使土壤达到饱和,对于这次崩塌地质灾害,常德市气象台根据地质灾害预报预警系统运算结果生成的地质灾害等级预报图通过 Notes 网下发各县局开展服务,同时还将系统自动生成的预警信息通过手机短信平台、常德气象网、电视天气预报及时向广大公众发布,由于预警结论客观精细,落区精确,各级政府高度重视、靠前指挥,使得原本存在 24 人生命危险的石门县壶瓶山水溪河村出现 5000 m² 崩塌时无一人伤亡,取得了显著的社会经济效益,分析降水资料与模型因子的相互关系,这次崩塌地质灾害属于持续降雨型,预报图形产品见图 11.16。

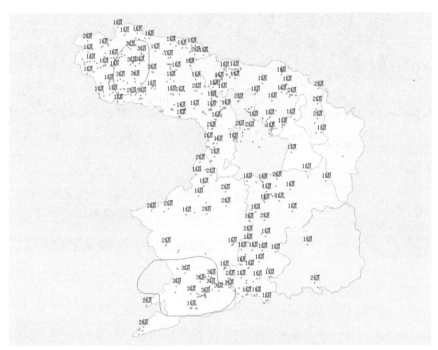

图 11.16　地址灾害预报图形产品

11.6　常德城市空气质量预报系统

11.6.1　系统简介

常德市城市空气质量预报系统基于城市大气污染潜势和污染指数预报系统(CAPPS：city air pollution pre diction system)开发,并集合对常德近 5 年气象及空气污染监测资料统计建模而成,采用了多元回归等分析方法,主要对 PM_{10},SO_2,NO_2 三项气体浓度指标进行分析预报。空气质量预报系统每日下午 3 时后运行,采用 9210 探空资料和空气质量实况监测资料同化建模,实况监测资料由市环境监测站每日提供,自动传输,其运行界面见图 11.17。

图 11.17　常德空气质量预报系统界面

11.6.2　预报产品

系统预报产品为文字形式,预报发布内容为:首要污染物、空气质量等级,及相应的提示与建议。预报结果每日在本地电视天气预报中播出,图 11.18 为预报产品。

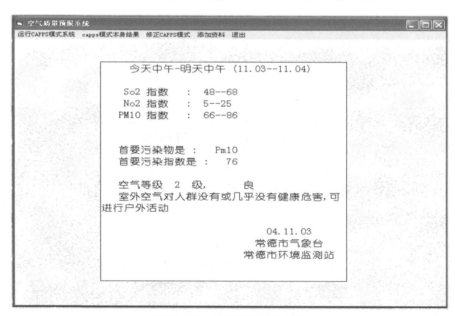

图 11.18　空气质量预报产品

11.7　常德森林火险预报系统

11.7.1　系统预报思路和方法

（1）森林火险等级划分标准

气象条件是森林火灾能否发生与蔓延的决定因素之一，做好森林火灾发生可能性的气象预报也就是森林火险等级预报，对防范森林火灾发生具有重要意义。根据森林火灾发生的气象规律，界定了 5 个等级，等级愈高表示发生火灾的可能性愈大，各等级意义如表 11.1。

表 11.1　火险等级划分标准

火险等级	名称	对策建议
1	低火险（基础 1 级）	防止大意，谨防化学物品遇水起火！
2	较低火险（基础 2 级）	防止大意，注意野外用火安全，禁止滥用火源！
3	中等火险	控制林区用火！
4	高火险	禁止林区用火！
5	极高火险	严禁林区一切用火！

（2）森林火险等级计算方法

人为因素是森林火灾发生的外在原因，而较长期干旱的天气气候背景，是森林火灾发生的基本条件，即天气条件是森林火灾发生的重要因素，如温度高、日照时数多，湿度小、风力大等气象要素。

表 11.2　不同季节的系数对应表

级别系数	冬季（12、1、2 月）	春季（3、4、5 月）	夏季（6、7、8 月）	秋季（9、10、11 月）
C_0	0.612	0.345	0.215	0.438
C_1	0.434	2.313	0.0528	0.553
C_2	0.000281	0.000841	0.0776	0.00061
C_3	0.0549	0.0000466	0.0826	0.0624
C_4	0.0378	0.121	0.0754	0.0000513
C_5	0.0118	0.0427	0.0704	0.0025

连续晴朗的天气，使林区内各种植物含水量逐渐减小，甚至达到极小，形成一点即烧的状况。据林业厅公布的数字表明，不同季节森林火灾发生的概率不一样，1—4 月是湖南森林火灾发生的高发期，其主要原因是林区内各种植物含水量低及林区人为用火活动频繁所致。

充分考虑到湿度、可燃物表面和内部的干燥程度、环境热状况、风力等多因子的共同影响，通过对各因子对森林火险形成影响大小进行回归分析。根据不同季节各个因子的不同特点，一年中四个季节各个系数不同，各季节各个级别的系数分为 5 个级别（见表 11.2）。

综合考虑温度、湿度、风速、日较差等气候因子对森林火险的影响，建立以下模型，根据以下方程计算 F 值。

冬季（12、1、2 月）计算方程如下：

$$F_{(fire)} = c_0 + c_1 \times (2 - \log(H_{min})) + c_2 \times (T_{14} + 2) + c_3 \times \log(N_{10}) + c_4 \times \log(N_1) + c_5 \times \log(VVm)$$

春季（3、4、5 月）计算方程如下：

$F_{(fire)}=c_0+c_1*\mathrm{Exp}(-0.694*\ln(H_{min}))+c_2\times d_T\times d_T+c_3\times N_{10}\times N_{10}+c_4\times \mathrm{Exp}(0.04828\times N_1)+c_5\times \log(VVm)$

夏季(6、7、8 月)计算方程如下：

$F_{(fire)}=c_0+c_1\times(100-H_{min})/(H_{min}-17.387)+c_2\times(d_T-1)/(d_T+2.788)+c_3\times\log(N_{10})+c_4\times\log(N_1)+c_5\times\log(VVm)$

秋季(9、10、11 月)计算方程如下：

$F_{(fire)}=c_0+(c_1\times\mathrm{Exp}(-0.0022\times H_{min})-0.442)+c_2\times d_T\times d_T+c_3\times\log(N_{10})+c_4\times N_1\times N_1+c_5\times VVm\times VVm$

其中 log 表示以 10 为底的对数；ln 表示自然对数；Exp()表示 e 指数；H_{min}：最小相对湿度；T_{14}：14 时的气温；VVm：最大风速；d_T：气温日较差；$N_1=D_1+1$；$N_{10}=D_{10}+1$。

D_1：到当天为止日降水量≤2 mm 的连续天数(只要>2 mm 则记为 0)。

D_{10}：到当天为止日降水量≤10 mm 的连续天数(只要>10 mm 则记为 0)。

利用每天的基本观测数据(H_{min}：最小相对湿度；T_{14}：14 时的气温；VVm：最大风速；d_T：气温日较差；连晴日数)，选择与季节相对应的计算方程和系数(c_0-c_5)，计算出每天的 F 值，参考表 11.3 得出该天的火险等级。

表 11.3　F 值火险等级对应表

	冬季	春季	夏季	秋季
1	$0<F\leqslant0.8$	$0<F\leqslant0.65$	$0<F\leqslant0.4$	$0<F\leqslant0.50$
2	$0.81<F\leqslant0.9$	$0.66<F\leqslant0.75$	$0.41<F\leqslant0.45$	$0.51<F\leqslant0.55$
3	$0.91<F\leqslant1.0$	$0.76<F\leqslant0.85$	$0.46<F\leqslant0.55$	$0.56<F\leqslant0.65$
4	$1.01<F\leqslant1.1$	$0.86<F\leqslant0.95$	$0.56<F\leqslant0.65$	$0.66<F\leqslant0.75$
5	$F>1.11$	$F>0.96$	$F>0.66$	$F>0.76$

11.7.2　预报产品

预报产品为文本格式，本地电视台天气预报节目对火险等级达到 3 级以上进行提示防范，图 11.19 为预报产品界面。

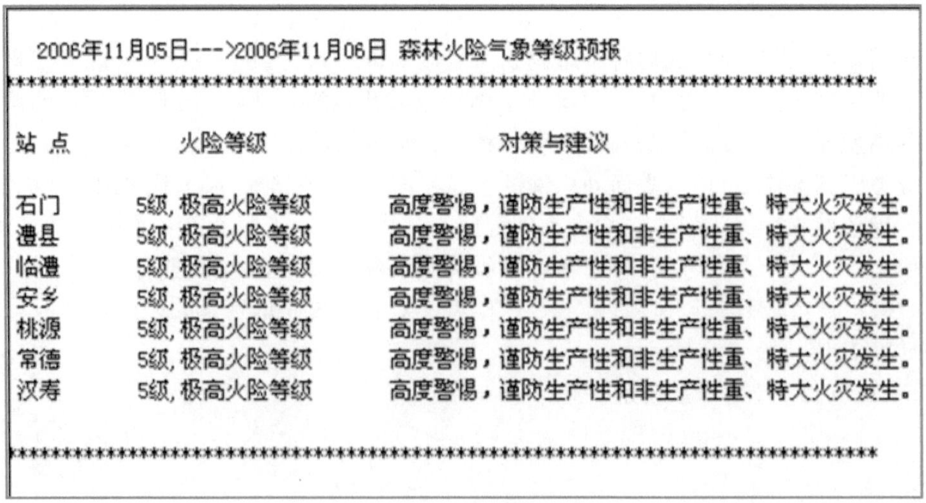
2006年11月05日--->2006年11月06日 森林火险气象等级预报

****

站 点	火险等级	对策与建议
石门	5级，极高火险等级	高度警惕，谨防生产性和非生产性重、特大火灾发生。
澧县	5级，极高火险等级	高度警惕，谨防生产性和非生产性重、特大火灾发生。
临澧	5级，极高火险等级	高度警惕，谨防生产性和非生产性重、特大火灾发生。
安乡	5级，极高火险等级	高度警惕，谨防生产性和非生产性重、特大火灾发生。
桃源	5级，极高火险等级	高度警惕，谨防生产性和非生产性重、特大火灾发生。
常德	5级，极高火险等级	高度警惕，谨防生产性和非生产性重、特大火灾发生。
汉寿	5级，极高火险等级	高度警惕，谨防生产性和非生产性重、特大火灾发生。

****

图 11.19　森林火险预报产品界面

11.8　常德气象信息集成和预报产品制作系统

11.8.1　系统简介

常德气象信息集成和预报产品制作系统,由常德市气象台开发。主要应用 ECMWF 和 T639 资料进行分类指数预报。系统主要由 5 个功能模块构成:(1)初始产品校正模块;(2)气象信息处理模块;(3)气象信息综合集成模块;(4)气象信息预报服务产品制作模块;(5)系统管理模块。图 11.20 为系统界面。

系统主要有以下 6 个特点:(1)将欧洲中心中期数值预报产品、T639 数值预报产品及其加工产品用时序图、层结曲线的方式进行表示;(2)气温预报智能化,自动将当天 08、14 时的云量、气温、降水、当天夜间及第二天白天的降雨概率预报值和 1000~500 hPa 的相对湿度融合于气温预报结论中;(3)采用 9 种降水预报方法,其中 7 种方法有 9 个预报时效,2 种方法有 4 个预报时效;(4)研制了气温预报方法 3 种,风力风向预报方法 1 种;(5)在降水的落点预报、定量预报方面有所突破;(6)将预报员经验、天气学原理、统计方法的结果融合进数值预报产品资料中,对预报员进行提醒未来可能出现的特殊天气。

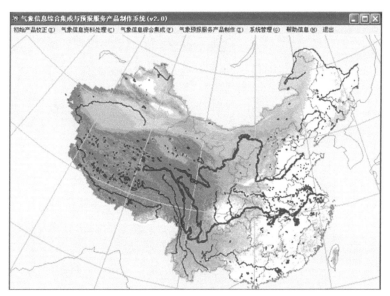

图 11.20　常德气象信息集成和预报产品制作系统界面

11.8.2　预报产品

预报产品分站点以文本文件形式保存,图 11.21 为预报产品显示界面。

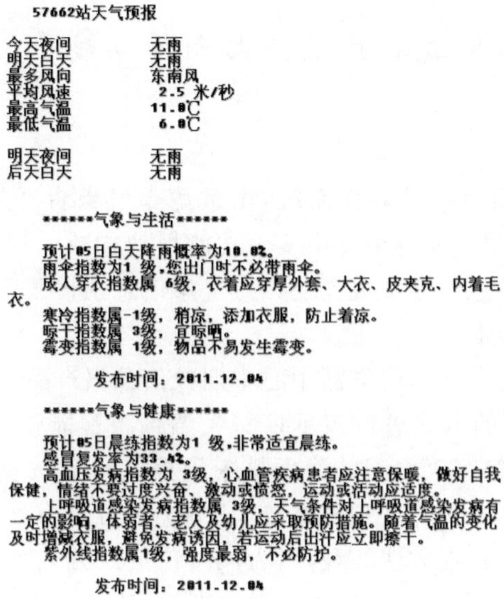

57662站天气预报

今天夜间	无雨
明天白天	无雨
最多风向	东南风
平均风速	2.5 米/秒
最高气温	11.0℃
最低气温	6.0℃
明天夜间	无雨
后天白天	无雨

******气象与生活******

预计05日白天降雨概率为10.0%。
雨伞指数为1级，您出门时不必带雨伞。
成人穿衣指数属 6级，衣着应穿厚外套、大衣、皮夹克、内着毛衣。
寒冷指数属-1级，稍凉，添加衣服，防止着凉。
晾干指数属 3级，宜晾晒。
霉变指数属 1级，物品不易发生霉变。

发布时间：2011.12.04

******气象与健康******

预计05日晨练指数为1 级，非常适宜晨练。
感冒复发率为33.4%。
高血压发病指数为 3级，心血管疾病患者应注意保暖，做好自我保健，情绪不要过度兴奋、激动或愤怒，运动或活动应适度。
上呼吸道感染发病指数属 3级，天气条件对上呼吸道感染发病有一定的影响，体弱者、老人及幼儿应采取预防措施。随着气温的变化及时增减衣服，避免发病诱因，若运动后出汗应立即擦干。
紫外线指数属1级，强度最弱，不必防护。

发布时间：2011.12.04

图 11.21 系统预报产品显示界面

第 12 章

沅澧水流域防洪气象服务个例

常德境内有湖南四大水系中的沅江和澧水流经而过,境内有大小河流 432 条,局部地区的洪涝灾害几乎年年都有。1981—2010 年 30 年间全市洪涝灾害发生的概率为 44%,其中轻度洪涝占 17.5%,中度占 9.0%,重度占 16.5%,见表 12.1。总体上大约每 2.3 年发生一次,其中重度洪涝平均 6 年发生一次。

表 12.1 常德市各地 1981—2010 年洪涝灾害程度、年数及概率统计表

地点	轻度		中度		重度		无		流域	区分
	年	%	年	%	年	%	年	%		
石门	5	16.5	5	16.5	6	20	14	47	澧水	山区
澧县	6	20	3	10	5	16.5	16	53	澧水	丘平
临澧	3	10	5	17	4	13	18	60	澧水	丘岗
安乡	2	6.5	2	6.5	5	17	21	70	澧水	湖区
桃源	4	13.5	1	3.5	7	23	18	60	沅水	山丘
常德	6	20	2	7	4	13	18	60	沅水	平湖
汉寿	11	37	1	3.5	5	16.5	13	43	沅水	湖区
全市平均	5.3	17.5	2.7	9.0	5.0	16.5	17.0	56.0		

20 世纪 80 至 90 年代,我市发生大洪水的年份主要是 1980、1982、1983、1985、1988 年和 1991、1995、1996、1998 年。进入 21 世纪后,仅 2002 和 2003 两年洪涝灾害较为明显。2002 年全市除澧县外,其它六站点均出现了重度洪涝灾情,但由于时段较早,大部出现在 4—5 月,总体灾害并不明显。2003 年主汛期,澧水流域两次普降特大暴雨,致使该流域的石门、澧县农田大面积被淹,石门县城进水深达 1.5 m,数万人被水围困,农田基本设施和房屋损毁严重。

值得指出的是,随着长江三峡工程竣工,大坝拦、蓄功能的发挥,使常德全境受益匪浅。沅、澧水流域除极端天气(超历史的特大暴雨)可能造成局部短时间洪涝灾害外,全市大面积(全境或全流域)长时段发生重特大洪涝灾害,尤其是超额高洪威胁的危险已基本排除。需要警惕的是,两大江河中上游的电站水库调度失准,在迫不得已的情境下超额泄洪,就会给库区下游造成重大灾难。

12.1　2014年7月中旬沅水流域特大洪涝

12.1.1　降雨概况

2014年7月11日晚,一轮强降雨自湘西北拉开帷幕,14—16日上半夜,强降雨带稳定维持在沅水上游地区,16日下半夜至18日强降雨北抬至沅水中下游流域,强降雨中心位于沅水上、中游地区的湘西自治州中南部、怀化中北部地区。7月11—18日,湘中偏北地区特别是沅水流域一带出现强降雨,11日08时—18日20时,湘西自治州中南部、怀化中北部地区累计降水量超过250 mm,湘西吉首市累计降雨量达513.6 mm,凤凰县累计降雨量达473.6 mm,怀化辰溪累计降雨量达423.2 mm(过程流域累积降雨量见图12.1)。地处沅水流域下游的常德市,强降雨出现时间晚于上、中游地区,且持续时间短,累积雨量远不及上游地区,然而由于位于沅水中游的五强溪水库连续8次增加泄洪流量,与本地强降雨相叠加,使我市沅水全线水位迅速飙升,逼近并逐渐超过历史最高水位,全市共发生险情1000多处,其中溃垸性大险13处。

此次沅水流域特大洪水持续时间长、强度大,给其下游地区农业、交通等行业及人民生产生活带来了严重影响。据民政部门统计,此次特大洪水导致常德市140万人受灾,紧急转移安置10.01万人,倒塌房屋781户1779间,严重损坏1727户4195间,农作物受灾面积135.0千公顷,其中成灾面积92.9千公顷,绝收39.2千公顷,直接经济损失16.9亿元。

12.1.2　流域水位演变情况

受上游持续强降雨影响,地处沅水流域中游的五强溪水库入库流量不断增加,水位逐步逼近保证水位108米。7月17日05时,五强溪水库下泄流量达到了26000 m^3/s,10时,沅水流域桃源站、常德站、汉寿站全面超过保证水位;17时桃源站水位达到47.05 m,突破1996年46.9 m的历史最高水位,与此同时,常德市境内沅水干支流地区也出现较强降水,导致沅水流域沿岸水位不断上升,沅水流域桃源站7月17日23时水位达47.37 m,超过历史最高水位0.47 m。7月16日08时至19日00时,桃源站水位超警戒水位的水情持续了64 h。

12.1.3　成因分析

2014年7月12—19日500 hPa层平均位势高度场上(图12.2),中高纬为两槽一脊型,贝加尔湖为一高压脊,乌拉尔山和亚洲东岸为槽区,西太平洋副热带高压西脊点在26°N附近,过程强降水带主要在长江流域。强降雨前的8—10日大陆高压和西太平洋副高打通,湘北出现了一段晴好天气,其中10日出现了≥35℃的高温天气,为强降水的发生蓄积了较多不稳定能量。11日副高开始减弱南撤,西脊点稳定维持在26°N附近,12日河套低槽发展东移南伸,我国南方大范围降水开始,13日高原东部有小槽东出,14日河套地区又有小槽东出南压,15—17日低涡沿切变线东出,强降水带再度在沅水流域中上游地区发展,造成了流域洪涝。

从云图上可以看到东亚大槽重建过程。13日20时东亚大槽第一次建立,并逐步东移入海,15日08时东亚大槽第二次建立,由于9号台风威马逊发展北上,西太平洋副热带高压北抬,东亚大槽维持少动,16—17日西南低涡东出,强降水带从沅水流域上中游北抬至沅水下游及澧水流域。

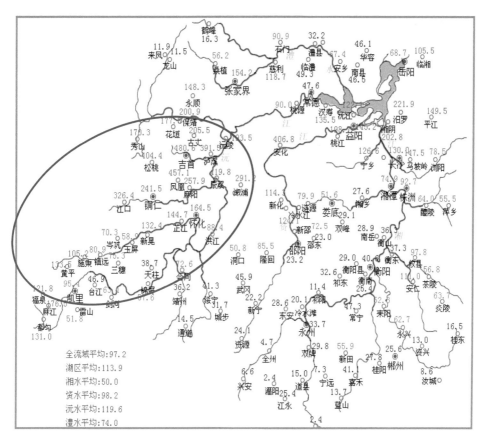

图 12.1　2014 年 7 月 11—19 日流域累积降雨量(单位:mm)

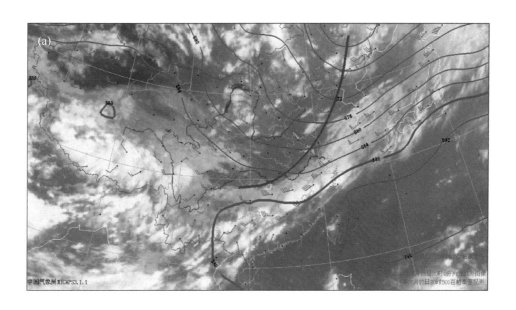

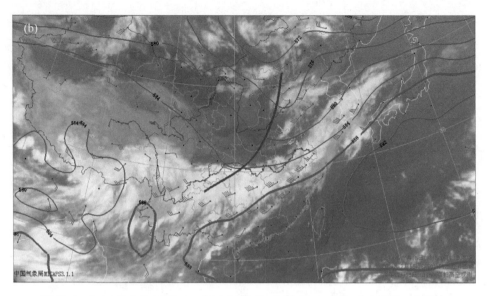

图 12.2　2014 年 7 月 13 日 20 时(a)和 15 日 08 时(b)500 hPa 高空图和云图叠加

12.1.4　气象预报预警

从整个过程来看,常德市市、县两级气象部门对此次暴雨过程的暴雨落区及其强度预报基本准确,精细化程度也较高。常德市气象台提前 5 天关注了上游地区的强降雨及上游地区的大暴雨对下游地区水位的影响,特别关注到了中上游的五强溪水库的蓄水情况,同时关注到强降雨带会逐渐影响常德市所辖区域。16—18 日强降雨带临近常德市时,常德市气象台及时发布了暴雨、雷电等灾害性天气预警信号,16 日 20 时—19 日 08 时共发布暴雨黄色、橙色、红色预警信号 9 次共 9 县(区、市)。据对市气象台本次过程的强降雨、暴雨等预警消息的提前量为 5 天左右,而对短时临近预警信号提前量的统计,预警的提前量都在 1 小时以上,部分预警的提前量在 1～3 h 之间。

整个"14.07"沅水流域暴雨洪涝决策气象服务流程如图 12.3 所示。根据决策服务工作流程,分析这次过程的特点,主要表现在以下几个方面:

(1)流域联防、资料实时共享为流域防洪赢得了主动性

湖南省境内有湘资沅澧四大水系,流经常德辖区的就有 2 条:沅水和澧水。水情和水患多年来已成为常德最大的市情和最大的隐患。因此流域联防历来是常德防御流域性洪水的宝贵经验之一。在此次"14.07"沅水流域超历史暴雨洪涝整个过程中,常德市气象部门同样借鉴了以往好的经验:时刻关注上游地区的雨情、水情信息,与上游的铜仁、黔东南及湘西自治州、怀化气象台保持紧密联系,对强降雨落区、强度及天气系统将来的演变趋势进行加密会商。7 月 11—19 日除了每天固定的每隔 3 小时各自交换各自辖区内的雨情水情灾情信息,还不定时开展强降雨天气系统演变会商,为下游地区开展决策气象服务赢得了主动性。

(2)决策气象服务稳步跟进,为政府应对流域性洪水提供有力保障

针对"14.07"沅水流域暴雨洪涝过程,常德市气象局在过程前做了详细预估、过程中进行了紧密的跟踪服务、过程后及时进行了影响评估,决策气象服务效果良好。7 月 11 至 19 日常

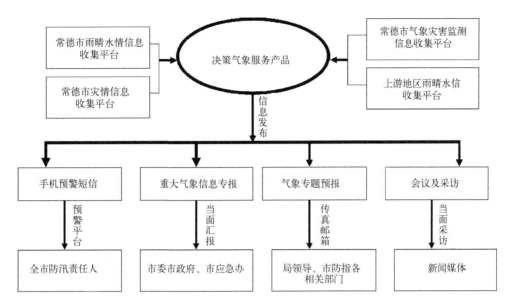

图 12.3 "14.07"沅水流域暴雨洪涝决策气象服务流程图

德市气象局共发布《重大气象信息专报》2 期,《气象专题汇报》2 期,《中小河流洪水预警信号》2 期,《城市内涝预警信号》1 期,与国土部门联合发布《地质灾害气象风险预警》2 期,为农业部门提供《为农气象服务专题》1 期。各类决策服务材料均在第一时间呈送至市委、市政府及其他防汛抗旱成员相关单位,为政府主导、部门联动迎战暴雨,进行防汛抗灾赢得了充分的准备时间。根据常德市气象局预报,7 月 10 日下午常德市防汛指挥部向各县(区、市)防汛抗旱指挥部、市防汛指挥部各成员单位下发《关于迅速做好迎战新一轮强降雨的紧急通知》,要求全市相关部门做好强降雨天气的应对工作。过程中常德市气象局还进行了滚动决策气象服务,每天提供天气实况、防御气象灾害提示等快捷的决策气象服务产品。

(3)预报预警信息及时快速发布,强化了暴雨洪水预警信息向基层的延伸与跟踪服务

多年来气象部门与通信运营商建立了预警发布的长效机制,气象灾害预警短信全网发布工作流程不断完善。其成果在本次暴雨洪水过程也得到了显现,提高了预警发布的提前量和时效性,强化了气象灾害预警信息向基层的延伸和跟踪服务。本次超历史暴雨洪水过程常德市气象局从 11 日起每日通过常德气象网、电视天气预报节目、手机短信、96121 声讯电话、气象电子显示屏等自主媒体和多种发布渠道及时发布重要天气实况、最新天气预报及气象灾害预警信号等气象信息。过程前 2 天和过程期间与广播、电视、网络、报刊等社会媒体展开充分合作,群媒联动,实现气象预报预警信息的广传播。7 月 16 日 08 时—19 日 08 时上游来水与本地强降雨相叠加期间,通过预警信息发布平台向全市防汛责任人、各级地质灾害责任人、中小学校安全责任人、交警指挥人员及气象信息员发布暴雨、雷电、大风等灾害性天气预警信号共计 13 次,共计 60 万人接收预警短信。通过手机短信发布平台向社会公众发布强降雨天气消息 200 万人次。多位气象信息员均表示他们通过收到的气象预警短信参加救灾抢险。

(4)部门合作与媒体联动,共同迎战流域暴雨洪涝

由于本次过程持续时间长、强度强,可能引发中小河流洪水、滑坡、泥石流等地质灾害和

城市渍涝、农业灾害，常德市气象局加强了与国土、水利、电力、住建和农业部门的联合会商。7月13日制作《为农气象服务专题》1期，16日、17日联合国土部门发布《地质灾害气象风险预警》2期，16日下午发布城市内涝预警信号。在接到气象部门暴雨预警后，常德市水利局立即启动应急方案，城管、市政以及各职能部门在暴雨来临之前做好全员上岗到位准备，县、乡各级政府立即安排调度抗灾应急物资和设备，做好抗灾救灾准备；防汛、国土部门加派人手对山洪地质灾害隐患点、尾矿库和病险山塘水库加强巡查排险，确保堤坝安全；市政部门疏通和清理城市排水管道，防止城市内涝；各大水库提前科学调度水库库容，确保下游城市安全度汛。针对即将开始的暴雨过程，7月11日上午《常德气象网》率先发天气头条新闻《15—17日我市将有大范围强降水来袭》，同步向《常德日报》《常德晚报》《民生报》《潇湘晨报》《红网》《尚一网》等市内主流媒体提供新闻通稿。7月16日常德交通广播电台、鼎广新闻电台电话连线市气象台首席预报员，详细解读本次暴雨洪涝过程。常德市气象局抓住时机，部门联动，群媒联动，共同迎战暴雨，取得了良好的社会效益。

12.1.5　服务效果

"14.07"沅水流域超历史暴雨洪涝过程，虽然持续时间长，范围广，但由于常德市气象局预报准确、预警信息发布及时、气象服务细致到位，加之部门联动响应快，社会媒体参与度广，使得过程灾害性影响控制得当，各级党政领导、社会各界和广大公众对气象服务给予了高度评价。

根据湖常德市气象7月10日、13日、14日发布的《气象专题汇报》、15日发布的《重大气象信息专报》等决策气象服务材料中的气象预报信息：市防指提前调度下游水库腾库迎洪，对蓄水较高的五强溪实行错峰泄洪，为迎洪调峰做好了准备，并为后期有效的蓄水创造了较大的经济效益。据了解，根据气象预报预警信息，市县两级政府及基层气象信息员通力合作，截至19日08时，全市共紧急转移安置5万余名群众，最大限度减少人员伤亡和财产损失。

对"14.07"超过历史暴雨洪水过程的气象服务，常德市气象局电话回访预警短信用户，90%以上用户表示预警信息及时准确，对减少灾害损失起到关键性指导作用。

此次流域性暴雨洪水过程及其气象服务受到各大主流媒体的广泛关注和高度评价。常德日报记者胡秋菊评价："现在的气象预报真了不起，能提前5天就准确预报了这次暴雨过程，我们报社务必全力配合气象部门做好气象信息宣传工作。"常德交通广播电台记者也表示："这次暴雨过程气象局预报的很准确，气象专家的现场连线、通俗讲解，及时向公众答疑解惑，使得预警信息能言广为传播。"

12.2　1998 年夏季沅、澧水及洞庭湖区特大洪水

12.2.1　特大洪水的雨情、水情

1998年沅水、澧水及洞庭湖区相继发生大的暴雨洪水。特别是7月下旬开始的澧水、沅水暴雨洪水，与长江8次峰高量大的洪水遭遇，形成了自1954年以来的最大洪水。澧水流域和东洞庭湖先后出现超历史最高水位的洪水，城陵矶连续5次洪峰，其中4次超历史最高水位，沅水出现仅次于1996年的历史次大洪水。1998年洪水洪峰次数之多、洪水来量之大、洪峰水位之高、高危水位持续时间之长都是空前的。

1998 年汛期(4—9 月)降雨时空分布极不均匀,头尾少、中间多,湘北地区遭受特大洪涝灾害。

4—9 月全市平均降雨 992.5 mm,偏多 7.9%,但雨量时空分布极不均匀,4、8、9 月雨量偏少,5 月接近常年,6、7 月偏多,6—7 月全市平均降雨 530.5 mm,偏多 63.3%,占汛期总雨量的53.5%。主要降雨时间在 6 月上旬至 8 月中旬。

(1)7 月 20—25 日,华北雨带南移,湘西及湘中以北地区连降暴雨、大暴雨,按流域平均统计,澧水 346 mm,沅水一级支流酉水流域 283 mm,五强溪库区 322 mm,暴雨中心位于澧水和酉水上游,中心点最大雨量 676 mm。本次暴雨过程使澧水流域全线和松滋河、虎渡河共 17 个堤垸 595.3 km 堤段超历史最高水位,澧水沿线 4 个城市进水,澧水石门站 23 日 18 时 30 分出现洪峰水位 62.65 m,超历史最高水位 0.65 m,洪峰流量 19900 m³/s,超历史最大流量2300 m³/s,沅水桃源站 24 日 06 时出现汛期最大洪峰流量 25500 m³/s,洪峰水位 46.03 m,超警戒水位 3.53 m。沅、澧水流域洪水与长江第三次洪峰在洞庭湖遭遇,使得城陵矶站于 7 月 27 日17 时出现第 2 次洪峰水位 35.48 m,超 1996 年的历史最高洪水水位 0.17 m。

(2)7 月 27—30 日,湘北地区再次普降大到暴雨,局部大暴雨,按流域平均,沅水五强溪至桃源区间 95 mm,五强溪库区 108 mm,本次暴雨使得凤滩、五强溪水库的容量达到极限,而湘、资、沅水尾闾地区和洞庭湖区间洪水促使已回落的水位上涨,加上长江螺山卡口顶托严重,大量洪水滞留湖内,东、西洞庭湖、长江干堤、大部分地区共 29 个大小堤垸 687.4 km 堤段超历史最高水位,城陵矶水位由 7 月 30 日 08 时的 35.23 m 回涨至 8 月 1 日 14 时出现第 3 次洪峰水位 35.53 m,二次超历史最高洪峰水位 0.22 m。

(3)8 月 15—18 日,湘西北地区出现一次强降雨过程,其中澧水流域平均降雨 157 mm,酉水平均 169 mm,暴雨中心位于澧水和酉水上游,中心占满最大雨量 394 mm。当长江第六次洪峰到达洞庭湖时,正好与澧水、沅水的洪峰碰头,城陵矶水位从 35.24 m 迅速抬升,四超历史最高水位,20 日 16 时洪峰水位达 35.94 m,创下洞庭湖 1998 年洪峰水位最高值,比 1996 年尚高出 0.63 m。

特大洪灾类型主要表现为:

(1)溃垸灾害。7 月 21 日 02 时,5 个万亩以上堤垸溃决:临澧县烽火垸、澧县潇南垸、西官垸、安乡县安造垸、汉寿县青山湖垸。

(2)内涝灾害。该年湖区涝灾比 1996 年严重,内溃万亩以上堤垸 2 个:北民湖、土硝湖。受渍时间长达 50 天。

(3)山洪灾害。该年澧水全流域、沅水酉水流域山洪灾害严重。石门县城进水受淹,供电、邮电、交通全部中断,数万人一度被洪水围困。山洪灾害对基础设施破坏严重,造成了很大的经济损失。

12.2.2 特大洪涝的气候背景

(1)ENSO 事件的影响

ENSO 事件的发生是影响全球大气环流和天气气候异常,导致湖南省夏季降水异常和旱涝发生的重要气候背景之一。在 ENSO 事件发生的次年,湖南省汛期总降水量以偏多为主。尤其是湘北地区,1951 年—1996 年所发生的 13 次 ENSO 事件的次年汛期降水偏多的年份就占了 10 年,其中历史是有几次有名的严重洪涝年,如 1954 年、1994 年、1995 年都是处于

ENSO事件的次年。在这些年里,湖南省汛期降水都明显偏多,而且出现了严重的洪涝灾害。1997年春夏之交发生了20世纪以来最严重的ENSO事件,一直到1998年8月才结束。这次ENSO事件的发生是导致1998年汛期天气异常的主要原因之一。由于ENSO事件的影响,亚洲中高纬地区6—7月维持双阻形势,西太平洋副高明显偏强且位置偏南,湖南省处于副高北侧,暴雨和大暴雨过程频繁,湘中以北地区出现了1954年以来最严重的洪涝灾害,汛期总雨量明显偏多,且全省的雨量分布趋势为北多南少。

(2)前期西太平洋副高异常偏强

前期西太平洋副高异常是导致湖南省汛期降水异常和旱涝发生的重要因素。从1997年冬季到1998年春夏之交,赤道太平洋东部海温持续偏高,这种海温的偏高和副高的活动有着十分密切的关系,它直接导致1997年冬季到1998年春季西太平洋副高和南海高压都持续异常偏强,而且在1998年副高的强度达20世纪以来最强盛的时期,而副高的位置却比历年同期偏南,且西伸脊点都位于100°E到90°E以西地区,较历年同期明显偏西。

(3)南海季风爆发偏迟,台风活动明显偏少

南海季风爆发的迟早可以反映出大范围大气环流的变化。由于1998年南亚冬春季季风偏南,南支西风带活动频繁,大陆气温偏低,春夏增暖推迟,海陆温差小,南海季风弱且位置偏南,直到5月25日南海季风才开始爆发,比历年明显推迟,使得赤道太平洋洋面上对流不活跃,不利于菲律宾附近的热低压和台风的生成,以致使得1998年夏季台风活动比历年明显偏少、偏迟,直到8月4日才出现初次登陆我国的热带风暴(台风)。

12.2.3 特大洪涝的天气成因

大气环流的调整和演变是造成湘中以北强降水的直接原因,其中副高异常和"双阻型"的阻塞形势起了主要作用。首先,中高纬稳定的阻塞形势有利于中低纬低槽活动和冷空气分股南下,在长江流域与西南暖湿气流交绥;其次,副热带高压位置适中,有利于强降雨带在湘中以北停留;第三,西南暖湿气流为暴雨区的水汽辐合和不稳定层结的重建提供了条件,并使中低层切变低涡在江南北部反复出现,形成一个个暴雨云团沿切变东移影响湖南。

12.2.4 特大洪涝的决策气象服务

1998年湖南省气象部门汛期趋势预报比较准确,汛期主要月份的预报也比较好,特别是6月中下旬及7月下旬的连续暴雨过程的中短期预报更是"说有雨,就有雨"。主要表现在以下几个方面:

(1)汛期旱涝趋势预测正确,为防汛抗灾赢得主动

早在1997年11月28日发布的年度预报中,市气象台就指出"1998年汛期总雨量偏多,时空分布不均";"在雨水集中时段,部分地区有洪涝发生,尤其是湘中以北的部分地区和湘中上游出现洪涝的可能性较大"。

1998年4月17日发布的汛期旱涝趋势预测再次明确预报"汛期全市总雨量正常略偏多,有时空分布不均和北多南少,前涝后旱的趋势";"湘中以北地区有明显的洪涝发生,尤其是澧水流域、沅水流域中下游、资水下游和洞庭湖区将出现较严重的洪涝。务必及早做好防汛抗灾

准备工作"。5月29日发布的6月气候趋势预测中更是明确指出"6月中下旬将处于雨水主要集中时段,暴雨和大暴雨过程频繁,澧水流域、沅水流域和洞庭湖区将出现较为严重的洪涝灾害"。这和1998年汛期天气实况是吻合的。

上述预报结论都及时呈送到了有关党政领导手中,于是早准备、早动员、早部署,齐心协力抗御1998年型特大洪水成为全省上下的共识,形成了合力。市政府还及时拨足抗洪资金,准备了比较充足的防汛物资。

(2)连续暴雨中短期预报准确,拦洪错峰效益显著

6月8日专题天气报告预测本周末市内有一次暴雨过程。13日上午又及时发布98008号"暴雨天气预报"明确指出"由于副高的加强和副高边缘强降雨带的形成,湘北地区从本次降雨过程开始进入雨水集中时段。需警惕局地山洪和江湖浇灌造成的危害,做好防汛抗灾工作"。

6月15日发布的"近期暴雨天气趋势展望"中预报"由于目前中高纬度环流形势稳定,中低层西南气流异常活跃,江南切变维持副热带高压位置适中,强降水带仍将停留在江南地区。3—5天内市内暴雨天气过程频繁。15—16日白天,局部有大暴雨"。由于市气象台及时准确的预报了6月中旬以来的两次强降水过程,为市领导指挥抗洪抢险、转移受灾群众、减少人员伤亡赢得了主动权。

6月中旬的连续暴雨过程,导致山洪暴发,河水猛涨。汛情在发展,灾情在加重,全市防汛抗灾工作进入全面的实战阶段。市气象台在6月下旬旬报中指出"本旬雨量偏多,局部特多"。正确的预报为市委、市政府调动部队抗洪抢险争取了主动。

(3)正确预测雨带南移,为抗击更大洪水提供优质服务

对7月下旬的暴雨天气过程,预报员们一直跟踪、密切监视、及时准确地把握了暴雨天气的发生、发展和间歇。早在7月17日就预测了21—24日有一次明显的降水过程,并及时向市防指做了汇报。7月20日再次向市防指报告湘北局部有暴雨,局部有100 mm以上的大暴雨,在强降水来临之际形成滚动预报;并与中央台、周边地(市)气象台会商,进行跟踪预报,及时将预报、雨情等气象信息报告市防指,并向县(市)气象局通报。

12.2.5 特大洪涝的决策气象服务效果

1998年汛期,洞庭湖区洪水水位长时间居高不下,堤防工程出现了不同程度的险情,防汛抢险物资消耗空前。常德市防汛抗旱指挥部充分利用气象水文预测信息,通过对各水库提前预泄、分步利用防洪库容等措施,精心高度,充分挖掘水库拦洪峰潜力,兼顾本流域上下游、洞庭湖及相邻流域防洪需要,避免了多个县级城镇进水、最大限度地避免农田受淹,取得了巨大的防洪沽灾综合效益。

参考文献

戴科良,胡振菊,佘高杰,2015."14.07"沅水流域超历史暴雨洪涝气象服务探讨[J].现代农业科技,(2):331-333.

潘志祥,2005.湖南省防汛抗旱决策气象服务手册[M].气象出版社.